"十三五"国家重点图书出版规划项目

国产数控系统应用技术丛书

丛书顾问◆中国工程院院士　段正澄

华中数控系统编程与操作手册

主　编　孙海亮　张　帅

副主编　周　星　许鹏飞　李春城

华中科技大学出版社

中国·武汉

内 容 简 介

本书在介绍数控机床操作和程序编制基础知识的基础上，全面地介绍了 HNC-818 数控系统的特性、组成、各部分的系统命令及其使用、操作步骤、用户编程方法及示例等，是数控加工、系统维护和电气联调等技术人员快速学习和使用本系统的基本手册。

本书可作为高等工科院校和各职业院校机电一体化、自动控制、数控以及相关专业数控机床操作与编程的参考用书或手册，亦可作为从事数控机床操作与使用、调试、编程、维护维修等各类工程技术人员的常用手册。

图书在版编目(CIP)数据

华中数控系统编程与操作手册/孙海亮，张帅主编. —武汉：华中科技大学出版社，2017.12(2024.8 重印)
(国产数控系统应用技术丛书)
ISBN 978-7-5680-1794-7

Ⅰ.①华… Ⅱ.①孙… ②张… Ⅲ.①数控机床-操作-技术手册 ②数控机床-程序设计-技术手册 Ⅳ.①TG659-62

中国版本图书馆 CIP 数据核字(2016)第 103121 号

华中数控系统编程与操作手册 孙海亮 张 帅 主编
Huazhong Shukong Xitong Biancheng yu Caozuo Shouce

策划编辑：万亚军
责任编辑：吴 晗
封面设计：原色设计
责任校对：何 欢
责任监印：周治超
出版发行：华中科技大学出版社(中国·武汉) 电话：(027)81321913
武汉市东湖新技术开发区华工科技园 邮编：430223
录 排：武汉三月禾文化传播有限公司
印 刷：武汉邮科印务有限公司
开 本：710mm×1000mm 1/16
印 张：19
字 数：361 千字
版 次：2024 年 8 月第 1 版第 9 次印刷
定 价：58.00 元

警 告 提 示

为了您的人身安全以及避免财产损失，本手册使用了下述符号，标注了这些符号的语句，所叙述的都是重要内容。

表示如果在使用中发生错误会导致死亡或者严重的人身伤害。

表示如果在使用中发生错误可能导致死亡或者严重的人身伤害。

注意

表示如果不注意相应的提示，可能会出现不希望的结果或状态。

合格的专业人员

本手册所描述的产品/系统只允许由符合工作要求的合格人员进行操作。其操作必须遵照手册和机床厂商提供的文件的各项规定，尤其要遵守其中的安全及警告提示。合格人员必须具有相关培训经历和操作经验，以便及时察觉本产品/系统的风险，并避免可能的危险。

产品说明

该数控系统只允许在相关技术文件中规定的情况下使用。如果要应用于其他情况，必须得到数控系统厂家允许。在本产品的使用过程中，必须保证正确的运输、存储、组装、装配、安装、调试、操作和维护，否则系统可能运行不正常、必须保证系统在允许的环境条件下工作，并注意相关文件中的安全提示。

责任免除

我们已对手册中所述内容与硬件和软件的一致性做过严格检查，然而并不排除存在偏差的可能性，因此我们不保证印刷品中所述内容与硬件和软件完全一致。

前言

QIANYAN

随着数控技术的快速发展，普通机械设备日益被高效率、高精度的数控机械设备所代替，作为“工业母机”的数控机床则是数控机械设备的典型代表。特别是21世纪以来，我国数控机床的数量、品种急剧增加，应用范围迅速扩大，数控技术全面普及，在这种背景下，企业急需大批掌握数控机床操作与编程相关技术的人员。

本书是为了方便工程技术人员学习、了解HNC-818数控系统的操作与编程方法，由武汉华中数控股份有限公司组织相关技术人员编写的。本书在介绍数控机床操作和程序编制基础知识的基础上，全面地介绍了HNC-818数控系统的特性、系统组成、各部分的系统命令及其使用、操作步骤、用户编程方法及示例等，是数控加工、系统维护和电气联调等技术人员快速学习和使用本系统的基本手册。本手册的更新和升级事宜，由武汉华中数控股份有限公司授权并组织实施。未经本公司授权或书面许可，任何单位或个人无权对本手册内容进行修改或更正。

本书讲解了各种与该系统操作相关的事件。由于篇幅限制及产品开发定位等原因，不能也不可能对系统中所有不必做或不能做的事件进行详细的叙述。因此，本手册中没有特别描述的事件均可视为“不可能”或“不允许”的事件。

本书由孙海亮、张帅任主编，周星、许鹏飞、李春城任副主编。

限于编者的水平，加上数控技术日新月异的发展，许多问题还有待探讨，本书的谬误与不妥之处在所难免，恳请读者不吝赐教，提出宝贵的意见。

本书中涉及的相关产品，由于改进、升级的需要，部分参数难免发生变化而与本书的内容不完全一致，但技术内容参考价值不变，还请读者谅解。

编　者

2017年4月

目录

MULU

概述……………………………………………………………………………(1)

第1章　华中数控系统车床操作说明……………………………………(3)

1.1　操作面板 ………………………………………………………………(3)

1.1.1　面板的种类 …………………………………………………………(3)

1.1.2　数控系统控制面板按钮及功能介绍 ………………………………(4)

1.1.3　手持单元 ……………………………………………………………(9)

1.1.4　系统操作界面 ………………………………………………………(9)

1.2　系统上电、关机及安全操作 …………………………………………(11)

1.2.1　系统上电……………………………………………………………(11)

1.2.2　复位…………………………………………………………………(11)

1.2.3　返回参考点操作……………………………………………………(11)

1.2.4　急停操作……………………………………………………………(11)

1.2.5　超程解除……………………………………………………………(12)

1.2.6　电源关………………………………………………………………(12)

1.3　机床手动操作…………………………………………………………(12)

1.3.1　坐标轴移动…………………………………………………………(12)

1.3.2　主轴控制……………………………………………………………(15)

1.3.3　机床锁住、MST 锁住………………………………………………(15)

1.3.4　其他手动操作………………………………………………………(16)

1.3.5　MDI 运行 …………………………………………………………(17)

1.4　设置……………………………………………………………………(19)

1.4.1　刀偏表设置…………………………………………………………(19)

1.4.2　坐标系的设置………………………………………………………(23)

1.4.3　相对清零……………………………………………………………(24)

1.4.4　参数…………………………………………………………………(25)

1.5　程序编辑与管理………………………………………………………(33)

1.5.1　程序选择……………………………………………………………(33)

1.5.2 程序编辑……………………………………………………………………………… (35)
1.5.3 程序管理……………………………………………………………………………… (37)
1.5.4 任意行……………………………………………………………………………… (38)
1.5.5 程序校验……………………………………………………………………………… (39)
1.5.6 停止运行……………………………………………………………………………… (39)
1.5.7 重运行……………………………………………………………………………… (39)
1.6 运行控制……………………………………………………………………………… (40)
1.6.1 启动、暂停、中止……………………………………………………………………… (40)
1.6.2 空运行……………………………………………………………………………… (40)
1.6.3 程序跳段……………………………………………………………………………… (41)
1.6.4 选择停……………………………………………………………………………… (41)
1.6.5 单段运行……………………………………………………………………………… (41)
1.6.6 加工断点保存与恢复…………………………………………………………………… (41)
1.6.7 运行时干预……………………………………………………………………………… (44)
1.7 位置信息……………………………………………………………………………… (45)
1.7.1 坐标显示……………………………………………………………………………… (45)
1.7.2 正文显示……………………………………………………………………………… (45)
1.7.3 图形显示……………………………………………………………………………… (46)
1.7.4 联合显示……………………………………………………………………………… (48)
1.8 诊断……………………………………………………………………………… (49)
1.8.1 报警显示……………………………………………………………………………… (49)
1.8.2 报警历史……………………………………………………………………………… (49)
1.8.3 梯图监控……………………………………………………………………………… (50)
1.8.4 示波器……………………………………………………………………………… (52)
1.8.5 输入输出……………………………………………………………………………… (55)
1.8.6 状态显示……………………………………………………………………………… (55)
1.8.7 宏变量……………………………………………………………………………… (56)
1.8.8 加工信息……………………………………………………………………………… (56)
1.8.9 版本……………………………………………………………………………… (57)
第2章 华中数控系统车床编程说明 ……………………………………………… (58)
2.1 编程基本知识……………………………………………………………………… (58)
2.1.1 数控机床的程序编制…………………………………………………………… (58)
2.1.2 机床坐标系……………………………………………………………………… (58)
2.1.3 机床原点……………………………………………………………………………… (60)

2.1.4 机床参考点…………………………………………………………………… (60)
2.1.5 工件坐标系与工件原点……………………………………………………… (60)
2.1.6 编程原点……………………………………………………………………… (61)
2.1.7 绝对坐标系与相对坐标系…………………………………………………… (61)
2.2 程序构成…………………………………………………………………………… (61)
2.2.1 指令字的格式………………………………………………………………… (62)
2.2.2 程序段的格式………………………………………………………………… (63)
2.2.3 程序的一般结构……………………………………………………………… (63)
2.2.4 程序的文件名………………………………………………………………… (63)
2.2.5 程序文件属性………………………………………………………………… (64)
2.2.6 子程序………………………………………………………………………… (64)
2.3 辅助功能…………………………………………………………………………… (65)
2.3.1 M指令 ……………………………………………………………………… (65)
2.3.2 S指令 ………………………………………………………………………… (67)
2.3.3 F指令 ………………………………………………………………………… (68)
2.3.4 T指令………………………………………………………………………… (68)
2.4 插补功能…………………………………………………………………………… (69)
2.4.1 线性进给(G01) …………………………………………………………… (69)
2.4.2 圆弧进给(G02、G03)……………………………………………………… (70)
2.4.3 螺纹切削(G32) …………………………………………………………… (72)
2.5 进给功能…………………………………………………………………………… (75)
2.5.1 快速进给(G00) …………………………………………………………… (75)
2.5.2 第二进给速度(E) ………………………………………………………… (76)
2.5.3 单方向定位(G60) ………………………………………………………… (76)
2.5.4 进给速度单位的设定(G94、G95)………………………………………… (77)
2.5.5 准停检验(G09) …………………………………………………………… (78)
2.5.6 进给暂停(G04) …………………………………………………………… (78)
2.6 参考点……………………………………………………………………………… (79)
2.6.1 返回参考点(G28、G29、G30) ………………………………………… (79)
2.7 坐标系……………………………………………………………………………… (81)
2.7.1 机床坐标系编程(G53) …………………………………………………… (81)
2.7.2 工件坐标系…………………………………………………………………… (82)
2.7.3 局部坐标系设定(G52) …………………………………………………… (84)
2.8 坐标值与尺寸单位………………………………………………………………… (85)

2.8.1 绝对编程指令和增量编程指令(G90、G91) …………………… (85)
2.8.2 尺寸单位选择(G20、G21) …………………………………… (86)
2.8.3 直径与半径编程(G36、G37) ………………………………… (87)
2.9 刀具补偿功能 ……………………………………………………… (88)
2.9.1 刀具偏置(T) ………………………………………………… (89)
2.9.2 刀尖半径补偿(T)(G40、G41、G42) ……………………… (91)
2.10 简化编程功能 …………………………………………………… (94)
2.10.1 直接图样尺寸编程 ………………………………………… (94)
2.11 固定循环 ………………………………………………………… (98)
2.11.1 车床简单循环 ……………………………………………… (98)
2.11.2 车床复合循环 ……………………………………………… (108)
2.12 用户宏程序 ……………………………………………………… (123)
2.12.1 变量 ………………………………………………………… (123)
2.12.2 运算指令 …………………………………………………… (129)
2.12.3 宏语句 ……………………………………………………… (130)
2.12.4 宏程序调用 ………………………………………………… (132)
2.13 主轴功能 ………………………………………………………… (135)
2.13.1 恒线速度切削控制(G96、G97) …………………………… (135)
2.13.2 *C/S* 轴切换功能(CTOS、STOC) ………………………… (137)
2.14 可编程数据输入 ………………………………………………… (137)
2.14.1 可编程数据输入(G10、G11) ……………………………… (137)
2.14.2 车削刀具补偿值输入 ……………………………………… (140)
2.15 轴控制功能 ……………………………………………………… (140)
2.15.1 旋转轴的循环功能 ………………………………………… (140)
2.15.2 带距离编码的光栅尺回零 ………………………………… (141)
2.16 其他功能 ………………………………………………………… (143)
2.16.1 停止预读(G08) …………………………………………… (143)
2.16.2 回转轴角度分辨率重定义(G115) ………………………… (143)
第3章 华中数控系统铣床操作说明 ……………………………… (148)
3.1 操作面板 ………………………………………………………… (148)
3.1.1 面板的种类 ………………………………………………… (148)
3.1.2 数控系统控制面板按钮及功能介绍 ……………………… (149)
3.1.3 手持单元 …………………………………………………… (154)
3.1.4 系统操作界面 ……………………………………………… (155)

3.2 系统上电、关机及安全操作……………………………………………… (156)
3.2.1 系统上电 ………………………………………………………………… (156)
3.2.2 复位 ……………………………………………………………………… (156)
3.2.3 返回参考点操作 ………………………………………………………… (156)
3.2.4 急停操作 ………………………………………………………………… (157)
3.2.5 超程解除 ………………………………………………………………… (157)
3.2.6 电源关 …………………………………………………………………… (157)
3.3 机床手动操作 ……………………………………………………………… (158)
3.3.1 坐标轴移动 ……………………………………………………………… (158)
3.3.2 主轴控制 ………………………………………………………………… (160)
3.3.3 机床锁住、Z 轴锁住……………………………………………………… (161)
3.3.4 其他手动操作 …………………………………………………………… (161)
3.3.5 MDI 运行 ………………………………………………………………… (163)
3.4 设置 ………………………………………………………………………… (164)
3.4.1 刀补数据 ………………………………………………………………… (164)
3.4.2 坐标系的设置 …………………………………………………………… (166)
3.4.3 相对清零 ………………………………………………………………… (167)
3.4.4 参数 ……………………………………………………………………… (168)
3.5 程序编辑与管理 …………………………………………………………… (175)
3.5.1 程序选择 ………………………………………………………………… (175)
3.5.2 程序编辑 ………………………………………………………………… (178)
3.5.3 程序管理 ………………………………………………………………… (179)
3.5.4 任意行 …………………………………………………………………… (180)
3.5.5 程序校验 ………………………………………………………………… (181)
3.5.6 停止运行 ………………………………………………………………… (182)
3.5.7 重运行 …………………………………………………………………… (182)
3.6 运行控制 …………………………………………………………………… (182)
3.6.1 启动、暂停、中止 ………………………………………………………… (182)
3.6.2 空运行 …………………………………………………………………… (183)
3.6.3 程序跳段 ………………………………………………………………… (183)
3.6.4 选择停 …………………………………………………………………… (183)
3.6.5 单段运行 ………………………………………………………………… (183)
3.6.6 加工断点保存与恢复 …………………………………………………… (184)
3.6.7 运行时干预 ……………………………………………………………… (186)

3.7 位置信息 …………………………………………………………………… (187)
3.7.1 坐标显示 …………………………………………………………… (187)
3.7.2 正文显示 …………………………………………………………… (188)
3.7.3 图形显示 …………………………………………………………… (189)
3.7.4 联合显示 …………………………………………………………… (190)
3.7.5 计时器 ……………………………………………………………… (191)
3.8 诊断 ……………………………………………………………………… (191)
3.8.1 报警显示 …………………………………………………………… (191)
3.8.2 报警历史 …………………………………………………………… (192)
3.8.3 梯图监控 …………………………………………………………… (192)
3.8.4 示波器 ……………………………………………………………… (194)
3.8.5 输入输出 …………………………………………………………… (197)
3.8.6 状态显示 …………………………………………………………… (198)
3.8.7 宏变量 ……………………………………………………………… (198)
3.8.8 加工信息 …………………………………………………………… (198)
3.8.9 版本 ………………………………………………………………… (199)
3.9 用户使用与维护信息 ………………………………………………… (200)
3.9.1 环境条件 …………………………………………………………… (200)
3.9.2 接地 ………………………………………………………………… (200)
3.9.3 供电条件 …………………………………………………………… (200)
3.9.4 风扇过滤网清尘 …………………………………………………… (201)
3.9.5 长时间闲置后使用 ………………………………………………… (201)
第4章 华中数控系统铣床编程说明 ……………………………………… (202)
4.1 编程基础 ………………………………………………………………… (202)
4.1.1 数控编程概述 ……………………………………………………… (202)
4.1.2 数控机床概述 ……………………………………………………… (203)
4.2 程序构成 ………………………………………………………………… (205)
4.3 辅助功能 ………………………………………………………………… (205)
4.3.1 M指令 ……………………………………………………………… (205)
4.3.2 S指令 ……………………………………………………………… (208)
4.3.3 F指令 ……………………………………………………………… (208)
4.3.4 T指令 ……………………………………………………………… (208)
4.4 插补功能 ………………………………………………………………… (208)
4.4.1 线性进给(G01) …………………………………………………… (208)

4.4.2 圆弧进给(G02、G03) …………………………………………… (209)
4.4.3 三维圆弧插补(G02.4、G03.4) ……………………………… (211)
4.4.4 圆柱螺旋线插补(G02、G03) ………………………………… (212)
4.4.5 虚轴指定及正弦线插补(G07) ……………………………… (214)
4.4.6 NURBS 样条插补(NURBS) ………………………………… (214)
4.4.7 HSPLINE 样条插补(HSPLINE) …………………………… (216)
4.4.8 极坐标插补(G12、G13) …………………………………… (218)
4.4.9 圆柱面插补(G07.1) ………………………………………… (221)
4.5 进给功能 ………………………………………………………… (224)
4.5.1 快速进给(G00) ……………………………………………… (224)
4.5.2 第二进给速度(E) …………………………………………… (225)
4.5.3 单方向定位(G60) …………………………………………… (225)
4.5.4 进给速度单位的设定(G94、G95) ………………………… (225)
4.5.5 准停校验(G09) ……………………………………………… (226)
4.5.6 切削模式(G61、G64) ……………………………………… (226)
4.5.7 进给暂停(G04) ……………………………………………… (228)
4.6 参考点 …………………………………………………………… (229)
4.6.1 返回参考点(G28、G29、G30) …………………………… (229)
4.7 坐标系 …………………………………………………………… (231)
4.7.1 机床坐标系编程(G53) …………………………………… (231)
4.7.2 工件坐标系 …………………………………………………… (232)
4.7.3 局部坐标系设定(G52) …………………………………… (234)
4.7.4 坐标平面选择(G17、G18、G19) ………………………… (235)
4.8 坐标值与尺寸单位 ……………………………………………… (236)
4.8.1 绝对指令和增量指令(G90、G91) ………………………… (236)
4.8.2 尺寸单位选择(G20、G21) ………………………………… (237)
4.8.3 极坐标编程(G15、G16) …………………………………… (238)
4.9 刀具补偿功能 …………………………………………………… (239)
4.9.1 刀具半径补偿(M)(G40、G41、G42) …………………… (239)
4.9.2 刀具长度补偿(M)(G43、G44、G49) …………………… (241)
4.10 简化编程功能…………………………………………………… (243)
4.10.1 镜像功能(M)(G24、G25)………………………………… (243)
4.10.2 缩放功能(M)(G50、G51)………………………………… (244)
4.10.3 旋转(M)(G68、G69)……………………………………… (246)

4.11 固定循环…………………………………………………………………………… (248)
4.11.1 铣床钻孔固定循环…………………………………………………………… (248)
4.12 用户宏程序…………………………………………………………………………… (272)
4.12.1 变量…………………………………………………………………………… (272)
4.12.2 运算指令……………………………………………………………………… (275)
4.12.3 宏语句 ……………………………………………………………………… (275)
4.12.4 宏程序调用 ………………………………………………………………… (276)
4.13 主轴功能…………………………………………………………………………… (280)
4.13.1 *C/S* 轴切换功能(CTOS、STOC) ………………………………………… (280)
4.14 可编程数据输入………………………………………………………………… (281)
4.14.1 可编程数据输入(G10、G11)……………………………………………… (281)
4.15 轴控制功能………………………………………………………………………… (284)
4.15.1 旋转轴的循环功能…………………………………………………………… (284)
4.15.2 带距离编码的光栅尺回零………………………………………………… (285)
4.16 其他功能…………………………………………………………………………… (286)
4.16.1 停止预读(G08) …………………………………………………………… (286)
4.16.2 回转轴角度分辨率重定义(G115) ………………………………………… (287)
参考文献…………………………………………………………………………………… (291)

概　　述

HNC-8 系列数控系统是华中数控股份有限公司 2010 年通过自主创新，研发的新一代基于多处理器的总线型高档数控系统。系统充分发挥多处理器的优势，在不同的处理器上分别执行 HMI、数控核心软件及 PLC，充分满足运动控制和高速 PLC 控制的强实时性要求，HMI 操作安全、友好。采用总线技术突破了传统伺服在高速度高精度时数据传输的瓶颈，在极高精度和分辨率的情况下可获得更高的速度，极大提高了系统的性能。系统采用 3D 实体显示技术实时监控和显示加工过程，直观地保证了机床的安全操作。

HNC-8 系列数控系统主要配置特点如下。

(1) 开放式、全数字、总线式体系结构。

(2) 支持多种现场总线(NCUC、EtherCAT 等)。

(3) 最大支持 8 通道，每通道最大 8 轴联动。

(4) Windows、Linux 软件平台。

(5) 插补周期可设置，最小为 0.2 ms。

(6) 可同时建立 48 个工件坐标系。

(7) 刀具管理功能 1000 种以上。

(8) 基于机床动力学特性的三次样条插补。根据机床动力学性能优化加工过程的速度、加速度以及捷度来抑制机床振颤，从而提供稳定、高精度的切削过程，保证高的切削品质。

(9) 高效前瞻控制算法。最大前瞻段数可达 2000 段，特别适合模具的高效高精加工。

(10) 软件 PLC，梯形图编程。

(11) 区域保护功能。提供 2 维/3 维区域保护，在仿真或加工时，如果刀具或工件进入保护区域，可以按用户预先设定的动作进行提示、报警、进给保持、急停处理等。

(12) 加工仿真以及加工过程实体显示。在加工程序仿真和加工过程中，可实时以实体的方式动态显示材料去除过程。

(13) 空间误差及热变形误差补偿。

(14) RTCP 功能(5 轴联动刀具中心点控制)。

本书所介绍数控系统型号如表 0-1-1 所示。

表 0-1-1　本书介绍的数控系统型号

类　型　名	缩　略　词
HNC-818A 车削数控单元(带手摇)	HNC-818A-TU-H
HNC-818A 车削数控单元(无手摇)	HNC-818A-TU-X
HNC-818B 车削数控单元	HNC-818B-TU
HNC-818A 铣削数控单元	HNC-818A-MU
HNC-818B 铣削数控单元	HNC-818B-MU

第1章 华中数控系统车床操作说明

1.1 操作面板

1.1.1 面板的种类

华中数控系统车床的操作面板有两种：HNC-818A-TU 系列操作面板和 HNC-818B-TU 系列操作面板。

HNC-818A-TU 系列操作面板如图 1-1-1 所示，其显示器为 8.4 in(1 in=25.4 mm)彩色液晶显示器，分辨率为 800 px×600 px。

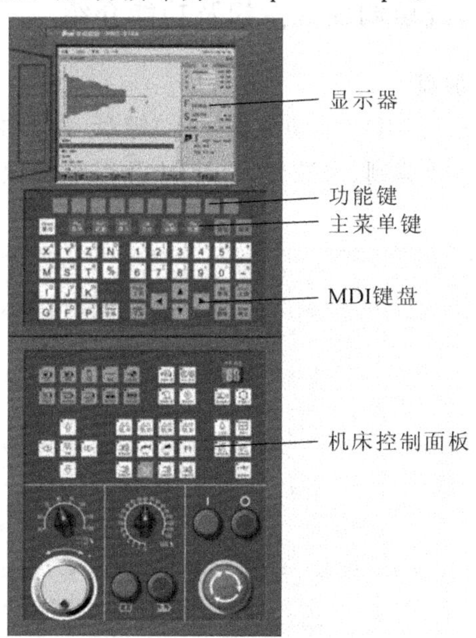

图 1-1-1 HNC-818A-TU 系列操作面板

HNC-818B-TU 系列操作面板如图 1-1-2 所示，其显示器为 10.4 in 彩色液晶显示器，分辨率为 800 px×600 px。

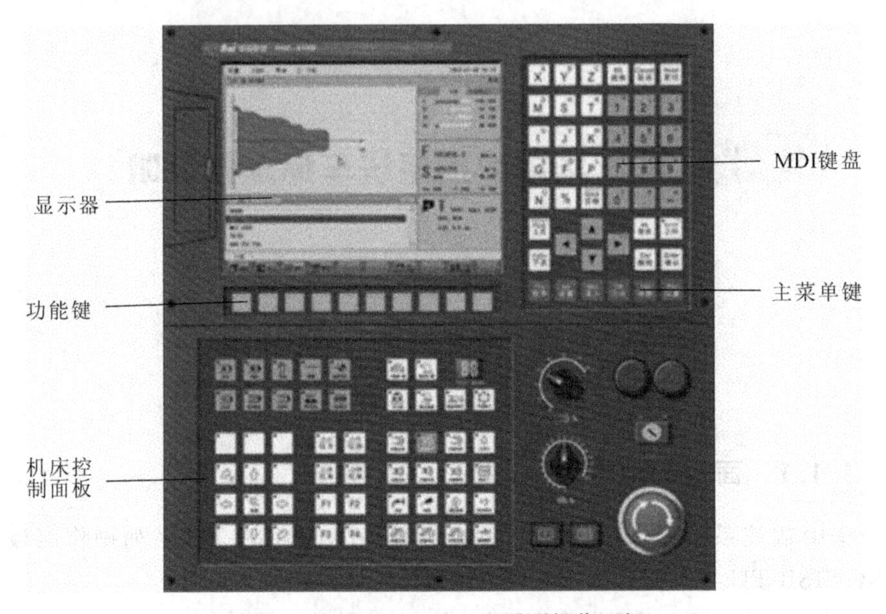

图 1-1-2　HNC-818B-TU 系列操作面板

1.1.2　数控系统控制面板按钮及功能介绍

1. 数控系统 NC 键盘

NC 键盘包括精简型 MDI（手动数据输入）键盘、六个主菜单键和十个功能键，主要用于零件程序的编制、参数输入、MDI 及系统管理操作等，如图 1-1-3、图 1-1-4 所示。

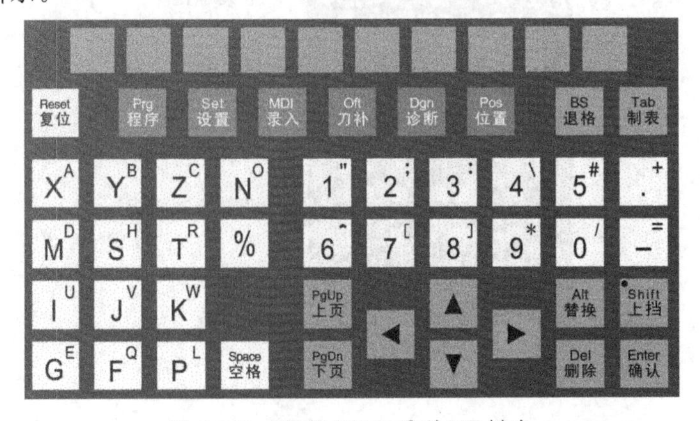

图 1-1-3　HNC-818A 系列 NC 键盘

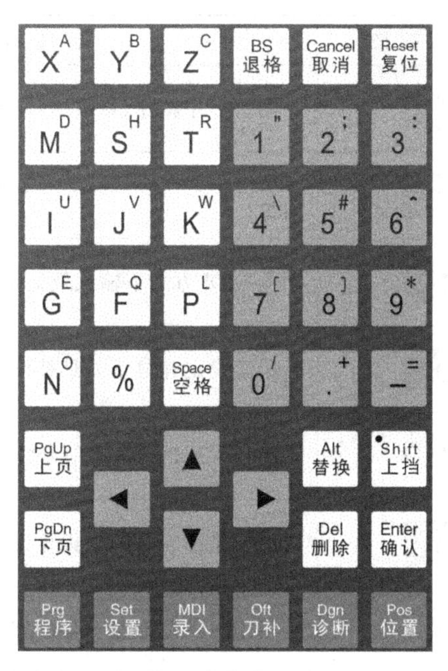

图 1-1-4　HNC-818B 系列 NC 键盘

数控系统 NC 键盘功能键的说明如表 1-1-1 所示。

表 1-1-1　数控系统 NC 键盘功能键

名　　称	功 能 键 图	功 能 说 明
数字		用于数字 0～9 的输入和符号的输入
运算		用于算术运算符＋、－等的输入
字母		用于 A、B、C 等字母的输入
复位		使所有操作停止，返回初始状态

续表

名　称	功能键图	功能说明
程序	Prg 程序	用于程序新建、修改、校验等操作
设置	Set 设置	用于参数的设定、显示、自动诊断功能数据的显示等
录入	MDI 录入	在 MDI 方式下输入及显示 MDI 数据
刀补	Oft 刀补	用于设定并显示刀具补偿值、工件坐标系
诊断	Dgn 诊断	用于显示 NC 报警信号的信息、报警记录等
位置	Pos 位置	用于显示刀具的坐标位置
上挡	Shift 上挡	用于输入按键右上角的字母或符号
退格	BS 退格	用于取消最后一个输入的字符或符号
取消	Cancel 取消	退出当前窗口
确认	Enter 确认	用于程序换行
删除	Del 删除	用于删除程序字符或整个程序
上页	PgUp 上页	用于程序向前翻页
下页	PgDn 下页	用于程序向后翻页
光标移动	▲ ◀ ▶ ▼	用于控制光标上下左右移动

2. 机床控制面板

机床控制面板用于直接控制机床的动作或加工过程，如图 1-1-5、图 1-1-6 所示。

图 1-1-5 HNC-818A-TU 系列机床控制面板

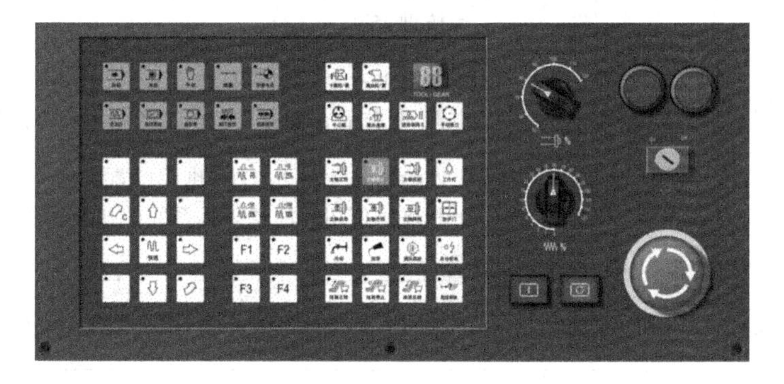

图 1-1-6 HNC-818B-TU 系列机床控制面板

机床控制面板功能介绍如表 1-1-2 所示。

表 1-1-2　机床控制面板功能

名　称	功能键图	功能说明
系统电源开		按下“电源开”按钮，数控系统上电
系统电源关		按下“电源关”按钮，数控系统断电
急停		当出现紧急情况而按下“急停”按钮时，数控系统即进入急停状态，伺服进给及主轴运转立即停止
超程解除		当机床出现超程报警时，按下“超程解除”按钮不要松开，然后用手摇脉冲发生器或手动方式反向移动该轴，从而解除超程报警
自动		在自动工作方式下，系统自动运行所选定的程序，直至程序结束
单段		在单段工作方式下，机床逐行运行所选择的程序。每运行完一行程序，机床会处于停止状态，需再次按下“循环启动”按钮，才会启动下一行程序
手动		在手动运行方式下，可执行冷却开停、主轴转停、手动换刀、机床各轴运动控制等
增量		在增量进给方式下，可定量移动机床坐标轴，移动距离由“×1”、“×10”、“×100”、“×1000”四个增量倍率按键控制
回参考点		回参考点操作主要是建立机床坐标系。系统接通电源、复位后首先应进行机床各轴回参考点操作
空运行		在空运行工作方式下，机床以系统最大快移速度运行程序。使用时注意坐标系间的相互关系，避免发生碰撞
程序跳段		跳过某行不执行程序段，配合“/”字符使用
选择停		程序运行停止，配合“M01”辅助功能使用
MST 锁住		该功能用于禁止 M、S、T 辅助功能。在只需要机床进给轴运行的情况下，可以使用“MST 锁住”功能

续表

名　称	功能键图	功能说明
机床锁住	机床锁住	机床锁住,禁止机床的所有运动
手动换刀	手动换刀	在手动或者增量方式下,按一下“手动换刀”按键,转塔刀架转动一个刀位
主轴正转	主轴正转	在手动或者增量方式下,按一下“主轴正转”按键,主轴电动机以机床参数设定的转速正转
主轴停止	主轴停止	按“主轴停止”按键,主轴电动机停止运转
主轴反转	主轴反转	在手动或者增量方式下,按一下“主轴反转”按键,主轴电动机以机床参数设定的转速反转

1.1.3 手持单元

手持单元由手摇脉冲发生器与坐标轴选择开关组成,用于以手摇方式增量进给坐标轴。手持单元的外形如图 1-1-7 所示。

图 1-1-7　手持单元

1.1.4 系统操作界面

HNC-818 数控系统的操作界面如图 1-1-8 所示。

1. 标题栏

(1) 主菜单名:显示当前激活的主菜单。

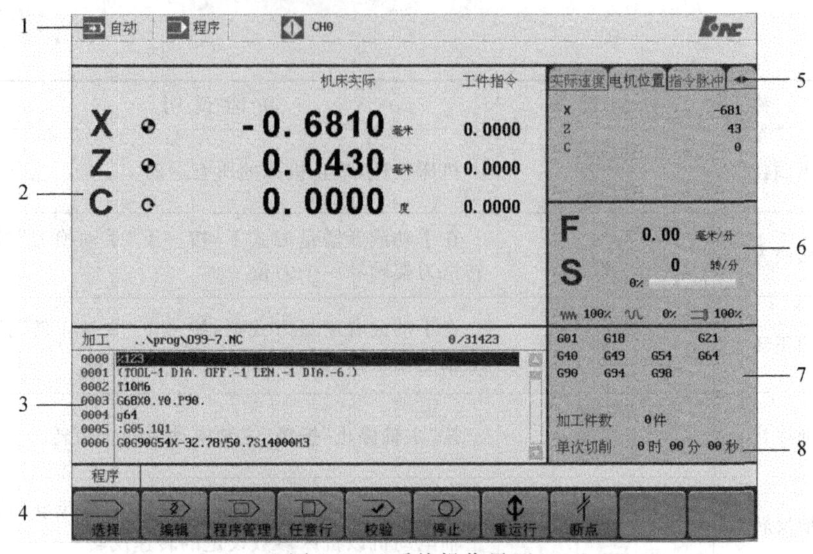

图 1-1-8　系统操作界面

(2) 工位信息:显示当前工位号。

(3) 加工方式:系统工作方式根据机床控制面板上相应按键的状态可在自动(运行)、单段(运行)、手动(运行)、增量(运行)、回零、急停之间切换。

(4) 通道信息:显示每个通道的工作状态,如“运行正常”、“进给暂停”、“出错”。

(5) 系统时间:当前系统时间(可在机床参数里设定)。

(6) 系统报警信息。

2. 图形显示窗口

该区域显示的画面,根据所选菜单键的不同而不同。

3. G 代码显示区

该区域可预览或显示加工程序的代码。

4. 菜单命令条

通过菜单命令条中对应的功能键来完成系统功能的操作。

5. 标签页

用户可以通过切换标签页,查看不同的坐标系类型。

6. 辅助机能

显示自动加工中的 F、S 信息,以及修调信息。

7. G 模态

显示加工过程中的 G 模态。

8. 加工时间

显示系统本次加工的时间。

1.2 系统上电、关机及安全操作

1.2.1 系统上电

系统上电的操作步骤如下。

(1) 检查机床状态是否正常；

(2) 检查电源电压是否符合要求，接线是否正确；

(3) 按下“急停”按钮；

(4) 机床上电；

(5) 数控装置上电；

(6) 检查面板上的指示灯是否正常；

(7) 接通数控装置电源后，系统自动运行，此时，工作方式为“急停”。

1.2.2 复位

系统上电进入系统操作界面时，初始工作方式显示为“急停”，为控制系统运行，需右旋并拔起操作台右下角的“急停”按钮，使系统复位，并接通伺服电源。系统默认进入“回参考点”方式，系统操作界面的工作方式变为“回零”。

1.2.3 返回参考点操作

控制机床运动的前提是建立机床坐标系，为此，系统接通电源、复位后，首先应进行机床各轴回参考点操作，方法如下。

(1) 如果系统显示的当前工作方式不是回零方式，按一下控制面板上面的“回参考点”按键，确保系统处于回零方式。

(2) 根据 X 轴机床参数“回参考点方向”，按一下“X”按键以及方向键(回参考点方向为“+”)，X 轴回到参考点后，“X”按键内的指示灯亮。

(3) 用同样的方法使用“+Z”按键，可以使 Z 轴回参考点。

(4) 所有轴回参考点后，即建立了机床坐标系。

1.2.4 急停操作

机床运行过程中，在危险或紧急情况下，按下“急停”按钮，数控系统即进入急停状态，伺服进给及主轴运转立即停止工作(控制柜内的进给驱动电源被切断)；松开“急停”按钮(右旋此按钮，自动跳起)，系统进入复位状态。

解除急停前，应先确认故障原因已经排除，而急停解除后，应重新执行回参考点操作，以确保坐标位置的正确性。

注意

在上电和关机之前应按下“急停”按钮，以减少设备电冲击。

1.2.5 超程解除

在伺服轴行程的两端各有一个极限开关，作用是防止伺服碰撞而损坏。当伺服碰到行程极限开关时，就会出现超程。当某轴出现超程时，系统视其状况为紧急停止，要退出超程状态时，可进行如下操作。

(1) 置工作方式为“手动”或“手摇”方式；

(2) 一直按着“超程解除”按键(控制器会暂时忽略超程的紧急情况)；

(3) 在手动(手摇)方式下，使该轴向相反方向退出超程状态；

(4) 松开“超程解除”按键；

(5) 若显示屏上运行状态栏“运行正常”取代了“出错”，表示恢复正常，可以继续操作。

注意

在操作机床退出超程状态时，请务必注意移动方向及移动速率，以免发生撞机。

1.2.6 电源关

机床关机操作步骤如下。

(1) 检查数控机床的移动部件是否都已经停止移动并停在合适的位置；

(2) 按下控制面板上的“急停”按钮，断开伺服电源；

(3) 断开数控电源；

(4) 断开机床电源。

1.3 机床手动操作

1.3.1 坐标轴移动

手动移动机床坐标轴的操作由手持单元和机床控制面板上的方式选择、轴手动、增量倍率、进给修调、快速修调等按键共同完成。

1. 手动进给

按一下“手动”按键（指示灯亮），系统处于手动运行方式，可点动移动机床坐标轴（下面以点动移动 X 轴为例说明）。

(1) 按下“X”按键以及方向键（指示灯亮），X 轴将产生正向或负向连续移动；

(2) 松开“X”按键以及方向键（指示灯灭），X 轴即减速停止。

用同样的操作方法，使用“Z”按键，可使 Z 轴产生正向或负向连续移动。

在手动运行方式下，同时按压“X”、“Z”按键，能同时手动控制 X、Z 轴连续移动。

2. 手动快速移动

在手动进给时，若同时按压“快进”按键，则产生相应轴的正向或负向快速运动。

3. 进给修调

在自动方式或 MDI 运行方式下，当 F 代码编程的进给速度偏高或偏低时，可旋转进给修调波段开关，修调程序中编制的进给速度。修调范围为0～120％。

在手动连续进给方式下，此波段开关可调节手动进给速率。

4. 快移修调

不同的控制面板，其快移修调的操作方法不同。

(1) 修调波段开关：在自动方式或 MDI 运行方式下，旋转快移修调波段开关，修调程序中编制的快移速度。修调范围为 0～100％。

(2) 修调倍率按键：在自动方式或 MDI 运行方式下，按下相应的快移修调倍率按键，修调程序中编制的快移倍率。

5. 增量进给

按一下控制面板上的“增量”按键（指示灯亮），系统处于增量进给方式，可增量移动机床坐标轴（下面以增量进给 X 轴为例说明）。

(1) 按一下“X”按键以及方向键（指示灯亮），X 轴将向正向或负向移动一个增量值；

(2) 再按一下“X”按键以及方向键，X 轴将向正向或负向继续移动一个增量值；

(3) 用同样的操作方法，使用“Z”按键可使 Z 轴向正向或负向移动一个增量值。

同时按一下“X”、“Z”按键，能同时增量进给 X、Z 坐标轴。

6. 增量值选择

不同的控制面板，增量值的按键不同。增量进给的增量值由机床控制面板的“×1”、“×10”、“×100”、“×1000”四个增量倍率按键 ×1 ×10 ×100 ×1000 控制。增量倍率按键和增量值的对应关系如表 1-3-1 所示。

表 1-3-1　增量倍率按键和增量值的对应关系

增量倍率按键	×1	×10	×100	×1000
增量值/mm	0.001	0.01	0.1	1

注意

这几个按键互锁，即按下其中一个(指示灯亮)，其余几个会失效(指示灯灭)。

7. 手摇进给

当手持单元的坐标轴选择波段开关置于“X”、“Y”、“Z”、“4TH”挡(对车床而言，只有“X”、“Z”有效)时，按下控制面板上的“增量”按键(指示灯亮)，系统处于手摇进给方式，可手摇进给机床坐标轴。

以 X 轴手摇进给为例，其步骤如下。

(1) 手持单元的坐标轴选择波段开关置于“X”挡；

(2) 顺时针/逆时针旋转手摇脉冲发生器一格，可控制 X 轴向正向或负向移动一个增量值。

用同样的操作方法使用手持单元，可以控制 Z 轴向正向或负向移动一个增量值。

手摇进给方式每次只能增量进给一个坐标轴。

8. 手摇倍率选择

手摇进给的增量值(手摇脉冲发生器每转一格的移动量)由手持单元的增量倍率波段开关“×1”、“×10”、“×100”控制。增量倍率波段开关的位置和增量值的对应关系如表 1-3-2 所示。

表 1-3-2　增量倍率波段开关的位置和增量值的对应关系

位置	×1	×10	×100
增量值/mm	0.001	0.01	0.1

1.3.2 主轴控制

主轴手动控制由机床控制面板上的主轴手动控制按键完成。

1. 主轴正转

在手动/增量/手摇方式下，按一下“主轴正转”按键（指示灯亮），主轴电动机以机床参数设定的转速正转。

2. 主轴反转

在手动/增量/手摇方式下，按一下“主轴反转”按键（指示灯亮），主轴电动机以机床参数设定的转速反转。

3. 主轴停止

在手动/增量/手摇方式下，按一下“主轴停止”按键（指示灯亮），主轴电动机停止运转。

4. 主轴点动

在手动方式下，可用“主轴点动”按键，点动转动主轴：按压“主轴点动”按键（指示灯亮），主轴将产生正向连续转动；松开“主轴点动”按键（指示灯灭），主轴即减速停止。

5. 主轴速度修调

主轴正转及反转的速度可通过主轴修调调节：旋转主轴修调波段开关，调节主轴正反转的速度，倍率的范围为50%～120%；机械齿轮换挡时，主轴速度不能修调。

6. 主轴升挡

若主轴有多个挡位，在手动方式下，按一下“主轴升挡”按键，主轴将由低向高变化一个挡位。

7. 主轴降挡

若主轴有多个挡位，在手动方式下，按一下“主轴降挡”按键，主轴将由高向低变化一个挡位。

1.3.3 机床锁住、MST锁住

1. 机床锁住

机床锁住功能禁止机床所有运动。

在手动运行方式下，按一下“机床锁住”按键（指示灯亮），此时再进行手动操作，显示屏上的坐标轴位置信息变化，但不输出伺服轴的移动指令，所以机床停止不动。

注意

“机床锁住”按键只在手动方式下有效，在自动方式下无效。

2. MST 锁住

该功能用于禁止 M、S、T 辅助功能。在只需要机床进给轴运行的情况下，可以使用“MST 锁住”功能：在手动方式下，按一下“MST 锁住”按键（指示灯亮），机床辅助功能 M 指令、S 指令、T 指令均无效。

1.3.4 其他手动操作

1. 冷却启动与停止

在手动方式下，按一下“冷却”按键，冷却液开（默认值为冷却液关），再按一下为冷却液关，如此循环。

2. 润滑启动与停止

在手动方式下，按一下“润滑”按键，机床润滑开（默认值为机床润滑关），再按一下为机床润滑关，如此循环。

3. 防护门开启与关闭

在手动方式下，按一下“防护门”按键，防护门打开（默认值为防护门关闭），再按一下为防护门关闭，如此循环。

4. 工作灯

在手动方式下，按一下“工作灯”按键或“机床照明”按键，打开工作灯（默认值为关闭）；再按一下为关闭工作灯。

5. 液压开启与关闭

在手动方式下，按一下“液压启动”按键，液压打开（默认值为液压关闭），再按一下为液压关闭，如此循环。

6. 排屑正转

在手动方式下，按一下“排屑正转”按键，排屑器向前转动，能将机床中的切屑排出。

7. 排屑停止

在手动方式下，按一下“排屑停止”按键，排屑器停止转动。

8. 排屑反转

在手动方式下，按一下“排屑反转”按键，排屑器反转，有利于清除排屑器中的堵塞物和切屑。

9. 手动换刀

在手动方式下，按一下“手动换刀”按键，刀架转动一个刀位，依此类推，按几次“手动换刀”键，刀架就转动几个刀位。

10. 卡盘松紧

在手动方式下，按一下“卡盘松/紧”按键，松开工件（默认值为夹紧），可以进行更换工件操作；再按一下为夹紧工件，可以进行加工工件操作，如此循环。

11. 进给保持Ⅱ

在程序自动运行的过程中，需要将各进给轴和主轴都暂停运行，可按下述步骤操作。

(1) 在程序运行的任何位置，按一下机床控制面板上的“进给保持Ⅱ”按键（指示灯亮），系统处于进给保持状态，“进给保持”按键指示灯亮，各进给轴将停止运动，主轴停转。

(2) 再按机床控制面板上的“循环启动”按键（指示灯亮），机床又开始自动运行调入的零件加工程序，各进给轴恢复运动，主轴恢复转动。

12. 中心架

在手动方式下，按一下“中心架”按键，开关处于ON状态下，中心架手动夹紧。

13. 尾台松/紧

在手动方式下，按一下“尾台松/紧”按键，松开工件（默认值为夹紧），可以进行更换工件操作；再按一下为夹紧工件，可以进行加工工件操作，如此循环。

14. 内卡/外卡

用户按“内卡/外卡”按键，可以选择内卡或者外卡。

15. 尾台连接

用户按“尾台连接”按键，可连接尾台。

1.3.5 MDI 运行

按MDI主菜单键进入MDI功能，用户可以从NC键盘输入并执行一行或多行G代码指令段，如图1-3-1所示。

注意

(1) 系统进入MDI状态后，标题栏出现“MDI”状态图标；

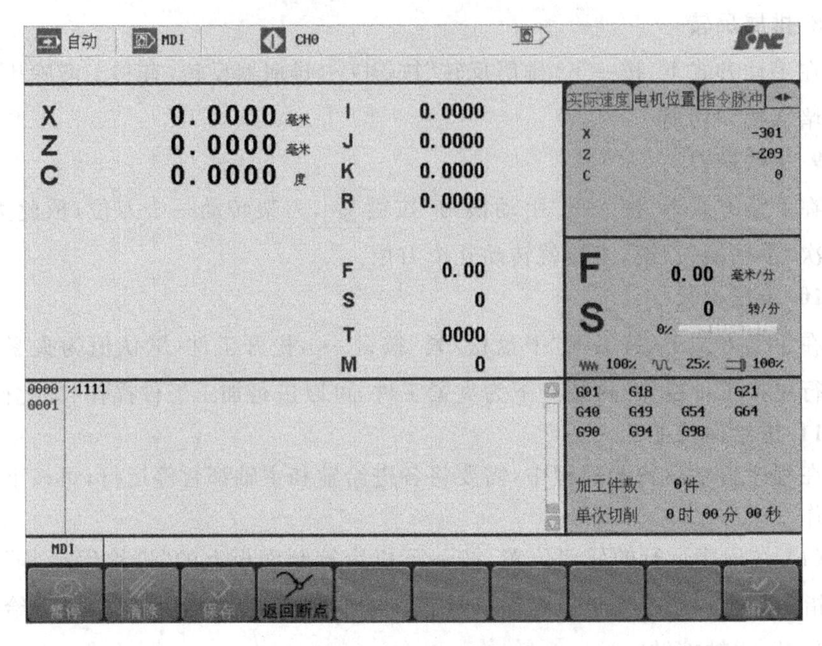

图 1-3-1 MDI 菜单

(2) 用户从 MDI 切换到非程序界面时仍处于 MDI 状态；

(3) 自动运行过程中，不能进入 MDI 方式，可在进给保持后进入；

(4) MDI 状态下，用户按“复位”键，系统则停止并清除 MDI 程序。

1. 输入 MDI 指令段

MDI 输入的最小单位是一个有效指令字。因此，输入一个 MDI 运行指令段可以有下述两种方法：

(1) 一次输入，即一次输入多个指令字的信息；

(2) 多次输入，即每次输入一个指令字信息。

例如：若要输入“G00 X100 Z1000”MDI 运行指令段，则可有以下两种方式。

(1) 直接输入“G00 X100 Z1000”；

(2) 按“输入”键，则显示窗口内关键字 X、Z 的值将分别变为 100、1000。

在输入命令时，可以看见输入的内容，如果发现输入错误，可用“BS”、“▶”和“◀”键进行编辑；按“输入”键后，系统发现输入错误，会提示相应的错误信息，此时可按“清除”键将输入的数据清除。

2. 运行 MDI 指令段

在“自动”工作方式下，输入完一个 MDI 指令段后，按一下控制面板上的“循环启动”键，系统即开始运行所输入的 MDI 指令。

如果输入的 MDI 指令信息不完整或存在语法错误，系统会提示相应的错误信息,此时不能运行 MDI 指令。

3. 修改某一字段的值

在运行 MDI 指令段之前,如果要修改输入的某一指令字,可直接在命令行上修改相应的指令字符及数值。例如:在输入"X100"后,希望 X 值变为 109,可在命令行上将"100"修改为"109"。

4. 清除当前输入的所有尺寸字数据

在输入 MDI 数据后,按"清除"键,可清除当前输入的所有尺寸字数据(其他指令字依然有效),显示窗口内 X、Z、I、K、R 等字符后面的数据全部消失。此时可重新输入新的数据。

5. 停止当前正在运行的 MDI 指令

在系统正在运行 MDI 指令时,按"停止"键可停止 MDI 运行。

6. 保存当前输入的 MDI 指令

操作者可以按"保存"键,将已输入的 G 代码指令保存为加工程序。

7. 在 MDI 方式下使主轴旋转

在 MDI 方式下使主轴旋转的具体操作步骤如下:

(1) 按 MDI 主菜单键进入 MDI 功能;

(2) 通过机床编辑面板输入"M03 S800";

(3) 再按下"输入"键,则显示窗口内关键字 S 的值变为 800;

(4) 选择自动运行模式,再按下"循环启动"键完成主轴正转。

1.4 设　　置

1.4.1 刀偏表设置

刀具偏置补偿的设置方法有两种:一种是手工填写法,另一种是采用试切法。

1. 手工填写法

手工输入刀补数据的操作步骤如下。

(1) 按"刀补"主菜单键,选择"刀偏",图形显示窗口将出现刀偏数据,可进行刀偏数据设置,如图 1-4-1 所示。

(2) 用"▲"、"▼"移动光标选择刀偏号。

(3) 用"▶"、"◀"选择编辑选项。

(4) 按"Enter"键,系统进入编辑状态。

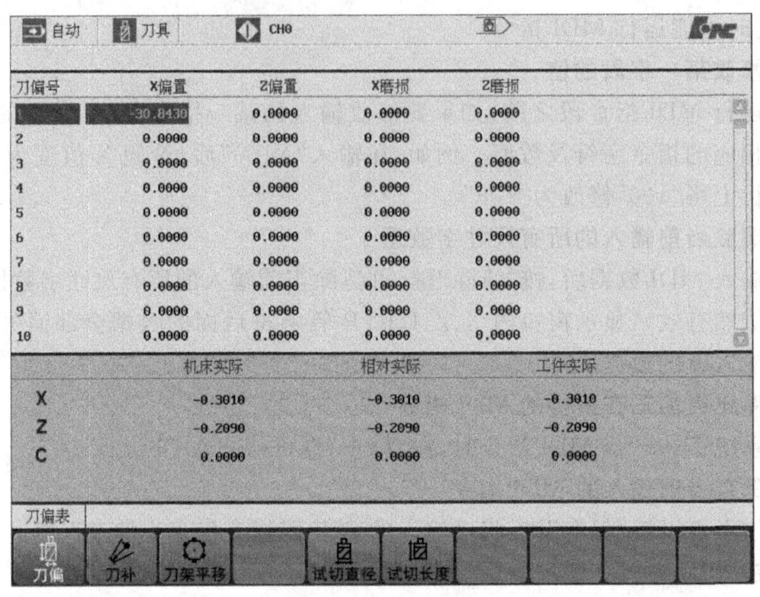

图 1-4-1　刀偏表

（5）修改完毕后，再次按“Enter”键确认。

（6）用户也可以按“刀架平移”键，修改刀架位置。

2. 试切法

试切法指的是通过试切工件，由试切直径和试切长度来计算刀具偏置值的方法。

对刀操作步骤如下。

（1）开机、回零、安装刀具、工件。

（2）主轴转动（M03 S500）。

（3）在“手动”或者“增量”工作方式下，按“手动换刀”按键，使刀架旋转到外圆车刀处（假设在一号刀位）。

（4）选择“刀补”主菜单下“刀偏”表，机床显示屏出现如图 1-4-1 所示的画面。

（5）试切外圆，如图 1-4-2 所示。在手动或者手轮操作方式下，用所选刀具在加工余量范围内试切工件外圆，然后刀具沿 Z 向退离工件（X 轴不能移动），停机测量车削后的工件外圆直径（假设测得的直径为 ϕ30.241 mm）。

（6）首先移动光标到一号刀位处，然后选择“试切直径”按钮，输入测量的直径值“30.241”，系统会计算出数值自动保存到“X 偏置”项处（“X 偏置”坐标值＝X 轴机床实际坐标值－试切直径值）。

（7）如图 1-4-3 所示，将刀具沿 Z 方向退回到工件端面余量处试切工件端面后，沿 X 向退刀（Z 轴不能移动）。

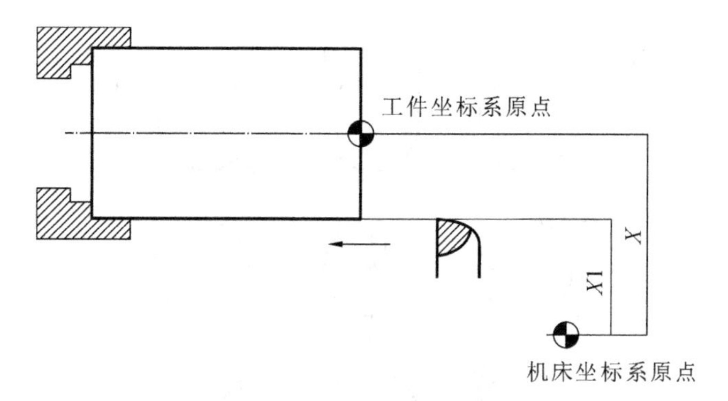

图 1-4-2 工件外圆试切示意图

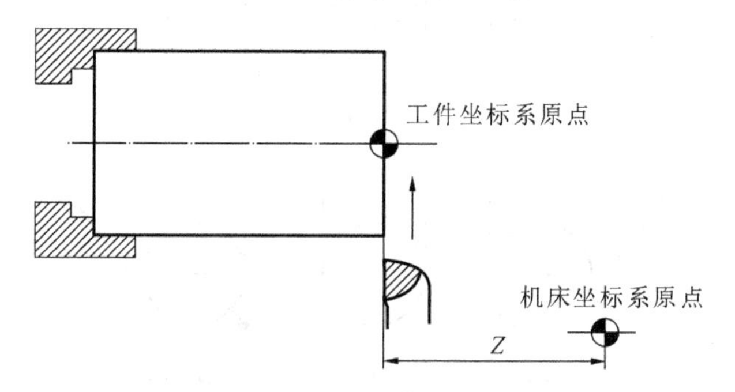

图 1-4-3 工件端面试切示意图

(8) 选择“试切长度”,然后输入“0”,系统会计算出数值自动存入 Z 偏置中(Z 偏置坐标值=Z 轴机床实际坐标值)。一号刀具偏置参数设置即完成,其他刀具的设定方法相同。

3. 刀具磨损设置设定

当刀具磨损后或者工件加工的尺寸有误差的时候,只要修改相应的刀具磨损补偿值即可。例如某工件外圆直径在粗加工后的尺寸应该是 38.5 mm,但实际测得的尺寸为 38.57(或 38.39 mm),尺寸偏大 0.07 mm(或偏小0.11 mm),则在刀偏表所对应刀具号“X 磨损”位置输入“-0.07”(或“0.11”)。如果该位置已有数值,那么需要在原来数值的基础上进行累加,再把累加后的数值输入。

4. 刀尖方位的定义

车床的刀具可以多方向安装,并且刀具的刀尖也有多种形式。为使数控装置知道刀具的安装情况,以便准确地进行刀尖半径补偿,定义了车刀刀尖的位置码。

车刀刀尖的位置码表示理想刀具头与刀尖圆弧中心的位置关系,如图 1-4-4 和图 1-4-5 所示。大多数的刀尖方位为 3 号方位。

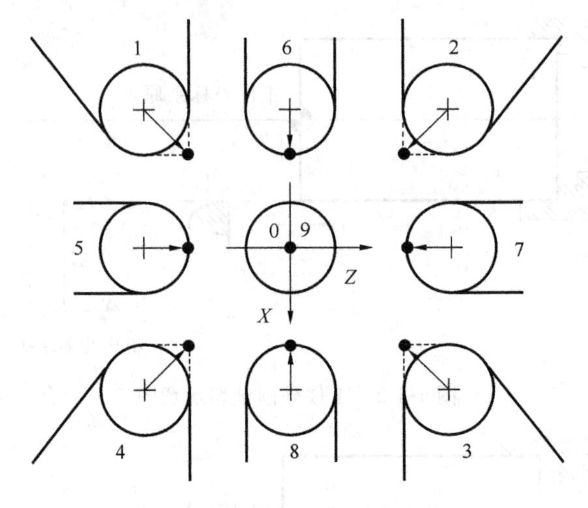

图 1-4-4　前置刀架刀尖方位

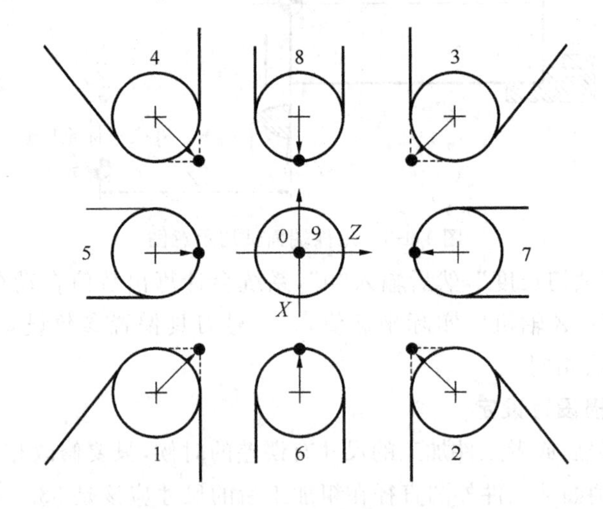

图 1-4-5　后置刀架刀尖方位

具体操作步骤如下。

(1) 选择“刀补”主菜单下“刀补表”，机床显示屏出现如图 1-4-6 所示的画面。

(2) 用“▲”、“▼”移动光标选择刀补号；

(3) 用“▶”、“◀”选择编辑选项；

(4) 按“Enter”键，系统进入编辑状态，输入“刀尖方位”值；

(5) 修改完毕后，再次按“Enter”键确认。

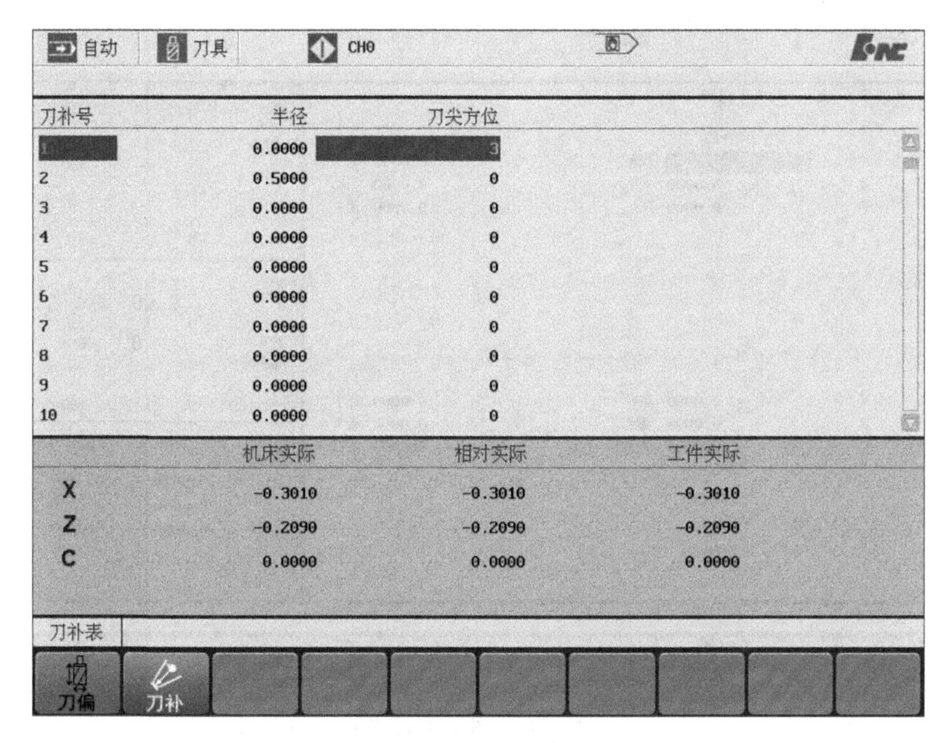

图 1-4-6 刀补表

1.4.2 坐标系的设置

坐标系数据的设置操作步骤如下。

(1) 按"设置"主菜单功能键，进入手动建立工件坐标系的方式，如图 1-4-7 所示。

(2) 通过"PgDn"、"PgUp"键选择要输入的工件坐标系 G54、G55、G56、G57、G58、G59、G54.x(扩展工件坐标系)。

(3) 操作者也可以通过按"查找"按钮，查找特定工件坐标系类型；查找工件坐标系主要有两种输入格式：

① 输入"PX"表示扩展坐标系 X，例如 P39，则查找到的为 G54.39 扩展工件坐标系。

② 输入"X"表示坐标系编号，例如 2，则查找到的为 G54。

(4) 输入所选坐标系的位置信息，操作者可以采用以下任何一种方式实现。

① 在编辑框直接输入所需数据；

② 通过按"当前位置"、"偏置输入"、"恢复"按钮，输入数据。

当前位置：系统读取当前刀具位置。

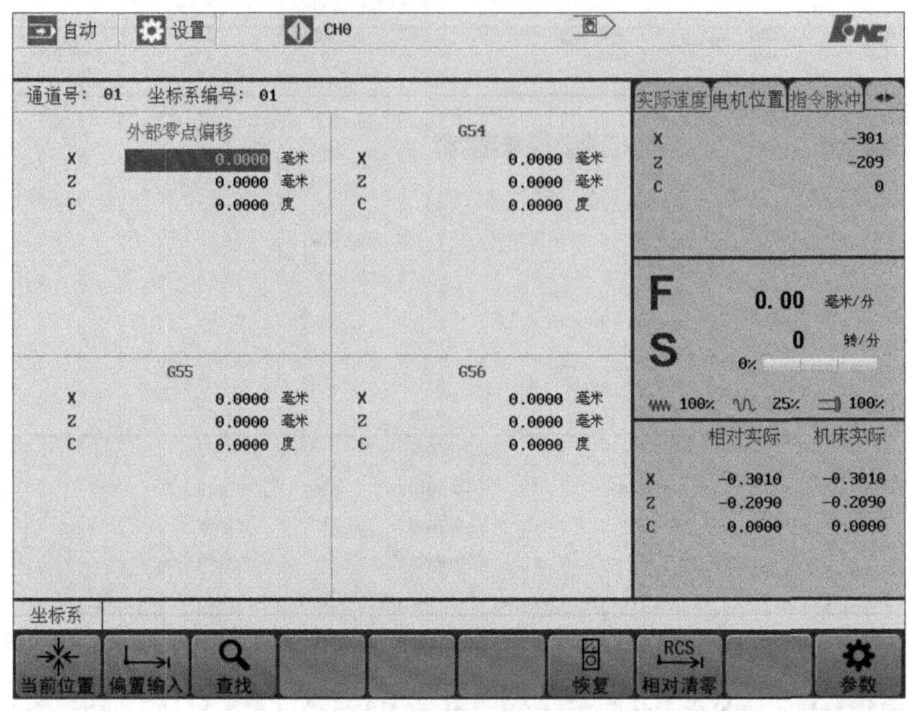

图 1-4-7　坐标系设置

偏置输入：如果用户输入“+0.001”，则所选轴的坐标系位置为当前位置数据加上输入的数据；如果用户输入“-0.001”，则所选轴的坐标系位置为当前位置数据减去输入的数据。

恢复：还原上一次设定的值。

(5) 如果输入正确，图形显示窗口相应位置将显示修改过的值，否则原值不变。

1.4.3　相对清零

(1) 为方便对刀，按“设置”→“相对清零”，进入如图 1-4-8 所示界面。

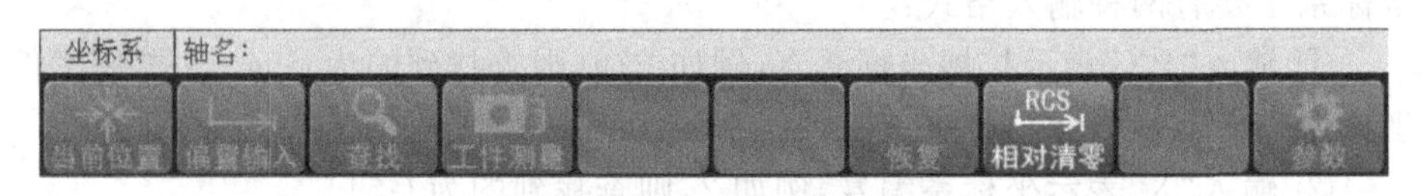

图 1-4-8　相对清零

(2) 在如图 1-4-8 所示界面中输入轴名，如输入“X”，则对 X 轴清零，系统坐标系改为相对坐标系，相应的坐标值变为 0，此时手动移动机床，坐标值为相对当前位置的变化量，当退出该界面时，系统坐标系自动恢复为进入相对坐标系之前的坐标系。

1.4.4　参数

1. 系统参数

1）分类查看

（1）按“设置”→“参数”→“系统参数”键，出现如图1-4-9所示界面。

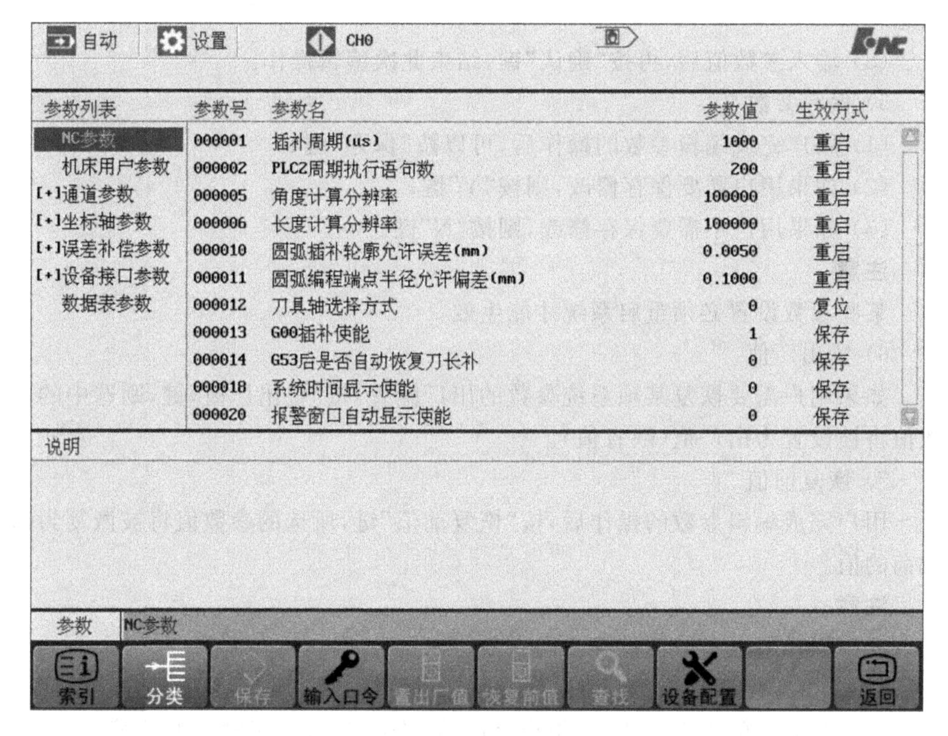

图1-4-9　分类显示

（2）使用“▲”和“▼”选择参数类型。

（3）使用“▶”键切换到参数列表，则屏幕下方显示所选参数的具体说明。

2）序号查看

（1）按“设置”→“参数”→“系统参数”→“索引”键。

（2）使用“▲”和“▼”选择参数，系统屏幕下方显示所选参数的具体说明。

注：HNC-818数控系统的每个参数的具体意义请参见华中8型数控系统参数说明书。

3）编辑权限

如果用户要修改系统参数的值，必须输入相应的口令：

(1) 按"设置"→"参数"→"系统参数"→"输入口令"键。

(2) 输入密码。

(3) 按"Enter"键,如果口令正确,用户可对系统参数进行修改。

4) 编辑参数

(1) 用户输入正确的口令。

(2) 按索引或分类方式选择需要编辑的参数,再按"确认"键,系统进入编辑状态。

(3) 输入参数值后,再按"确认"键,结束此次编辑操作。

5) 保存参数

(1) 用户完成编辑参数的操作后,可以按"保存"键;

(2) 如果用户需要保存修改,则按"Y"键;

(3) 如果用户不需要保存修改,则按"N"键。

注意

某些参数设置必须重启系统才能生效。

6) 置出厂值

如果用户需要恢复某项系统参数的出厂配置,按"置出厂值"键,则选中的参数值将被设置为出厂值(缺省值)。

7) 恢复前值

用户完成编辑参数的操作后,按"恢复前值"键,所选的参数值将被恢复为修改前的值。

注意

此项操作只在参数值保存之前有效。

8) 查找参数

在参数索引的查看方式下,用户可以按"查找"键,直接输入参数编号,然后按"确认"键,系统则定位至所选的参数。

9) 设备配置

用户可以使用设备配置导航功能设置设备的编号。

(1) 按"设置"→"参数"→"系统参数"→"设备配置"键,系统显示硬件连接拓扑图,如图 1-4-10 所示。

(2) 使用"▲"和"▼"选择设备类型。

(3) 按"确认"键,则显示所选择的设备类型中已配置的轴名、输入、输出或其他单元。

(4) 按 Alt+N 键,将光标切换至屏幕右边区域。

(5) 使用"▲"和"▼"选择需要编辑的数据类型。

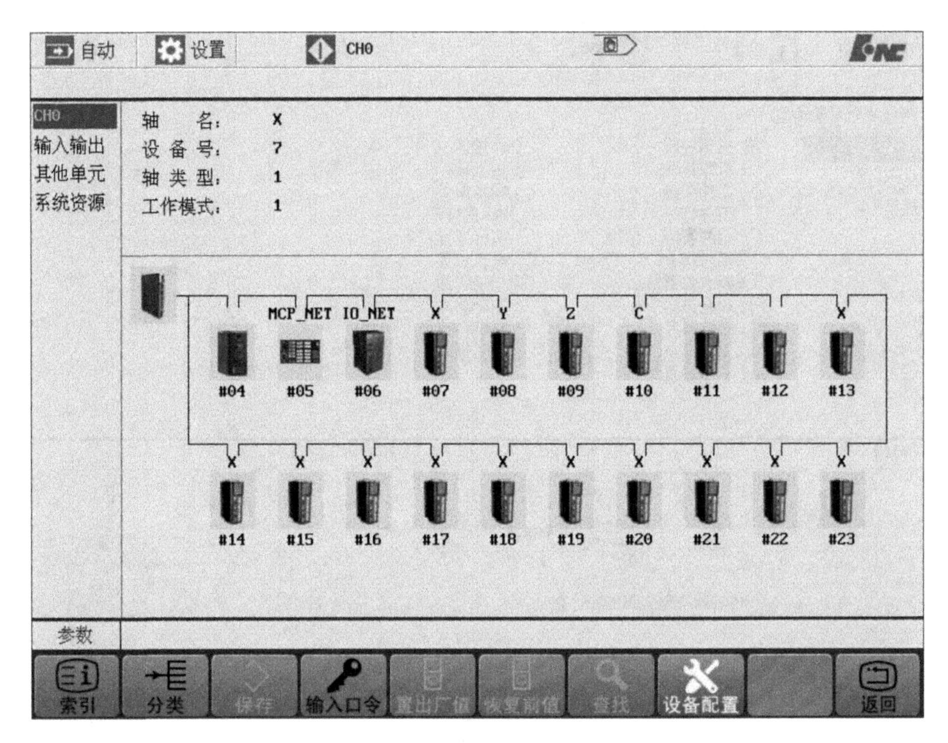

图 1-4-10 设备配置界面

① 通道(CH0):轴名、设备号、轴类型、工作模式。

② 输入输出:设备名称、设备号、起始组号、组数。

③ 其他单元:设备名称、设备号。

④ 系统资源:磁盘剩余空间、内存使用情况。

(6) 按“Enter”键,则可编辑所选的数据类型(设备号除外)。设备号的编辑操作:使用“▶”和“◀”键移动光标,用户可在设备配置导航图中选择设备,再按“Enter”键,系统则自动读入设备号。

注:对于每种设备的数据类型的含义,请参见华中 8 型数控系统参数说明书。

2. 显示参数

设置系统大字符区域和小字符区域的显示信息。

(1) 按“设置”→“参数”→“显示参数”键进入显示设置界面,如图 1-4-11 所示。

(2) 使用光标键“▲”和“▼”选择。

① 显示列 1:设定大字符的第一列值;

② 显示列 2:设定大字符的第二列值;

③ 显示列 3:设定标签页所显示的值。

(3) 使用光标键“▶”切换光标至选项列表。

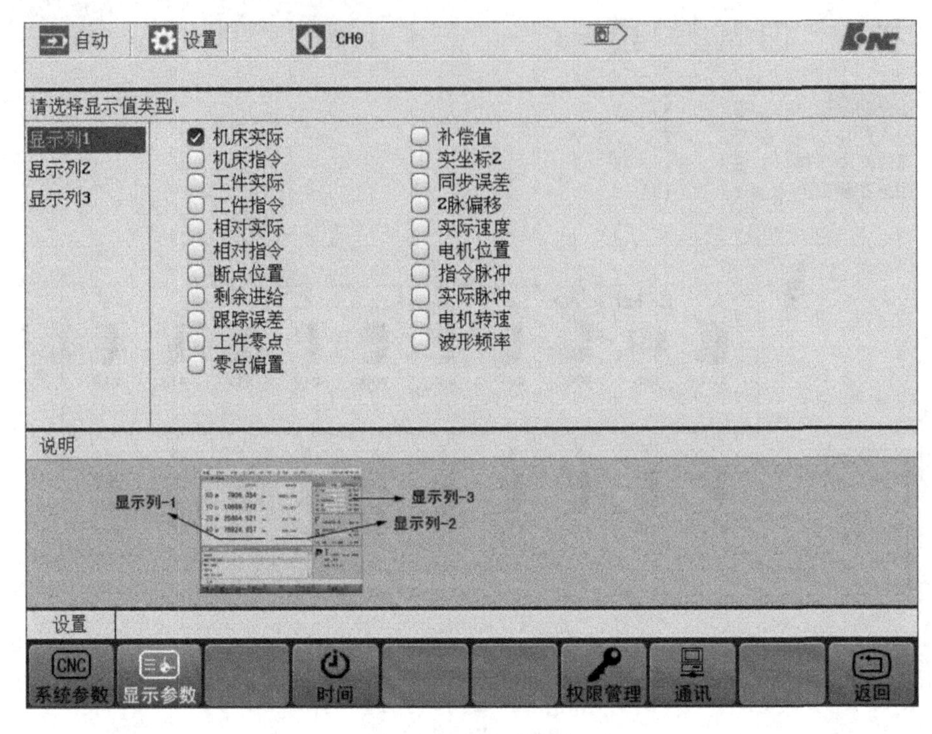

图 1-4-11　显示参数

(4) 用“▲”和“▼”选择显示的类型。

(5) 按“Enter”键确认。

注:标签页所显示的值也可以按“◀”、“▶”切换。

3. 时间

在机床参数里,如果选择了显示系统时间的选项,则可以通过此操作重新设置系统时间。

(1) 按“设置”→“参数”→“时间”键,进入系统时间设置方式。

(2) 使用光标键选择需要设置的时间选项。

(3) 按“Enter”键,系统进入编辑状态,用户可以输入数据。

(4) 再次按“Enter”键,保存设置。

4. 批量调试

用户可以同时载入/备份所选择的一项或多项参数,如图 1-4-12 所示。

5. 数据管理

用户可以载入/备份参数文件、PLC 文件、固定循环等文件。

下面以载入/备份系统参数文件为例进行介绍,其他文件的载入备份的操作步骤与此相同。

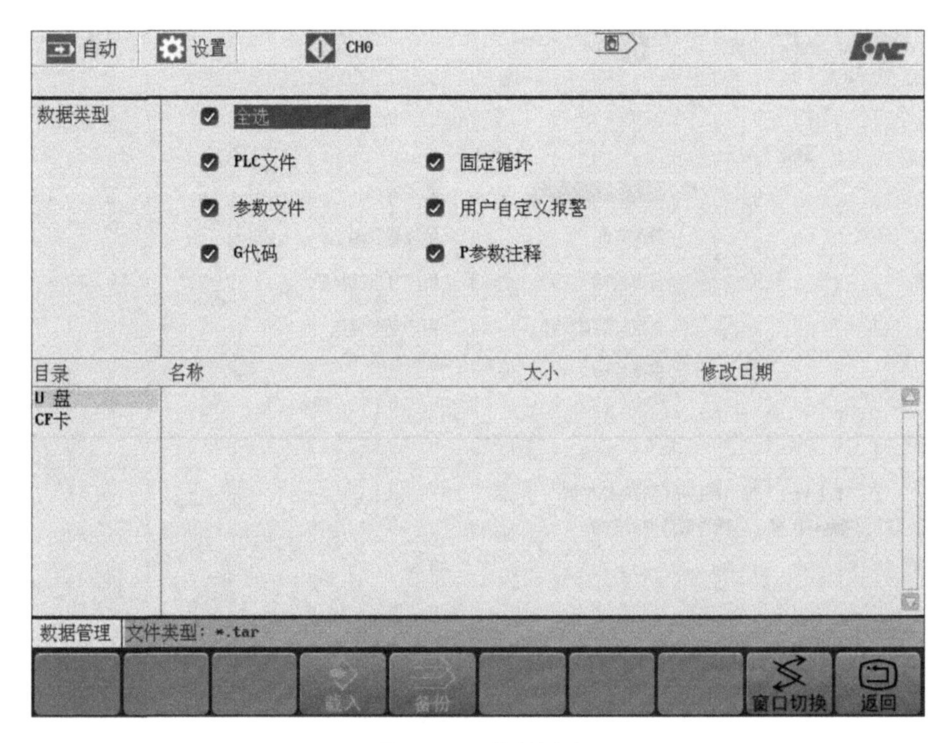

图 1-4-12 批量调试

（1）按“设置”→“参数”→“数据管理”键，如图 1-4-13 所示。

（2）使用光标键选择需要载入或备份的数据类型，并按“Enter”键。

（3）使用光标键选择需要载入或备份的文件。

（4）按“窗口切换”按键，使光标移动至载入或备份的文件路径。

（5）再按“载入”或“备份”按键。

6. 权限管理

安装测试完系统后，一般不用修改这些参数。在特殊的情况下，如果需要修改某些参数，首先应选择合适的用户级别，然后输入正确的口令；口令本身也可以修改，其前提是输入正确的原口令。

1）用户级别

系统能否发挥出最佳性能，参数的设置影响很大，所以系统对参数修改有严格的限制：有些参数可以由用户来修改，有些参数只能由数控设备厂家来修改，有些参数则可以由机床厂家来修改，而另外一些参数只能由管理员来修改。因此，本系统的用户权限分为四类：用户、机床厂家、数控厂家和管理员。

2）用户注销

按“设置”→“参数”→“权限管理”→“注销”键，操作者可重新选择用户权限类型。

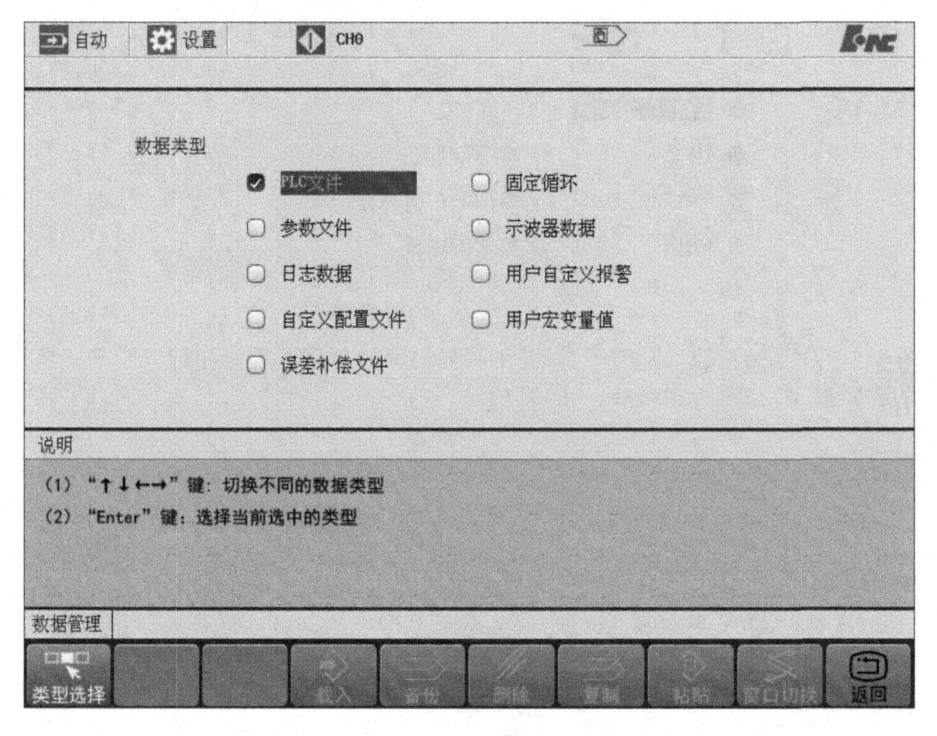

图 1-4-13　数据管理

3) 输入口令

(1) 按“设置”→“参数”→“权限管理”键。

(2) 选择相应的用户权限类型，按“登录”按钮，如图 1-4-14 所示。

(3) 在输入栏输入相应权限的口令，按“Enter”键确认。

(4) 若权限口令输入正确，则可进行此权限级别的参数或口令的修改；否则，系统会提示“输入口令不正确”。

4) 修改口令

(1) 输入正确的权限口令后，按“修改口令”键。

(2) 在编辑框输入新口令，按“Enter”键。

(3) 再次输入修改后的口令，按“Enter”键再次确认。

(4) 当核对正确后，权限口令修改成功，否则会显示出错信息，权限口令不变。

7. 通讯[①]

数据可以通过网口从个人电脑(上位机)传输到数控装置(下位机)。

① “通讯”应为“通信”，为了与软件界面保持一致，本书仍采用“通讯”。

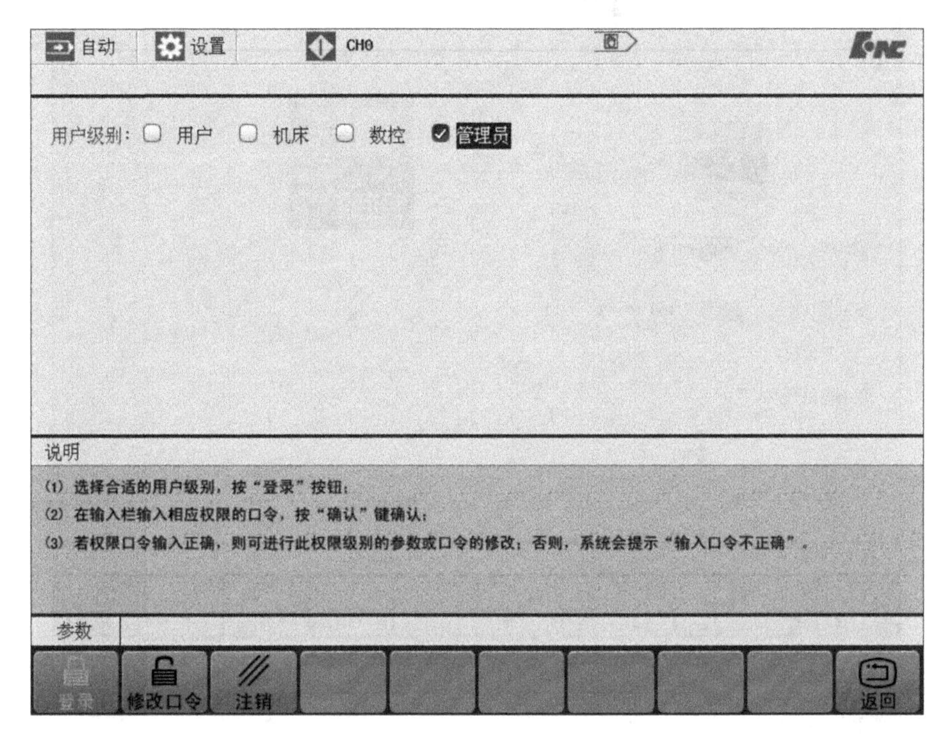

图 1-4-14　权限管理界面

(1) 按“设置”→“参数”→“通讯”→“网络开”选项，开启数控系统的网络功能，如图 1-4-15 所示。

(2) 用户移动光标键，选择需设置的选项，再按“Enter”键进入编辑状态。

(3) 输入数据后，再次按“Enter”键以确认保存。

8. 系统升级

(1) 按“设置”→“参数”→“系统升级”键，进入系统升级设置界面，如图 1-4-16 所示。

(2) 使用光标键选择升级文件。

注意

(1) 系统升级功能仅限于数控厂家以及管理员使用。

(2) 关于软件升级后，加载断点的操作：

① 用户不得使用升级前的断点文件；

② 用户加工完后再升级，如果升级后使用升级前的断点文件，会造成死机等各种问题。

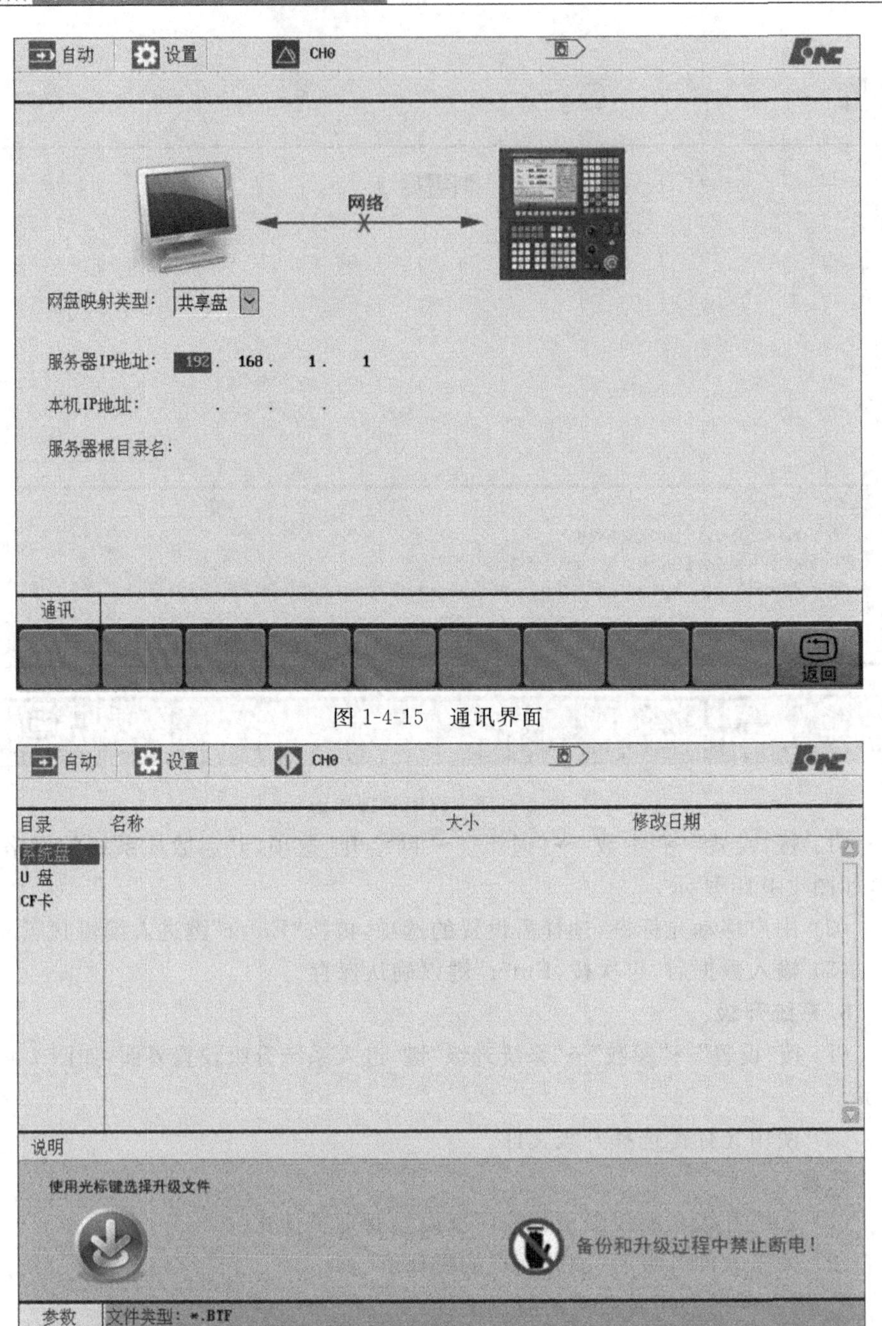

图 1-4-15　通讯界面

图 1-4-16　系统升级设置界面

1.5 程序编辑与管理

1.5.1 程序选择

1. 选择文件

1）程序类型

按程序来源分类，程序分为内存程序与交换区程序。

(1) 内存程序：程序一次性载入内存中，选中执行时直接从内存中读取。

(2) 交换区程序：程序选中执行时将其载入交换区，从而支持超大程序的运行。

内存程序最大行数为120 000行，超过该行数限制的程序将被识别为交换区程序。如果程序内存已满，则即使程序总行数小于120 000行也将被识别为交换区程序，且不允许前台新建程序，后台新建程序将被识别为交换区程序。

注意

① 由于系统交换区只有一个，因此在多通道系统中同一时刻只允许运行一个交换区程序；

② 交换区程序不允许进行前台编辑；

③ U盘程序类型只能是交换区程序。

2）选择程序

在程序主菜单下按“选择”键，将出现如图1-5-1所示的界面。

选择文件的操作方法：

(1) 如图1-5-1所示，用光标键“▲”和“▼”选择存储器类型（系统盘、U盘、CF卡、NET），也可用“Enter”键查看所选存储器的子目录。

(2) 用“▶”切换至程序文件列表。

(3) 用“▲”和“▼”选择程序文件。

(4) 按“Enter”键，即可将该程序文件选中并调入加工缓冲区。

(5) 如果被选程序文件是只读G代码文件，则有[R]标识。

注意

(1) 如果用户没有选择，系统指向上次存放在加工缓冲区的一个加工程序；

(2) 程序文件名一般为字母“O”开头，后跟四个（或多个）数字或字母，系统默认程序文件名是由“O”开头的；

(3) HNC-818系统支持的文件名为8+3格式：文件名由1～8个字母或数字，再加上扩展名（0～3个字母或数字）组成，如“MyPart.001”。

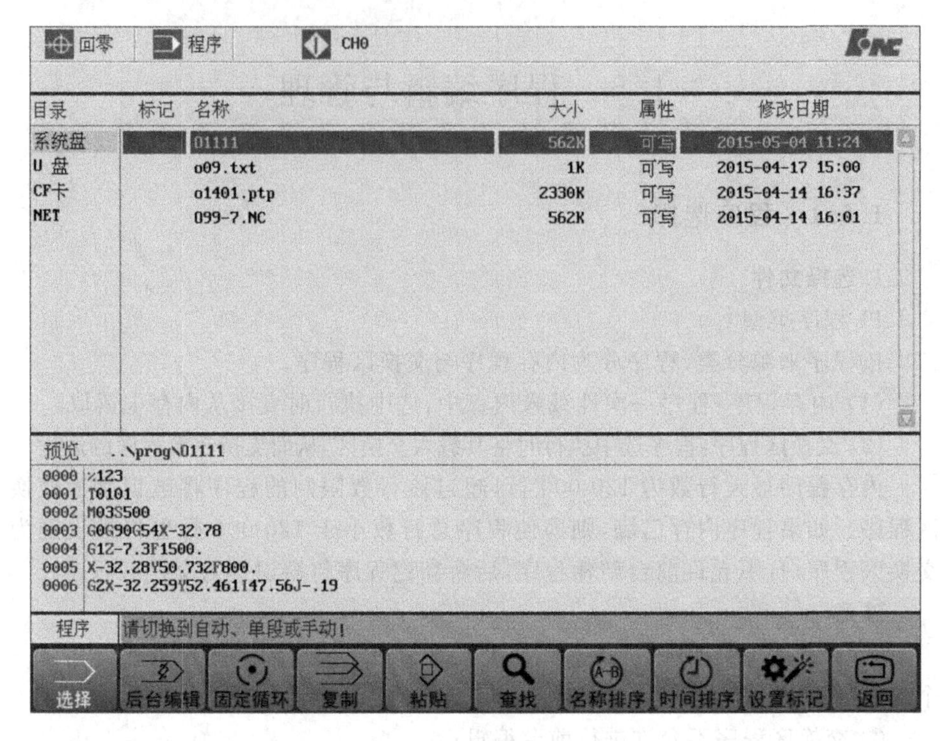

图 1-5-1　程序选择

3) U 盘的加载与卸载

(1) 使用光标键选择目录“U 盘”;

(2) 按“确认”键加载 U 盘;

(3) 按“删除”键卸载 U 盘。

注意

拔掉 U 盘前应先卸载,以免造成不必要的问题。

2. 后台编辑

1) 后台编辑

后台编辑就是在系统进行加工操作的同时,用户也可以对其他程序文件进行编辑。

(1) 使用上述方法,选择加工程序。

(2) 按“后台编辑”键,则进入编辑状态。具体操作与程序编辑操作相仿。

2) 后台新建

后台新建就是在加工的同时,可以创建新的文件。

(1) 按“程序”→“选择”→“后台编辑”→“后台新建”键。

(2) 输入文件名。

(3) 按“Enter”键后,即可编辑文件。

3. 固定循环

(1) 按“程序”→“选择”→“固定循环”键,系统显示固定循环文件。

(2) 使用光标键选择文件。

(3) 按“Enter”键确认载入文件。

注意

固定循环功能只限于机床厂家、数控厂家以及管理员使用。

4. 复制与粘贴文件

使用复制与粘贴功能,可以将某个文件复制到指定路径。

(1) 在“程序”→“选择”子菜单下,选择需要复制的文件。

(2) 按“复制”键。

(3) 选择目的文件夹(必须是不同的目录)。

(4) 按“粘贴”键,完成复制文件的工作。

5. 查找文件

根据输入的文件名,查找相应的文件。

(1) 按“程序”→“选择”→“查找”键。

(2) 输入搜索的文件名,再按“Enter”键,系统高亮显示查找到的文件。

6. 名称排序

按“程序”→“选择”→“名称排序”键,则文件列表按名称排序。

7. 时间排序

按“程序”→“选择”→“时间排序”键,则文件列表按时间排序。

8. 设置标记

按“程序”→“选择”→“设置标记”键,则所选择程序会标记“选中”,可以对所标记的程序进行批量操作。

1.5.2 程序编辑

1. 编辑文件

(1) 系统加工缓冲区已存在程序,用户按“程序”→“编辑”键,即可编辑当前载入的文件。

(2) 系统加工缓冲区不存在程序,用户按“程序”→“编辑”键,系统自动新建一个文件,用户按“Enter”键后,即可编写新建的加工程序。

注意

用户对文件进行编辑操作后,就必须重运行文件。

2. 新建文件

(1) 按“程序”→“编辑”→“新建”键。

(2) 输入文件名,按“Enter”键确认后,即可编辑新文件。

注意

① 新建程序文件的缺省目录为系统盘的 prog 目录;

② 新建文件名不能和已存在的文件名相同。

3. 保存文件

按“程序”→“编辑”→“保存”键,系统完成保存文件的工作。

注意

程序为只读文件时,按“保存”键后,系统会提示“保存文件失败”,此时只能使用“另存为”功能。

4. 另存文件

(1) 按“程序”→“编辑”→“另存为”键。

(2) 使用光标键选择存放的目标文件夹。

(3) 按“▶”键,切换到输入框,输入文件名。

(4) 按“Enter”键,用户则可继续进行编辑文件的操作。

5. 块操作

(1) 按“程序”→“编辑”→“块操作”键。

(2) 选择程序编辑的快捷键操作。

6. 查找字符串

根据输入的字符串,查找相应的关键字。

(1) 按“程序”→“编辑”→“查找”键。

(2) 输入要查找的关键字,再按“Enter”键,系统高亮显示查找到的关键字。

(3) 再按“继续查找”按键,系统显示查找到的下一个关键字。

7. 替换

(1) 按“程序”→“编辑”→“替换”键,输入被替换的字符串。

(2) 按“Enter”键,以确认输入。

(3) 输入用来替换的字符串。

(4) 按“Enter”键,系统询问是否将当前光标所在的字符串替换:

① 按“Y”键,则替换当前字符串;

② 按“N”键,则取消替换的操作。

(5) 如还需要继续替换可选择“向下替换”、“向上替换”、“全部替换”按键。

8. 改变文件属性

(1) 将文件载入系统加工缓冲区。

(2) 按“程序”→“编辑”→“编辑允许”或“程序”→“编辑”→“编辑禁止”键。

① 编辑禁止:只能查看加工程序代码,不能对程序进行修改。

② 编辑允许:可以对加工程序进行编辑操作。

注意

改变文件属性功能只限于机床厂家、数控厂家以及管理员使用。

1.5.3 程序管理

1. 查找文件

根据输入的文件名,查找相应的文件。

(1) 按“程序”→“程序管理”→“查找”键。

(2) 输入要查找的文件名,再按“Enter”键,系统高亮显示查找到的文件。

2. 删除文件

(1) 按“程序”→“程序管理” 键,用“▲”和“▼”键移动光标条选中要删除的程序文件。

(2) 按“删除”键,系统出现确认删除的对话框,按“Y”键(或“Enter”键)将选中程序文件从当前存储器上删除,按“N”键则取消删除操作。

注意

删除的程序文件不可恢复。

3. 复制与粘贴文件

使用复制与粘贴功能,可以将某个文件复制到指定路径。

(1) 在“程序”→“选择”子菜单下,选择需要复制的文件。

(2) 按“复制”键。

(3) 选择目的文件夹(必须是不同的目录)。

(4) 按“粘贴”键,完成复制文件的工作。

4. 文件排序

文件可以按时间/名称进行排序。

(1) 按“程序”→“程序管理”→“名称排序”键,则文件列表按名称排序。

(2) 按“程序”→“程序管理”→“时间排序”键,则文件列表按时间排序。

5. 更改文件名

(1) 按“程序”→“程序管理”→“重命名”键。

(2) 在编辑框中,输入新的文件名。

(3) 按“Enter”键以确认操作。

注意

用户不能修改正在加工程序的文件名。

6. 新建目录

按“程序”→“程序管理”→“新建目录”键，则新建一个文件夹。

1.5.4 任意行

1. 指定行号

(1) 按机床控制面板上的“进给保持”键(指示灯亮)，系统处于进给保持状态。

(2) 按“程序”→“任意行”→“指定行号”键，系统给出如图 1-5-2 所示的编辑框，输入开始运行行的行号。

图 1-5-2 任意行显示

(3) 按“Enter”键确认操作。

(4) 按机床控制面板上“循环启动”键，程序从指定行号开始运行。

2. 蓝色行

(1) 按机床控制面板上的“进给保持”键(指示灯亮)，系统处于进给保持状态。

(2) 按“程序”→“任意行”→“蓝色行”键。

(3) 按机床控制面板上“循环启动”键，程序从当前行开始运行。

3. 红色行

(1) 按机床控制面板上的“进给保持”键(指示灯亮)，系统处于进给保持状态。

(2) 用“▲”、“▼”、“PgUp”和“PgDn”键移动光标(红色)到要开始的运行行。

(3) 按“程序”→“任意行”→“红色行”键。

(4) 按机床控制面板上“循环启动”键，程序从红色行开始运行。

注意

对于上述的任意行操作，用户不能将光标指定在子程序部分。

4. 指定 N 号

(1) 按机床控制面板上的“进给保持”键(指示灯亮)，系统处于进给保持状态。

(2) 按“程序”→“任意行”→“指定 N 号”键。

(3) 按机床控制面板上“循环启动”键，程序从当前行开始运行。

5. 查找

通过查找关键字，指定系统从关键字所在行运行。

(1) 按“程序”→“任意行”→“查找”键。

(2) 输入关键字,按“Enter”键,系统高亮显示查找到的字符串。

(3) 用户可以按“继续查找”,搜索下一个字符串。

(4) 再次按“Enter”键,系统光标指向关键字所在的行。

(5) 按机床控制面板上“循环启动”键,程序从指定行号开始运行。

1.5.5 程序校验

程序校验用于对调入加工缓冲区的程序文件进行校验,并提示可能的错误。

(1) 调入要校验的加工程序(“程序”→“选择”)。

(2) 按机床控制面板上的“自动”或“单段”按键进入程序运行方式。

(3) 在程序菜单下,按“校验”键,此时系统操作界面的工作方式显示改为“自动校验”。

(4) 按机床控制面板上的“循环启动”键,程序校验开始。

(5) 若程序正确,校验完后,光标将返回到程序头,且系统操作界面的工作方式显示改为“自动”或“单段”;若程序有错,命令行将提示程序的哪一行有错。

建议:对于未在机床上运行的新程序,在调入后最好先进行校验运行,正确无误后再启动自动运行。

注意

① 校验运行时,机床不动作;

② 为确保加工程序正确无误,请选择不同的图形显示方式来观察校验运行的结果。

1.5.6 停止运行

在程序运行的过程中,有时需要暂停运行。

(1) 按“程序”→“停止”键,系统提示“已暂停加工,取消当前运行程序(Y/N)?”。

(2) 如果用户按“N”键则暂停程序运行,并保留当前运行程序的模态信息(暂停运行后,可按循环启动键从暂停处重新启动运行)。

(3) 如果用户按“Y”键则停止程序运行,并卸载当前运行程序的模态信息(停止运行后,只有选择程序后,重新启动运行)。

1.5.7 重运行

在中止当前加工程序后,如果希望程序重新开始运行,则执行以下操作。

(1) 按“程序”→“重运行”键,系统提示“是否重新开始执行(Y/N)?”。

(2) 如果按“N”键则取消重新运行。

(3) 如果按“Y”键则光标将返回到程序头，再按机床控制面板上的“循环启动”键，从程序首行开始重新运行。

1.6 运行控制

1.6.1 启动、暂停、中止

1. 启动自动运行

系统调入零件加工程序，经校验无误后，可正式启动运行。

(1) 按下机床控制面板上的“自动”按键（指示灯亮），进入程序运行方式。

(2) 按下机床控制面板上的“循环启动”键(指示灯亮)，机床开始自动运行调入的零件加工程序。

2. 暂停运行

在程序运行的过程中，需要暂停运行时，可按下述步骤操作。

(1) 在程序运行的任何位置，按下机床控制面板上的“进给保持”键（指示灯亮)，系统处于进给保持状态。

(2) 再按机床控制面板上的“循环启动”键(指示灯亮)，机床又开始自动运行载入的零件加工程序。

3. 中止运行

在程序运行的过程中，需要中止运行，可按下述步骤操作：

(1) 在程序运行的任何位置，按一下机床控制面板上的“进给保持”键（指示灯亮)，系统处于进给保持状态。

(2) 按下机床控制面板上的“手动”键，将机床的M、S功能关掉。

(3) 此时如要退出系统，可按下机床控制面板上的“急停”键，中止程序的运行。

(4) 此时如要中止当前程序的运行，又不退出系统，可按下“程序”→“重运行”键，重新载入程序。

1.6.2 空运行

按一下机床控制面板上的“空运行”键（指示灯亮)，CNC处于空运行状态。程序中编制的进给速率被忽略，坐标轴以最大快移速度移动。

注意

① 空运行不做实际切削，目的在于确认切削路径及程序；

② 在实际切削时，应关闭此功能，否则可能会造成危险；

③ 此功能对螺纹切削无效；

④ 只有在非自动和非单段方式下才能激活空运行。

1.6.3 程序跳段

如果在程序中使用了跳段符号“/”，当按下“程序跳段”键后，程序运行到有该符号标定的程序段，即跳过不执行该段程序；解除该键，则跳段功能无效。

1.6.4 选择停

如果在程序中使用了M01辅助指令，按下“选择停”键后，程序运行到M01指令即停止，再按“循环启动”键，程序段继续运行，解除该键，则M01辅助指令功能无效。

1.6.5 单段运行

按下机床控制面板上的“单段”键（指示灯亮），系统处于单段自动运行方式，程序控制将逐段执行：

（1）按一下“循环启动”键，运行一程序段，机床运动轴减速停止，刀具停止运行。

（2）再按一下“循环启动”键，又执行下一程序段，执行完了后再次停止。

1.6.6 加工断点保存与恢复

一些大零件，其加工时间一般都会超过一个工作日，有时甚至需要好几天。如果能在零件加工一段时间后，保存断点（让系统记住此时的各种状态），关断电源，并在隔一段时间后，打开电源，恢复断点（让系统恢复上次中断加工时的状态），从而继续加工，可为用户提供极大的方便。

1. 保存断点

（1）按机床控制面板上的“进给保持”键（指示灯亮），系统处于进给保持状态。

（2）按“程序”→“断点”键，弹出界面如图1-6-1所示。

（3）利用光标键“▲”、“▼”选择需要存放的盘符（按“确认”键，可以查看所选盘符下的文件夹）。

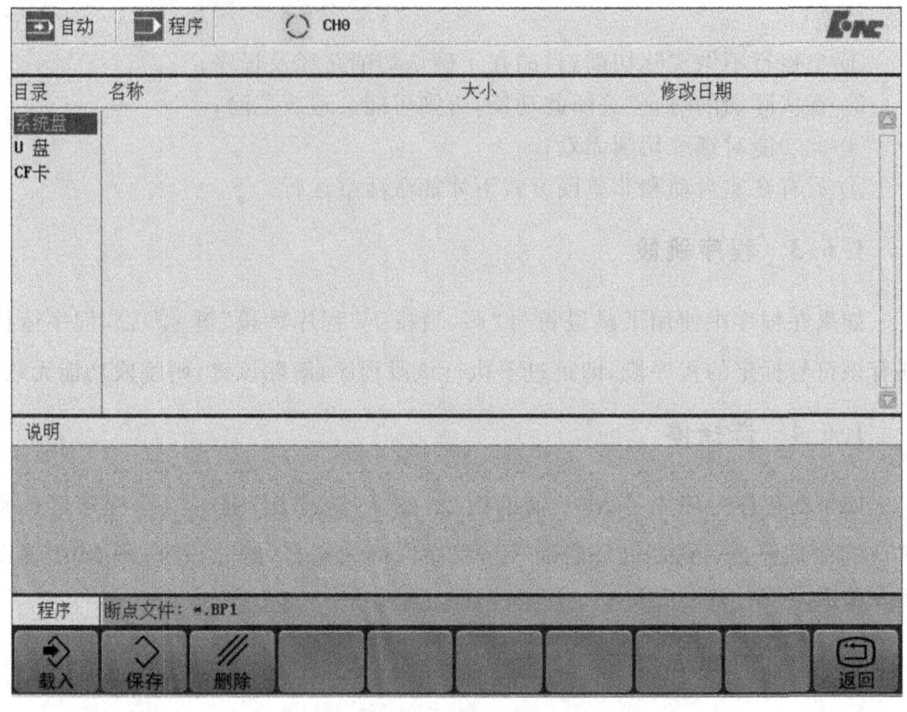

图 1-6-1　断点界面

(4) 按“保存”键，系统将自动建立一个名为当前加工程序名的断点文件，用户也可将该文件名改为其他名字，如图 1-6-2 所示。

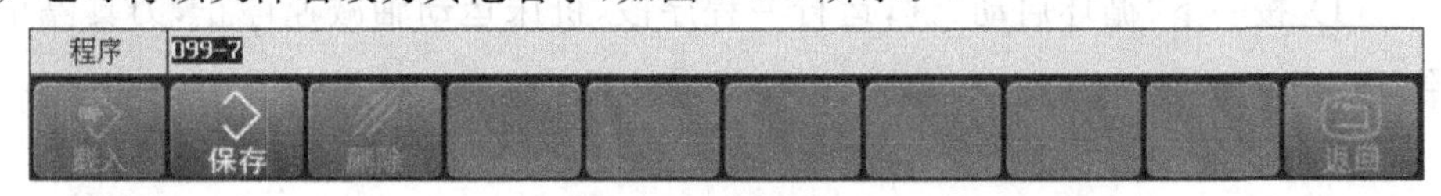

图 1-6-2　断点保存

(5) 按“Enter”键以确认操作。

2. 载入断点

(1) 如果在保存断点后关断了系统电源，则上电后首先应进行回参考点操作，否则直接按“程序”→“断点”键。

(2) 利用光标键选择目标文件所在的目录，切换到文件列表，选择需要载入的断点文件。

(3) 按“载入”键，系统会根据断点文件中的信息，恢复中断程序运行时的状态。

3. 删除断点

(1) 按“程序”→“断点”键，使用光标键选择断点文件。

(2) 按“删除”键，出现如图 1-6-3 所示的提示。

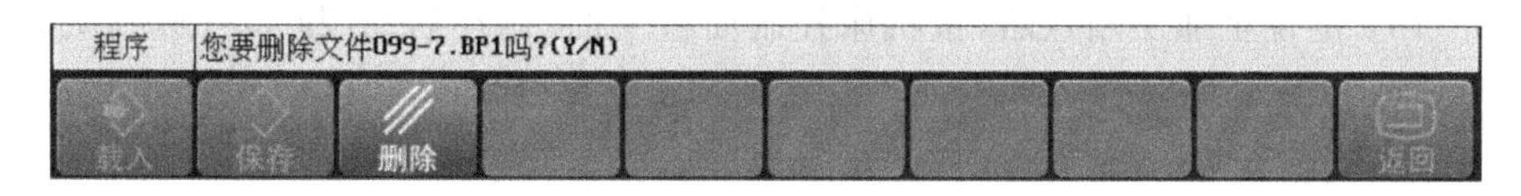

图 1-6-3 删除断点

(3) 按“Y”键(或“Enter”键)将选中的断点文件从当前存储器上删除,按“N”键则取消删除操作。

注意

删除的程序文件不可恢复。

4. 返回断点

在保存断点后,如果对某些坐标轴还进行过移动操作,那么在从断点处继续加工之前,必须先重新定位至加工断点。

(1) 手动移动坐标轴到断点位置附近,并确保在机床自动返回断点时不发生碰撞。

(2) 按“MDI”→“返回断点”键,系统显示断点文件信息,如图 1-6-4 所示。

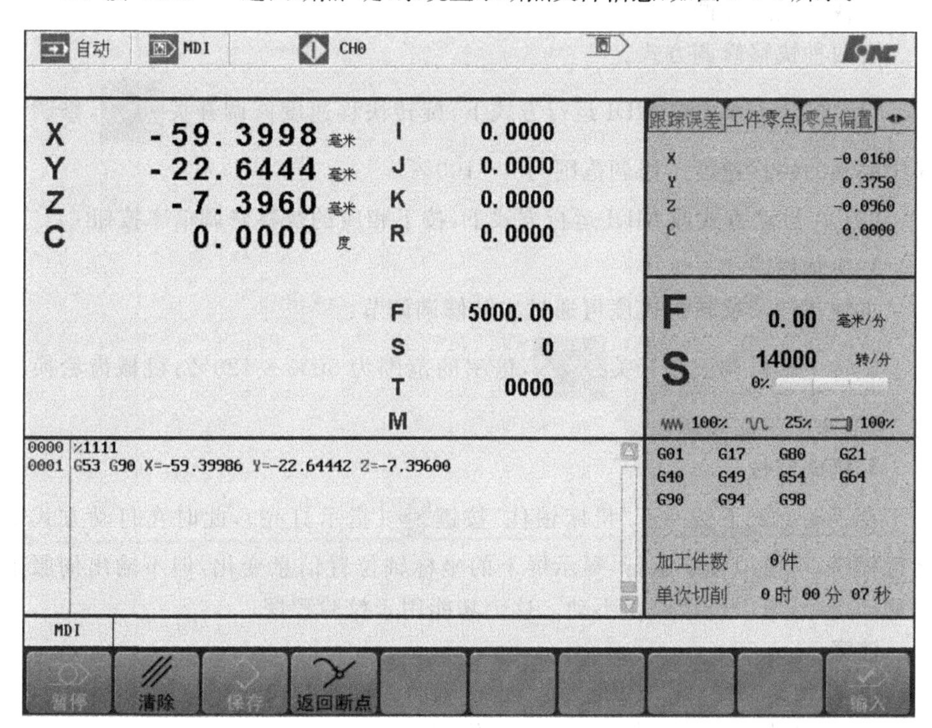

图 1-6-4 返回断点

(3) 按“循环启动”键启动运行,系统将移动刀具到断点位置。

(4) 定位至加工断点后,按机床控制面板上的“循环启动”键即可继续从断点处加工。

注意

① 在返回断点之前,必须载入相应的零件程序,否则系统会提示“不能成功恢复断点”;

② 在返回断点之前,最好手动添加主轴转速及进给量。

1.6.7 运行时干预

1. 进给速度修调

在自动方式或 MDI 运行方式下,当 F 代码编程的进给速度偏高或偏低时,可旋转进给修调波段开关,修调程序中编制的进给速度。修调范围为0～120%。

在手动连续进给方式下,此波段开关可调节手动进给速率。

2. 快移速度修调

有两种快移修调方式。

(1) 在自动方式或 MDI 运行方式下,旋转快移速度修调开关,修调程序中编制的快移速度。修调范围为 0～100%。

(2) 在自动方式或 MDI 运行方式下,按下相应的快移修调倍率按钮。

3. 主轴修调

主轴正转及反转的速度可通过主轴修调调节:

旋转主轴修调波段开关,倍率的范围为 50%～120%;机械齿轮换挡时,主轴速度不能修调。

4. 机床锁住

在手动方式下按一下“机床锁住”按键(指示灯亮),此时在自动方式下运行程序,可模拟程序运行,显示屏上的坐标轴位置信息变化,但不输出伺服轴的移动指令,所以机床停止不动。这个功能用于校验程序。

注意

① 即使是 G28、G29 功能,刀具也不运动到参考点;

② 在自动运行过程中,按“机床锁住”按键无效;

③ 在自动运行过程中,只在运行结束时,方可解除机床锁住;

④ 每次执行此功能后,须再次进行回参考点操作。

1.7 位置信息

1.7.1 坐标显示

在程序运行过程中，按“位置”→“坐标”键，可查看当前加工程序不同示值类型的位置信息，如图1-7-1所示。

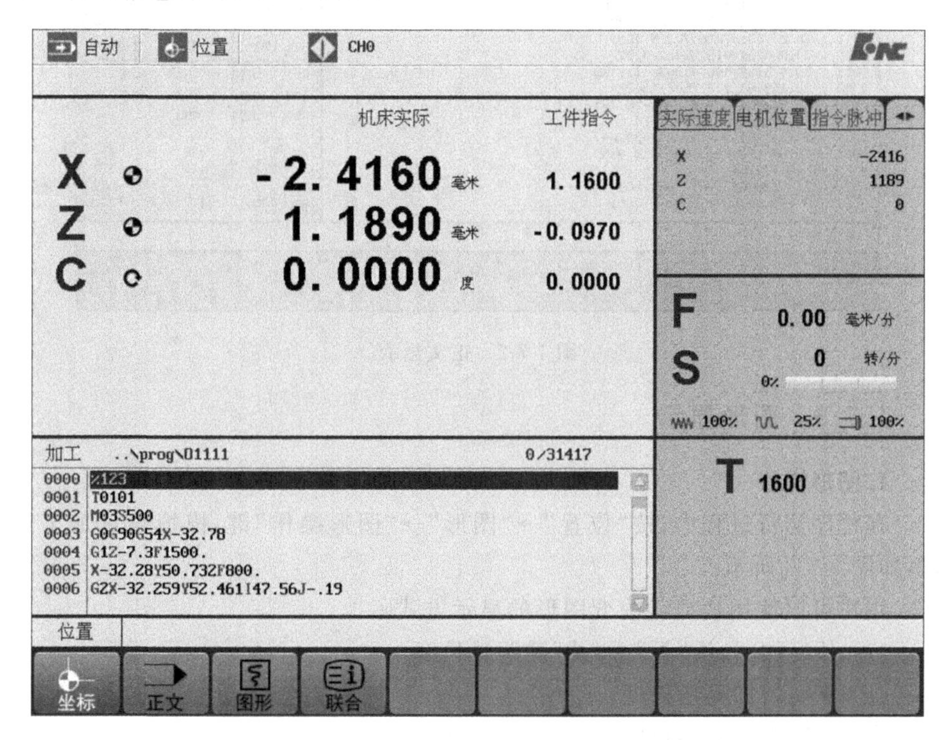

图1-7-1 坐标显示

注意

用户可以使用“设置”→“参数”→“显示参数”键，选择显示的示值类型。

1.7.2 正文显示

在程序运行过程中，按“位置”→“正文”键，可查看程序运行时的G指令、坐标系信息、M指令及进给速度F等，如图1-7-2所示。

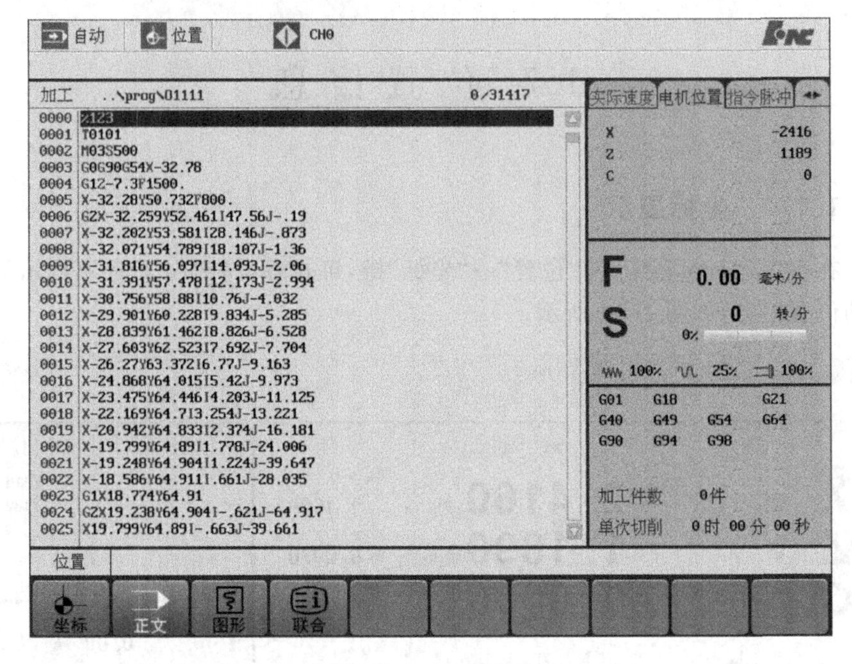

图 1-7-2　正文显示

1.7.3　图形显示

1. 图形操作

在程序运行过程中,按“位置”→“图形”→“图形操作”键,模拟显示加工过程,如图 1-7-3 所示。

用户可以使用快捷键改变图形的显示方式。

(1) 长度加减:按“▶”或“◀”键调整长度。

① “▶”:增加毛坯长度;

② “◀”:缩短毛坯长度。

(2) 外径加减:使用“▲”和“▼”调整外径。

① “▲”:增加毛坯外径;

② “▼”:减少毛坯外径。

(3) 图形缩放:按“PgUp”或“PgDn”键缩放视图。

① PgUp:放大视图;

② PgDn:缩小视图。

注意

在程序运行过程中,不能对图形进行设置操作。

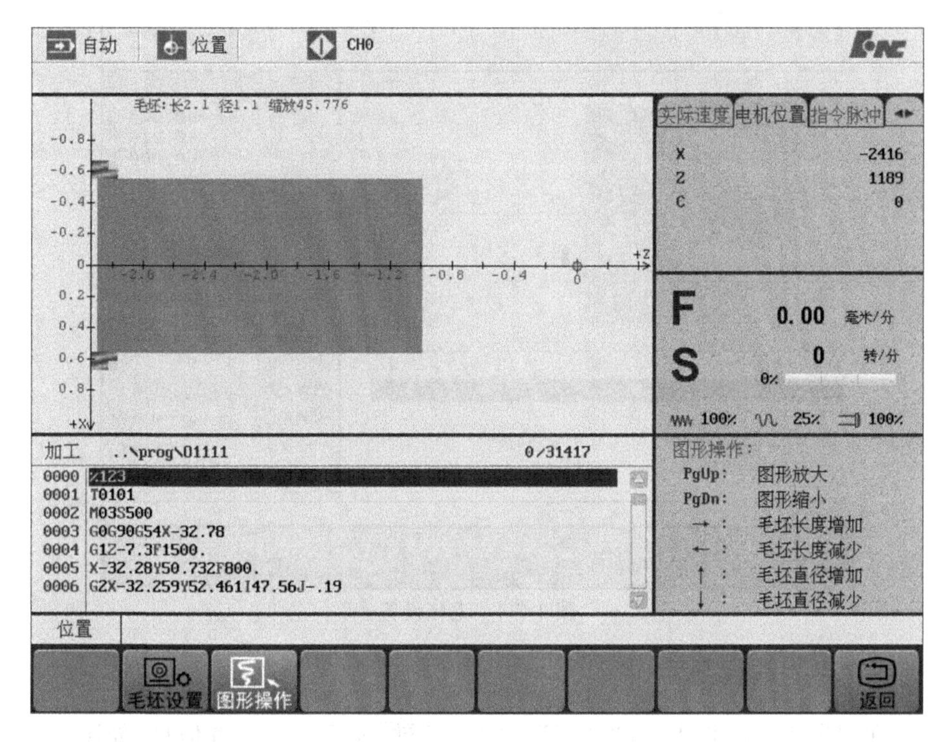

图 1-7-3　图形显示

2. 毛坯设置

毛坯设置操作步骤如下。

(1) 按“位置”→“图形”→“毛坯设置”键，进入图形设置界面，如图 1-7-4 所示。

(2) 按“▲”和“▼”选择图形参数：毛坯尺寸。

“外侧长度”的输入范围为：1～20000 mm。

“外侧直径”的输入范围为：1～20000 mm。

“内侧直径”的输入范围为：0～20000 mm。

“零点位置”的输入范围为：－20000～1000 mm。

其中内端面是定义的图形模拟显示的左端面相对编程原点的距离。

长度/外径之比范围：小于 10000。

(3) 按“▶”切换至所选图形参数的某个系数。

(4) 按“Enter”键进入编辑状态，用户可以在编辑框中输入相应的数据。

(5) 再次按“Enter”键，结束编辑操作。

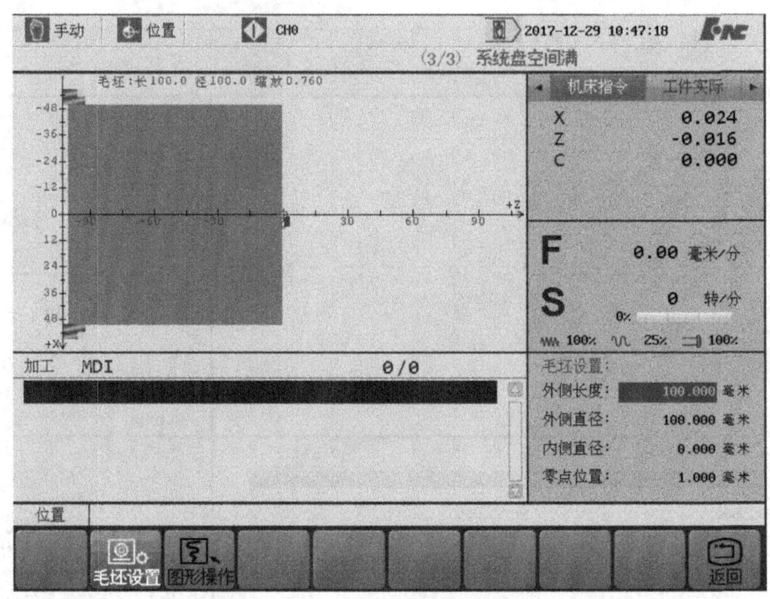

图 1-7-4　毛坯设置

1.7.4　联合显示

在程序运行过程中，按“位置”→“联合”键，显示八种位置信息，如图 1-7-5 所示。

	工件指令	机床实际	剩余进给	跟踪误差
X	1.1600	-2.4160	0.0000	0.0000
Z	-0.0970	1.1890	0.0000	0.0000
C	0.0000	0.0000	0.0000	0.0000

	负载电流	指令脉冲	电机位置	工件零点
X	0.000	1160	-2416	0.0000
Z	0.000	-97	1189	0.0000
C	0.000	0	0	0.0000

图 1-7-5　联合显示

1.8 诊 断

1.8.1 报警显示

如果在系统启动或加工过程中出现了错误(即系统操作界面的标题栏上"运行正常"变为"出错"),可用诊断功能诊断出错原因。

(1) 按"诊断"→"报警显示"键,查看显示信息,如图 1-8-1 所示。

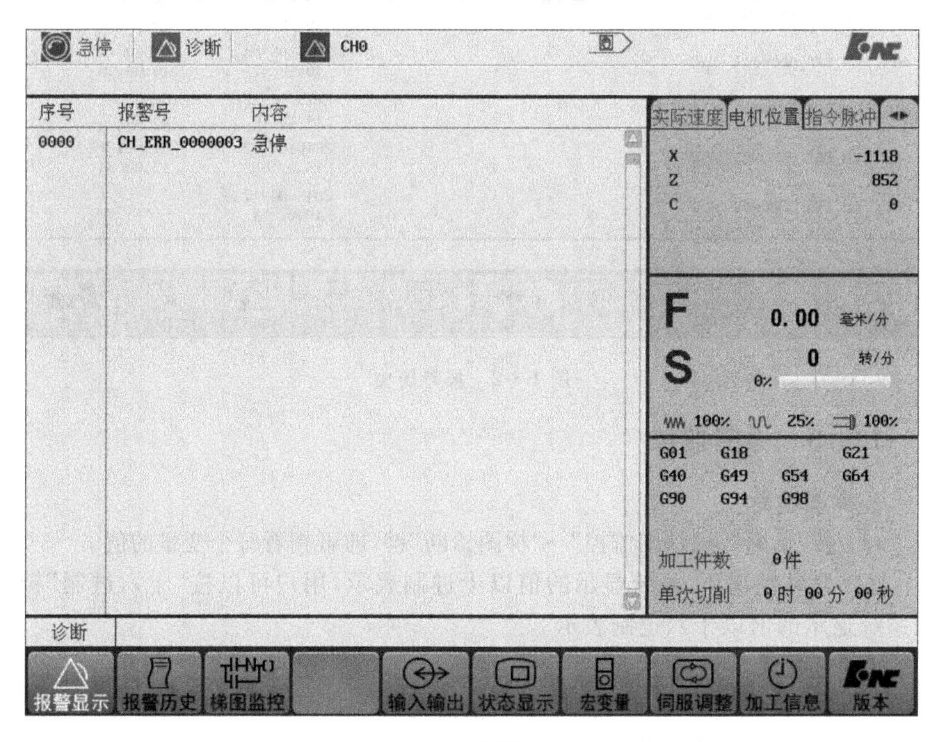

图 1-8-1 报警显示

(2) 用"▲"、"▼"、"PgUp"和"PgDn"键查看报警信息。

1.8.2 报警历史

(1) 按"诊断"→"报警历史"键,图形显示窗口将显示系统以前的错误,如图 1-8-2 所示。

(2) 用"▲"、"▼"、"PgUp"、"PgDn"键查看报警历史。

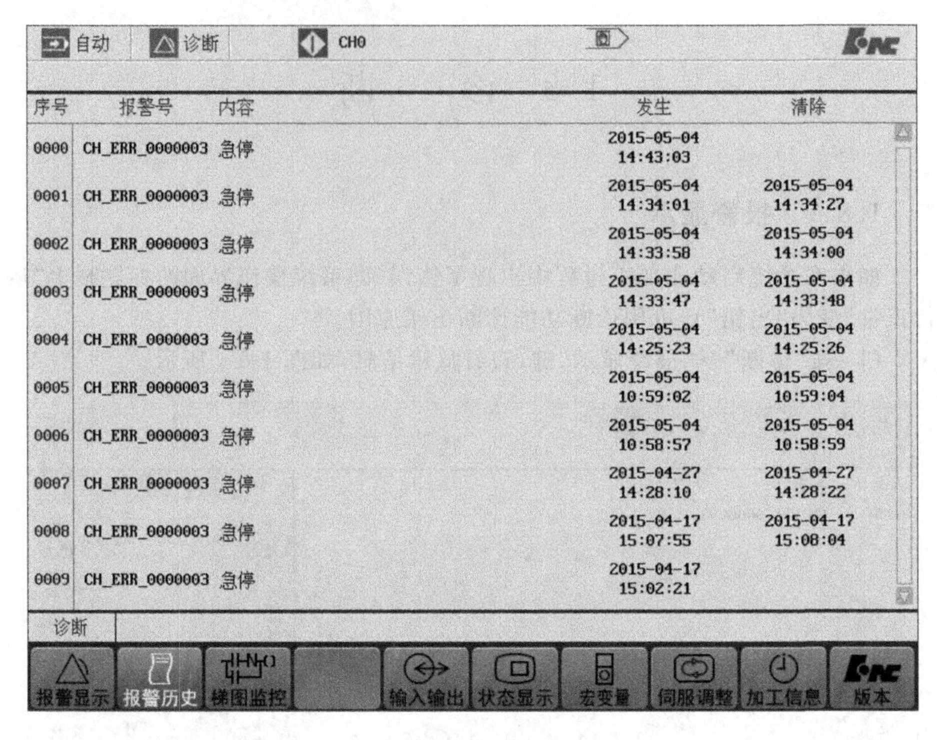

图 1-8-2　报警历史

1.8.3　梯图监控

1. 梯图诊断

(1) 按“诊断”→“梯图监控”→“梯图诊断”键,即可查看每个变量的值。

(2) 默认情况下,系统显示的值以十进制表示,用户可以按“十六进制”键,则系统显示的值以十六进制表示。

(3) 使用光标键选择元件。

(4) 按“禁止”或“允许”键,屏蔽或激活元件。

(5) 按“恢复”键,可撤销上述屏蔽或激活元件的操作。

2. 查找

(1) 按“诊断”→“梯图监控”→“查找”键。

(2) 输入元件名,按“Enter”键,即可查找元件。

(3) 按“向上查找”或“向下查找”键,系统即可查找上一个或下一个同名的元件。

3. 修改

此功能仅限于机床用户、数控厂家以及管理员使用。

(1) 按“诊断”→“梯图监控”→“修改”键。

(2) 使用光标键选择元件,按“Enter”键,系统则进入编辑状态。

(3) 用户可以在编辑框输入元件值。

(4) 再次按“Enter”键,完成编辑操作。

(5) 用户也可按“修改”键,进行新建元件的操作。

① 直线:插入直线。

② 竖线:插入竖线。

③ 删除元件:删除元件。

④ 删除竖线:删除竖线。

⑤ 常开:常开触点。

⑥ 常闭:常闭触点。

⑦ 逻辑输出。

⑧ 取反输出。

⑨ 功能模块(用户可以按元件的首写字母直接选择元件)。

注:关于元件的具体含义,参见《HNC-8 型数控装置 PLC 编程说明书》。

4. 命令

此功能仅限于机床用户、数控厂家以及管理员使用。

(1) 按“诊断”→“梯图监控”→“命令”键。

(2) 用户可以通过按以下相应按键编辑梯形图。

① 选择:选择光标所在行。

② 删除:删除光标所在行。

③ 移动:移动用户所选的元件。

④ 复制:复制用户所选的元件。

⑤ 粘贴:粘贴用户所选的元件。

⑥ 插入行:在光标所在行之前插入一行。

⑦ 增加行:在光标所在行之后插入一行。

5. 载入

此功能仅限于机床用户、数控厂家以及管理员使用。

按“诊断”→“梯图监控”→“载入”键,系统则载入当前梯形图信息。

6. 放弃

此功能仅限于机床用户、数控厂家以及管理员使用。

按“诊断”→“梯图监控”→“放弃”键,可撤销对梯形图的编辑操作。

7. 保存

此功能仅限于机床用户、数控厂家以及管理员使用。

按“诊断”→“梯图监控”→“保存”键，可保存对梯形图的编辑操作。

1.8.4 示波器

1. 采集伺服波形

(1) 选择采样程序。

(2) 按“诊断”→“示波器”键。

(3) 使用光标键选择调试的类型：

① 圆测试；

② 速度；

③ 刚性攻螺纹；

④ PLC 信号。

(4) 按“采样开始”键后，再按“循环启动”键，则可以查看伺服运行情况。

(5) 用户可以按“采样停止”键，停止采样。

2. 采样方式

用户可以切换以下两种采样方式。

(1) 示波器方式(按“PgUp”键切换至此方式)，系统自动采集数据，直至用户按“采样停止”键。

(2) 存储方式(按“PgDn”键切换至此方式)，系统采集指定的数据后，停止采集数据。

3. 修改伺服波形显示

用户可以通过快捷键查看采样图形。

(1) 圆测试。

① 按“+”键：采样图像增大；

② 按“-”键：采样图像缩小；

③ 按“=”键：恢复默认的采样图像大小。

(2) 速度。

① 按数字键“1”、“2”、“3”、“4”、“5”分别对应配置的轴。

② 按“+”键：图像沿 Y 轴方向放大。

③ 按“-”键：图像沿 Y 轴方向缩小。

④ 按“=”键：恢复 X、Y 轴方向的图像大小。

⑤ 按“[”键：图像沿 X 轴方向放大。

⑥ 按“]”键：图像沿 X 轴方向缩小。

⑦ 按“▶”键：向右移动图像。

⑧ 按“◀”键：向左移动图像。

⑨ 按 Alt+▲键:图像上移。

⑩ 按 Alt+▼键:图像下移。

(3) 刚性攻螺纹。

① 按“+”键:Y 轴方向放大。

② 按“-”键:Y 轴方向缩小。

③ 按“=”键:恢复 X、Y 轴方向的图像大小。

④ 按“[”键:X 轴方向放大。

⑤ 按“]”键:X 轴方向缩小。

⑥ 按“▶”键:向右移动图像。

⑦ 按“◀”键:向左移动图像。

⑧ 按 Alt+▲键:图像上移。

⑨ 按 Alt+▼键:图像下移。

(4) PLC 信号。

① 按“=”键:恢复 X 轴方向的图像大小。

② 按“[”键:X 轴方向放大。

③ 按“]”键:X 轴方向缩小。

④ 按“▶”键:向右移动图像。

⑤ 按“◀”键:向左移动图像。

4. 通道配置

(1) 按“诊断”→“示波器”→“配置”→“通道配置”键。

(2) 使用光标键选择需要设置的类型(圆测试、速度、刚性攻螺纹)和轴号,按“Enter”键,系统进入编辑状态。

(3) 输入需采集的轴号,按“Enter”键,完成编辑操作。

5. PLC 配置

(1) 按“诊断”→“示波器”→“配置”→“PLC 配置”键,如图 1-8-3 所示。

(2) 使用光标键选择需编辑的项目,按“Enter”键,系统进入编辑状态,各字段含义如下。

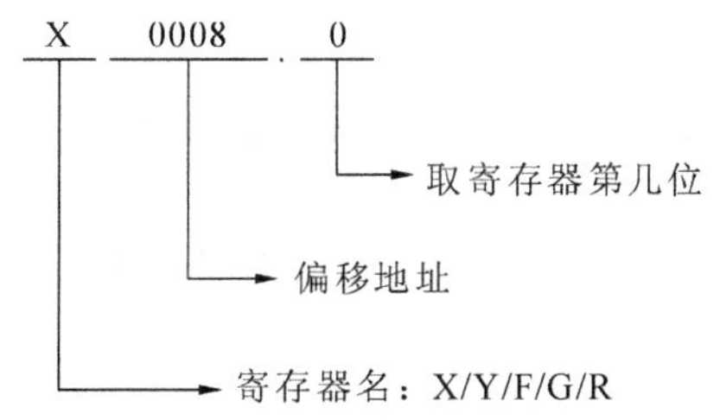

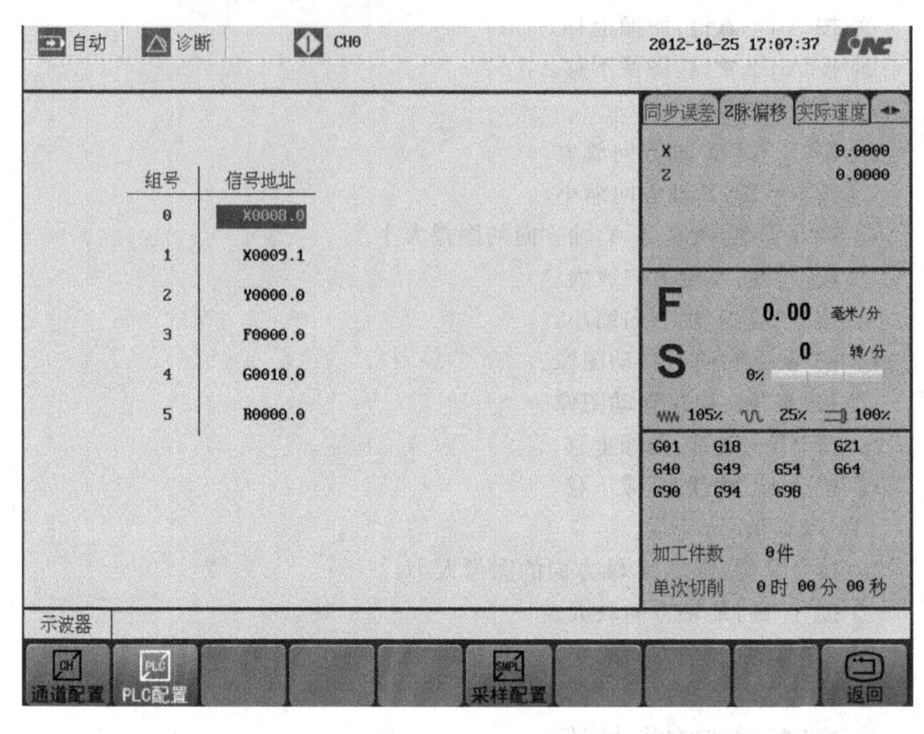

图 1-8-3 PLC 配置

6. 采样配置

（1）按“诊断”→“示波器”→“配置”→“采样配置”键。

（2）使用光标键选择设置选项，按“Enter”键，系统进入编辑状态。

① 采样周期：输入范围为 1～1000 ms；

② 采样点数：此参数仅对存储时有效，输入范围为 100～10000 点。

（3）再按“Enter”键，以确认设置。

7. 导出文件

用户可以将采样数据保存在系统盘中，步骤如下。

（1）按“诊断”→“示波器”→“导出”键。

（2）输入文件名。

（3）按“Enter”键，则此文件保存在系统盘的 tmp 目录下。

8. 参数

此功能根据用户所选的采样类型，显示不同的选项。

（1）圆速度：用户可以设置半径。

① 按“诊断”→“示波器”→“参数”键；

② 输入半径数据；

③ 按“Enter”键，则设置完毕。

(2) 刚性攻螺纹：用户可以设置螺距数据，用于刚性攻螺纹参数的设置。

① 按“诊断”→“示波器”→“参数”键；

② 输入螺距数据；

③ 按“Enter”键，则设置完毕。

注意

如果 Z 轴与 C 轴的转动方向相反(Z 轴向下且 C 轴正转、Z 轴向上且 C 轴反转)，螺距数据=(−1)×实际螺距；如果 Z 轴与 C 轴的转动方向相同(Z 轴向下且 C 轴反转、Z 轴向上且 C 轴正转)，螺距数据=实际螺距。

1.8.5 输入输出

(1) 按“诊断”→“输入输出”键，如图 1-8-4 所示。

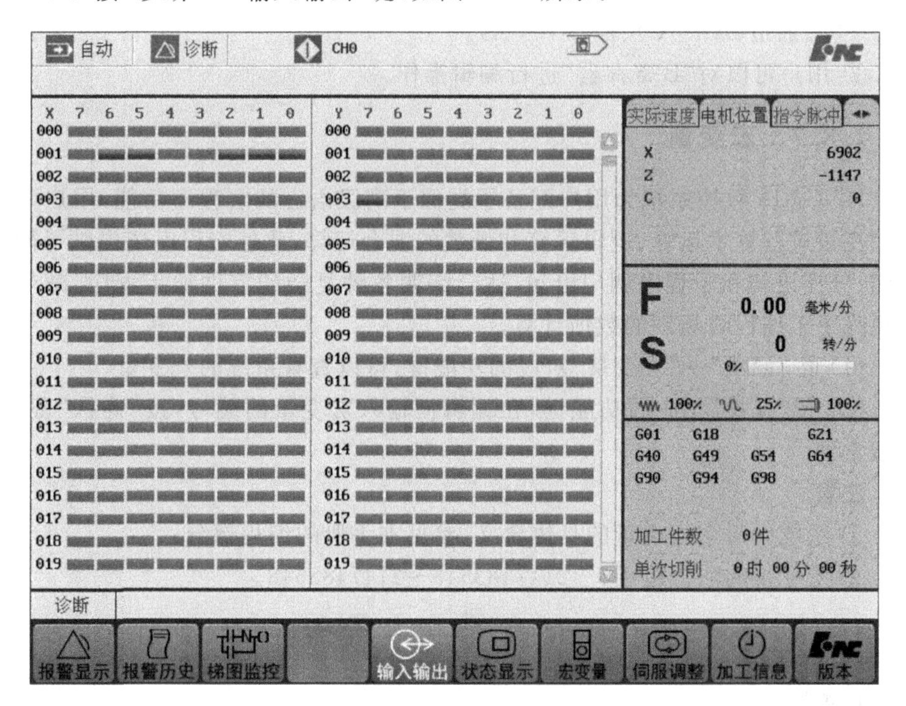

图 1-8-4 输入输出显示

(2) 用“PgUp”和“PgDn”键选择查看 X、Y 寄存器的状态。

1.8.6 状态显示

(1) 按“诊断”→“状态显示”键。

(2) 用"▲"和"▼"键选择需要查看的寄存器类型。

① X:机床输入到 PMC。

② Y:PMC 输出到机床。

③ F:CNC 输出到 PMC。

④ G:PMC 输入到 CNC。

⑤ R:中间继电器状态显示。

⑥ B:断电保护数据显示。

(3) 按"PgUp"和"PgDn"键进行翻页浏览。

(4) 按"二进制"、"十进制",或"十六进制"键,查看寄存器的值。

(5) 使用"查找"按键:精确查找某个寄存器的值。

注意

① 用户可以分类查看"G 寄存器",分别按对应的功能键或快捷键:系统(Alt+S)、通道(Alt+C)、轴(Alt+A)。

② 用户可以对"B 寄存器"进行编辑操作。

1.8.7 宏变量

HNC-818 数控系统为用户配备了类似于高级语言的宏程序功能,用户可以使用变量进行算术运算、逻辑运算和函数的混合运算,此外宏程序还提供了循环语句、分支语句和子程序调用语句,适合编制各种复杂的零件加工程序,减少乃至免除手工编程时烦琐的数值计算。

(1) 按"诊断"→"宏变量"对应的功能键,可以查看系统的宏变量。

(2) 按"查找"相应的功能键,在编辑框输入宏变量的编号,按"确认"键,即可搜索到。

注意

① 系统中每个宏变量的具体含义,参见本手册的编程部分;

② 宏变量的取值范围:-2147483648~2147483648。

1.8.8 加工信息

1. 查看

按"诊断"→"加工信息"→"运行统计"键,可查看加工信息。

2. 设置

此功能仅限于机床用户、数控厂家和管理员使用。

(1) 按"诊断"→"加工信息"→"预设"键,可设置加工信息。

(2) 使用光标键,移动光标选择需设置的选项。

(3) 按“Enter”键。

3. 清零

此功能仅限于机床用户、数控厂家和管理员使用。

按“诊断”→“加工信息”→“清零”键,清除当前所有加工统计信息。

注意

用户在修改时间后手动清零加工统计时间相关数据,否则会显示错误的统计数据。

4. 日志

(1) 按“诊断”→“加工信息”→“日志”键,显示系统的调试信息。

(2) 使用光标键,移动光标选择日志类型。

1.8.9 版本

用户可以通过按“诊断”→“版本”键,查看系统版本信息,如图 1-8-5 所示。

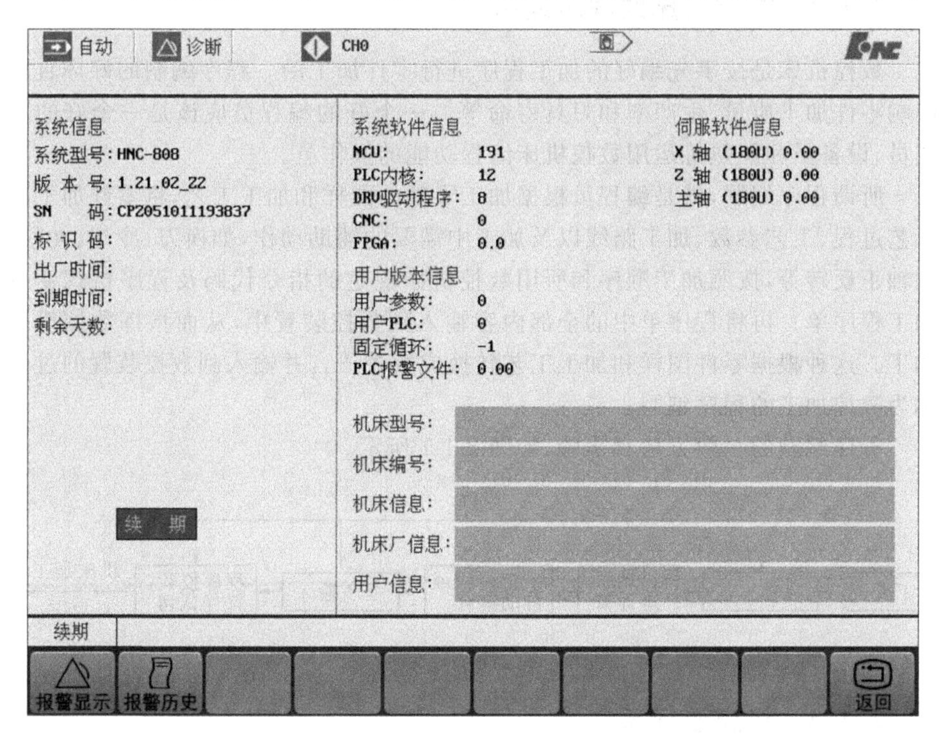

图 1-8-5 版本信息

第2章 华中数控系统车床编程说明

2.1 编程基本知识

2.1.1 数控机床的程序编制

数控机床是按事先编好的加工程序进行零件加工的。程序编制的好坏直接影响零件加工质量、生产率和刀具寿命等。一个好的编程员应该是一个好的工艺员、设备员和能熟练运用数控机床编程功能的操作员。

所谓程序编制，就是编程员根据加工零件的图样和加工工艺，将零件加工的工艺过程、工艺参数、加工路线以及加工中需要的辅助动作，如换刀、冷却、夹紧、主轴正反转等，按照加工顺序和所用数控机床规定的指令代码及程序格式变成加工程序单。再将程序单中的全部内容输入到数控装置中，从而指挥数控机床加工。这种根据零件图样和加工工艺转换成数控语言并输入到数控装置的过程称为数控加工的程序编制。

程序编制的一般方法和步骤，如图 2-1-1 所示。

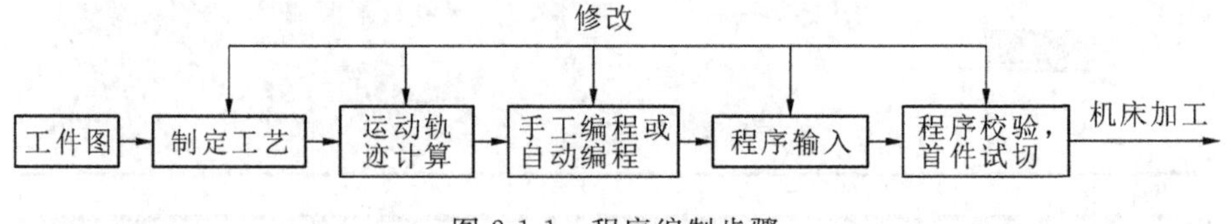

图 2-1-1 程序编制步骤

2.1.2 机床坐标系

机床坐标系是为了确定工件在机床上的位置、机床运动部件的特殊位置以及运动范围等而建立的几何坐标系，是机床上固有的坐标系。在机床坐标系下，始终认为工件是静止的，而刀具是运动的。这就使编程人员可以在不考虑机床上工件与刀具具体运动的情况下，依据零件图样，确定机床的加工过程。

标准机床坐标系采用右手直角笛卡儿坐标系，其坐标轴命名为 X、Y、Z，常称为基本坐标系，如图 2-1-2 所示。其规定遵循右手定则，伸出右手，使大拇指、食指和中指互相垂直，则大拇指的指向为 X 轴的正方向，食指的指向为 Y 轴的正方向，中指的指向为 Z 轴的正方向。

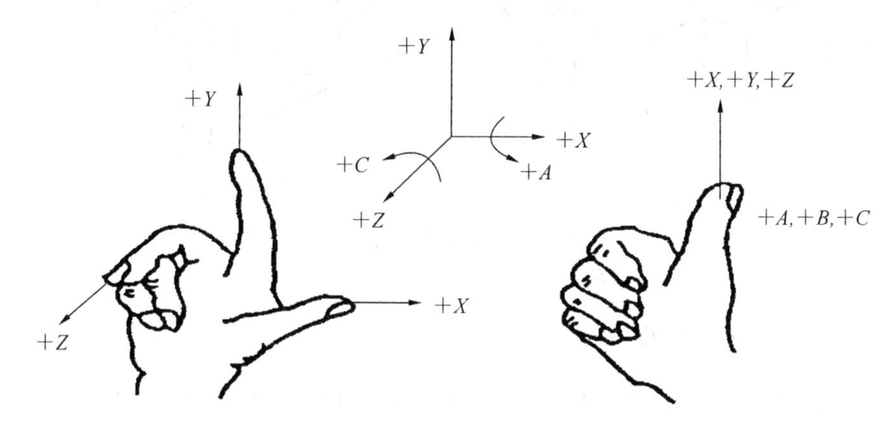

图 2-1-2 笛卡儿坐标系

围绕 X、Y、Z 轴或与 X、Y、Z 轴平行的坐标轴线旋转的圆周进给坐标轴分别用 A、B、C 表示，根据右手螺旋定则，大拇指的指向为 X、Y、Z 轴中任意一轴的正向，则其余四指的旋转方向即为旋转坐标轴 A、B、C 的正向。

1. Z 坐标的确定

规定平行于主轴轴线的坐标为 Z 坐标，对于没有主轴的机床，则规定垂直于工件装夹表面的方向为 Z 坐标轴的方向。Z 轴的正方向是使刀具离开工件的方向。

2. X 坐标的确定

在刀具旋转的机床，如铣床、钻床、镗床等上，若 Z 轴是水平的，则从刀具（主轴）向工件看时，X 轴的正方向指向右边；如果 Z 轴是垂直的，则从主轴向立柱看时，X 轴的正方向指向右边。上述方向都是刀具相对工件运动而言的。

在工件旋转的机床，如车床、磨床等上，X 轴的运动方向是工件的径向并平行于横向拖板，刀具离开工件旋转中心的方向是 X 轴的正方向。

数控车床坐标系如图 2-1-3 所示。

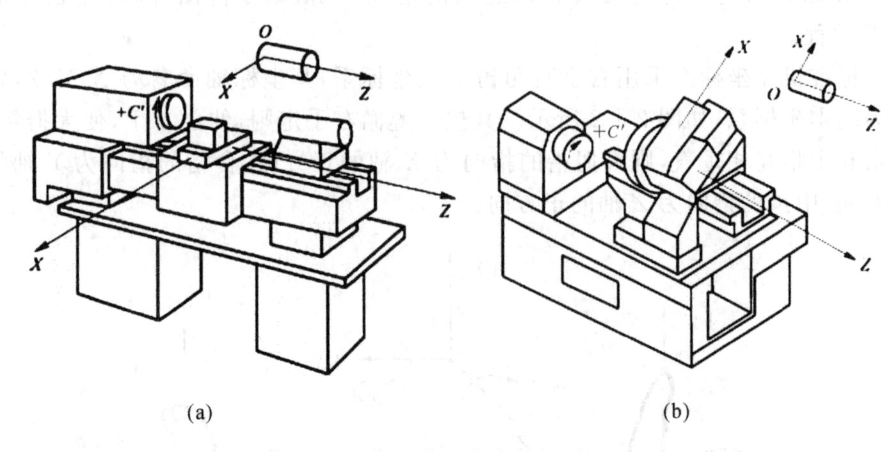

图 2-1-3　数控车床坐标系

(a) 前置刀架坐标系;(b) 后置刀架坐标系

2.1.3　机床原点

机床坐标系的原点称为机床原点($X=0,Z=0$)。机床原点是机床上的一个固定点,由制造厂确定。它是其他所有坐标系,如工件坐标系、编程坐标系,以及机床参考点的基准点。各生产厂家对机床原点的确定不一致,有的设置在机床工作台中心,有的设置在进给行程范围的终点。

2.1.4　机床参考点

机床参考点是由机床制造厂家在每个进给轴上用限位开关精确调整好的,坐标值已输入数控系统中,其固定位置由各轴向的机械挡块来确定。一般数控机床开机后,用控制面板上的“回参考点”键可使刀具或工作台退到该点。机床参考点可以与机床原点重合;也可以不重合,通过参数指定机床参考点到机床原点的距离。

2.1.5　工件坐标系与工件原点

工件坐标系是编程人员在编程时使用的,编程人员选择工件上的某一已知点为原点,建立一个新的坐标系,称为工件坐标系。工件坐标系一旦建立便一直有效,直到被新的工件坐标系所取代。

工件坐标系原点:也称工件原点,其位置由编程者自行确定。

工件坐标系原点的选择要尽量满足编程简单、尺寸换算少、引起的加工误差小等条件。一般情况下,工件坐标系原点应选在尺寸基准或工艺基准上。对车床编程而言，工件坐标系原点一般选在工件轴线与工件的前端面、后端面、卡爪前端面的交点上。

2.1.6　编程原点

编程原点是程序中人为采用的原点，一般取工件坐标系原点为编程原点。对形状复杂的零件，需要编制几个程序或子程序。为了编程方便，减少坐标值的计算量，编程原点就不一定设在工件原点上，而是设在便于程序编制的位置。

可以通过数控机床将相对于编程原点的任意点的坐标转换为相对于机床原点的坐标，如图 2-1-4 所示。

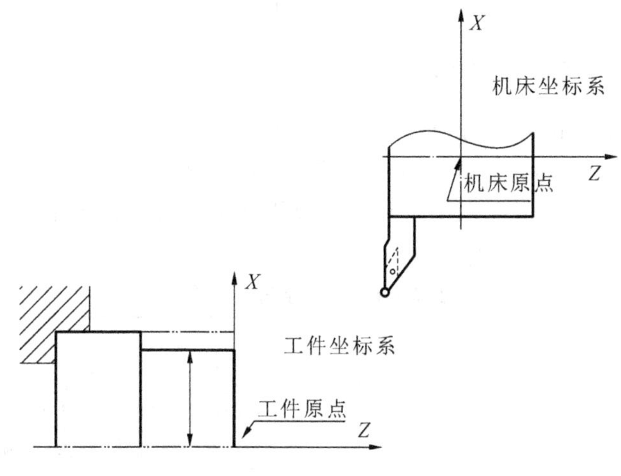

图 2-1-4　工件坐标系与机床坐标系的关系

2.1.7　绝对坐标系与相对坐标系

数控系统中描述运动轨迹移动量的方式有两种：绝对坐标系与相对坐标系。

(1) 绝对坐标系是指所有坐标点均以某一固定原点计量的坐标系。

(2) 相对坐标系是指运动轨迹的终点坐标相对于起点来计量的坐标系。

2.2　程序构成

一个零件程序是一组被传送到数控装置中去的指令和数据。

一个零件程序是由遵循一定结构、句法和格式规则的若干个程序段组成的，而每个程序段是由若干个指令字组成的，如图 2-2-1 所示。

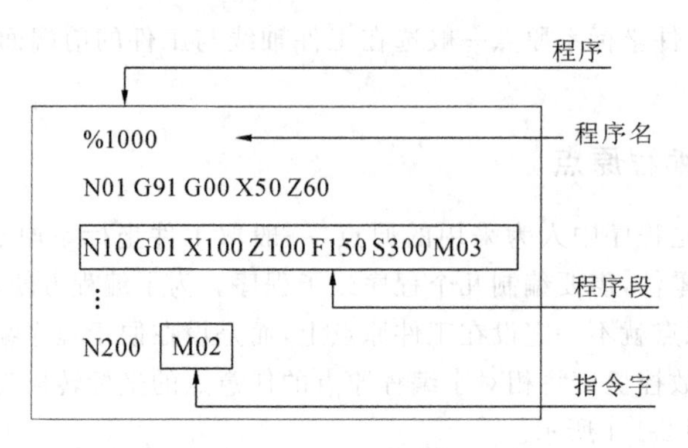

图 2-2-1 程序结构

2.2.1 指令字的格式

一个指令字是由地址符(指令字符)和带符号(如定义尺寸的字)或不带符号(如准备功能字 G 代码)的数字数据组成的,如:G01 X100 Z－90。

程序段中不同的指令字符及其后续数值确定了每个指令字的含义。在数控程序段中包含的主要指令字符如表 2-2-1 所示。

表 2-2-1 指令字符一览表

功 能	地 址	意 义
零件程序号	%	程序编号:%1～4294967295
程序段号	N	程序段编号:N0～4294967295
准备功能	G	指令动作方式(直线、圆弧等)
尺寸字	X、Y、Z A、B、C U、V、W	坐标轴的移动命令±99999.999
	R	圆弧的半径,固定循环的参数
	I、J、K	圆心相对于起点的坐标,固定循环的参数
进给速度	F	进给速度的指定 F0～24000
主轴功能	S	主轴旋转速度的指定 S0～9999
刀具功能	T	刀具编号的指定 T0～99
辅助功能	M	机床侧开/关控制的指定 M0～99
补偿号	H、D	刀具补偿号的指定 01～99
暂停	P、X	暂停时间的指定(秒)
程序号的指定	P	子程序号的指定 P1～4294967295
重复次数	L	子程序的重复次数,固定循环的重复次数
参数	P、Q、R	固定循环的参数

2.2.2 程序段的格式

一个程序段定义一个将由数控装置执行的指令行。

程序段的格式定义了每个程序段中功能字的句法，如图 2-2-2 所示。

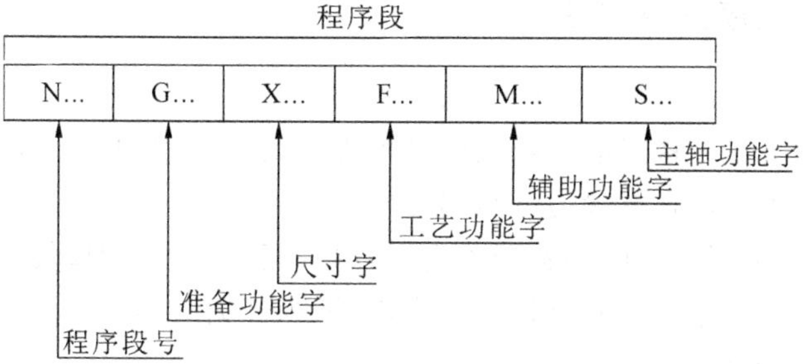

程序段

N...	G...	X...	F...	M...	S...
程序段号	准备功能字	尺寸字	工艺功能字	辅助功能字	主轴功能字

图 2-2-2 程序段格式

2.2.3 程序的一般结构

一个零件程序必须包括起始符和结束符。

一个零件程序是按程序段的输入顺序执行的，而不是按程序段号的顺序执行的，但书写程序时，建议按升序书写程序段号。

起始符：%(或 O)后跟数字，如：%3256。程序起始符应单独占一行，并从程序的第一行第一格开始。后接的数字必须为 4 位阿拉伯数字。

程序结束：M02(程序结束)或 M30(程序结束并返回程序头)。

注释符："()"内或"；"后的内容为注释文字。

单行指令：在编写加工 G 代码程序时，有些指令必须是单独一行编写。如：M30、M02、M99 等指令。

2.2.4 程序的文件名

CNC 装置可以装入许多程序文件，以磁盘文件的方式读写。

1. 文件名

O××××：××××代表文件名。

本系统通过调用文件名来调用程序，进行加工或编辑。

2. 命名规则

可以使用如下字符组成文件名：

① 26 个字母，大小写均可；

② 数字。

文件名最多包括 7 个字符。

另外 CNC 保留如下文件名，这些不能被指定为用户程序名：USERDEF. CZC、MILLING. CZC、TURNING. CZC。

2.2.5 程序文件属性

对于程序文件，可以设置其访问属性。

通过界面操作可将当前加载程序设置为只读属性，此时文件将不能被改写，直到通过界面操作将它设置为可写属性为止。

另外，通过工程面板的钥匙开关也可以控制程序的访问属性，只不过此钥匙开关是对程序管理器中的所有程序起作用，即当开关关闭时，所有程序将变为只读状态，直到开关打开为止。

2.2.6 子程序

当一个程序中有固定加工操作重复出现时，可通过将这部分操作作为子程序事先输入到程序中，以简化编程。

1. 子程序执行过程

子程序执行过程如图 2-2-3 所示。

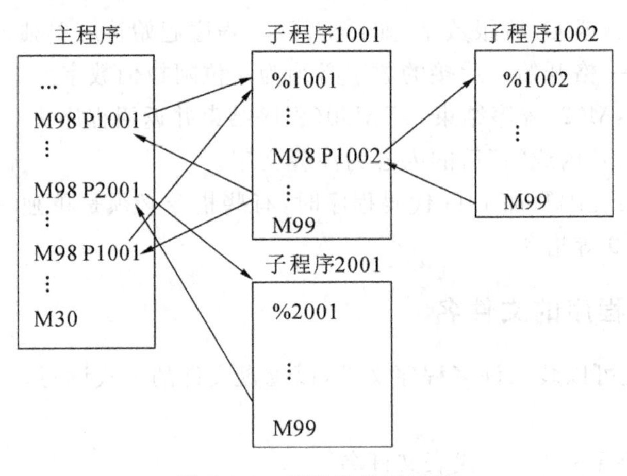

图 2-2-3　子程序执行过程

2. 子程序调用

通过 M98 和 G65 调用子程序。M98 调用子程序方法请见下一节中 M98 指令说明，G65 调用子程序方法见用户宏程序章节。

2.3 辅助功能

2.3.1 M指令

辅助功能代码由地址字M及其后的数字组成，主要用于控制零件程序的走向、机床各种辅助开关动作，以及指定主轴启动、主轴停止、程序结束等辅助功能。

通常，一个程序段只有一个M代码有效。本系统中，一个程序段中最多可以指定4个M代码(同组的M代码不要在一行中同时指定)。

M00、M01、M02、M30、M92、M99等M指令要求单行指定，即含上述M指令的程序行，不仅只能有一个M指令，且不能有G指令、T指令等其他执行指令。

M指令和功能之间的对应关系，取决于机床制造商的具体设定。

(1) 模态M指令有非模态M指令和模态M指令两种：

① 非模态M指令只当前段有效；

② 模态M指令为续效代码。

(2) 模态分组。模态M指令是根据功能不同进行分组的，指定的模态M指令一旦被执行，就一直有效，直到被同一组的模态M指令注销为止。

模态M指令组中包含一个缺省功能，系统上电时将被初始化为使用该功能。

(3) 前后属性。M指令还可分为前作用M指令和后作用M指令两类：

① 前作用M指令在程序段编制的轴运动之前执行；

② 后作用M指令在程序段编制的轴运动之后执行。

1. CNC内定的辅助指令

1) 程序暂停(M00)

当CNC执行到M00指令时，将暂停执行当前程序，以方便操作者进行刀具和工件的尺寸测量、工件调头、手动变速等操作。

暂停时，机床进给停止，而全部现存的模态信息保持不变，欲继续执行后续程序，重按机床控制面板上的“循环启动”键。

M00为非模态后作用M指令。

2) 选择停(M01)

如果用户按下机床控制面板上的“选择停”键，当CNC执行到M01指令时，将暂停执行当前程序，以方便操作者进行刀具和工件的尺寸测量、工件掉头、手动变速等操作。暂停时，机床的进给停止，而全部现存的模态信息保持不变，若要继续执行后续程序，则重按机床控制面板上的“循环启动”键。

如果用户没有激活机床控制面板上的“选择停”键，当 CNC 执行到 M01 指令时，程序就不会暂停而继续往下执行。

M01 为非模态后作用 M 指令。

3）程序结束(M02)

M02 指令编在主程序的最后一个程序段中。

当 CNC 执行到 M02 指令时，机床的主轴、进给、冷却液系统全部停止运行，加工结束。

使用 M02 指令的程序结束后，若要重新执行该程序，就得重新调用该程序，或在自动加工子菜单下，按“重运行”键，然后再按机床控制面板上的“循环启动”键。

M02 为非模态后作用 M 指令。

4）程序结束并返回(M30)

M30 和 M02 功能基本相同，只是 M30 指令还兼有控制返回到零件程序头(%)的作用。

使用 M30 指令的程序结束后，若要重新执行该程序，只需再次按机床控制面板上的“循环启动”键。

5）子程序调用功能

如果程序含有固定的顺序或频繁重复的模式，这样的一个顺序或模式可以在存储器中存储为一个子程序，以简化该程序。

子程序被调用次数最大为 10000 次。可以从主程序调用一个子程序。另外，一个被调用的子程序也可以再调用另一个子程序。

(1) 子程序的格式。

① 子程序的结构如下。

```
%××××              ;子程序号
⋮                   ;子程序内容
M99                ;子程序返回
```

② 子程序调用(M98)。

M98 P□□□□ L△△△

□□□□:被调用的子程序号(为阿拉伯数字)。

△△△:子程序重复调用的次数。

(2) 子程序嵌套调用。

当主程序调用子程序时，被当作一级子程序调用。子程序调用最多可嵌套

8 级，如图 2-3-1 所示。

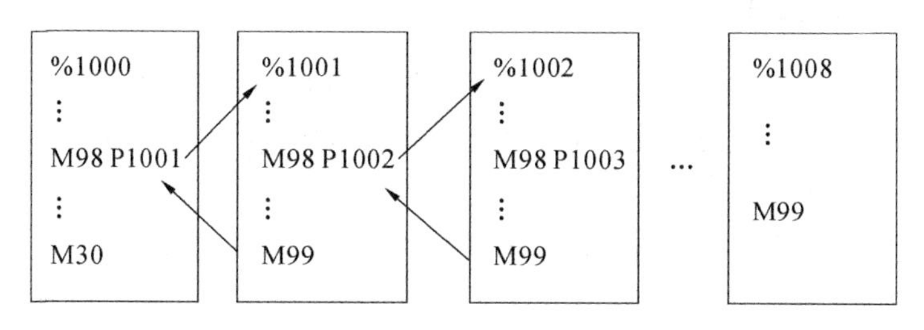

图 2-3-1 子程序嵌套调用

（3）在主程序中使用 M99。

如果在主程序中执行 M99，则控制返回到主程序的开始处，从头开始执行主程序。

2. PLC 设定的辅助功能

1）主轴控制（M03、M04、M05）

M03 启动主轴以程序中编制的主轴速度顺时针方向（从 *Z* 轴正向朝 *Z* 轴负向看）旋转。

M04 启动主轴以程序中编制的主轴速度逆时针方向旋转。

M05 使主轴停止旋转。

M03、M04 为模态前作用 M 指令；M05 为模态后作用 M 指令，M05 为缺省指令。

M03、M04、M05 可相互注销。

2）冷却液控制（M07、M08、M09）

M07、M08 用于打开冷却液系统。

M09 用于关闭冷却液系统。

M07、M08 为模态前作用 M 指令；M09 为模态后作用 M 指令，M09 为缺省指令。

3）计件（M64）

M64 指令用于累加系统加工统计中的工件完成数目。

2.3.2 S 指令

主轴功能 S 指令控制主轴转速，其后的数值表示主轴速度，单位为 r/min。

恒线速度功能下 S 指令指定切削线速度，其后的数值单位为 m/min（G96 恒线速度有效、G97 取消恒线速度）。

S 指令是模态指令，S 指令只有在主轴速度可调节时有效。

S 指令所编程序的主轴转速可以借助机床控制面板上的主轴倍率开关进行修调。

2.3.3 F 指令

F 指令表示加工工件时刀具相对于工件的合成进给速度，F 的单位取决于所采用的指令 G94（每分钟进给量，单位为 mm/min）或 G95（主轴每转的刀具进给量，单位为 mm/r）。

使用式(2-3-1)可以实现每转进给量与每分钟进给量的转化。

$$f_m = f_r \times S \tag{2-3-1}$$

式中：f_m——每分钟进给量(mm/min)；

f_r——每转进给量(mm/r)；

S——主轴转速(r/min)。

当工作在 G01、G02 或 G03 方式下时，编程的 F 值一直有效，直到被新的 F 值所取代为止。当工作在 G00 方式下时，快速定位的速度是各轴的最高速度，与所指定的 F 值无关。

借助机床控制面板上的倍率按键，F 值可在一定范围内进行倍率修调。当执行攻螺纹循环 G76、G82 和螺纹切削 G32 时，倍率开关失效，进给倍率固定在 100%。

2.3.4 T 指令

T 指令用于选刀和换刀，其后的 4/6/8 位数字表示选择的刀具号和刀具补偿号。

- T××××(4 位数字)，前两位数字指刀具号，后两位数字是刀具补偿号；
- T××××××(6 位数字)，前三位数字指刀具号，后三位数字是刀具补偿号；
- T××××××××(8 位数字)，前四位数字指刀具号，后四位数字是刀具补偿号。

T 指令与刀具的关系是由机床制造厂规定的，请参考机床厂家的手册。

可以通过设置参数来确定 T 指令后带数字位数，通常默认为 4 位。

- 当参数 P000061 为 2 时，T 指令后带 4 位数字。
- 当参数 P000061 为 3 时，T 指令后带 6 位数字。

同一把刀可以对应多个刀具补偿，也可以多把刀对应一个刀具补偿。

执行 T 指令，转动转塔刀架，选用指定的刀具。同时调入刀补寄存器中的补偿值（刀具的几何补偿值即偏置补偿与磨损补偿之和）。执行 T 指令时并不立即产生刀具移动动作，而是当后面有移动指令时一并执行。

当一个程序段同时包含 T 指令与刀具移动指令时：先执行 T 指令，而后执行刀具移动指令。

2.4 插补功能

2.4.1 线性进给(G01)

G01 指令可以使刀具从起始点沿线性轨迹进给到终点。

格式

G01 X(U)_ Z(W)_ F_

参数含义

X、Z 绝对编程时终点在工件坐标系中的坐标。

U、W 增量编程时终点相对于起点的位移量。

F 刀具切削的进给速度。

说明

(1) G01 指定刀具以联动的方式，按 F 规定的合成进给速度，从当前位置按线性路线移动到程序段指定的终点。

(2) G01 是模态指令，可由 G00、G02、G03 或 G34 指令注销。

(3) 进给速度 F 一直有效，不需要每个程序段都指定。进给速度可由面板上的进给修调按钮修正。

注意

各轴方向的速度如下：

G91 G01 Xα Zγ Ff；

在这个程序段中：

- X 轴方向的速度为 $F_X=\alpha\times f/L$；
- Z 轴方向的速度为 $F_Z=\gamma\times f/L$；
- $L=\sqrt{\alpha^2+\gamma^2}$。

举例

如图 2-4-1 所示，使用 G01 编程：要求从 A 点线性进给到 B 点(此时的进给路线是 $A\rightarrow B$ 的直线)。

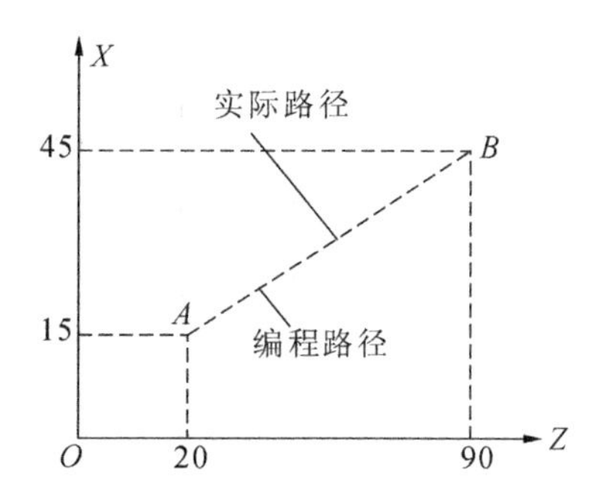

图 2-4-1 线性进给编程实例

绝对编程：

G90 G01 X45 Z90 F800

增量编程：

G91 G01 X30 Z70 F800

或 G01 U30 W70

2.4.2 圆弧进给(G02、G03)

G02/G03 指令可使刀具按顺时针/逆时针方向进行圆弧加工。

格式

$$G17\begin{Bmatrix}G02\\G03\end{Bmatrix}X\_\ Y\begin{Bmatrix}I\_J\_\\R\_\end{Bmatrix}F\_ \qquad XY\text{平面圆弧插补}$$

$$G18\begin{Bmatrix}G02\\G03\end{Bmatrix}X\_\ Z\begin{Bmatrix}I\_K\_\\R\_\end{Bmatrix}F\_ \qquad ZX\text{平面圆弧插补}$$

$$G19\begin{Bmatrix}G02\\G03\end{Bmatrix}Y\_\ Z\begin{Bmatrix}J\_K\_\\R\_\end{Bmatrix}F\_ \qquad YZ\text{平面圆弧插补}$$

参数含义

G02　顺时针圆弧插补。

G03　逆时针圆弧插补。

X、Z　绝对编程时，圆弧终点在工件坐标系中的坐标。

U、W　增量编程时，圆弧终点相对于圆弧起点的位移量。

I、K　圆心相对于圆弧起点的增加量。

R　圆弧半径。

F　进给速度。

说明

(1) 圆弧插补 G02/G03 的判断，是在加工平面内，根据其插补时的旋转方向为顺时针/逆时针来区分的，如图 2-4-2 所示。

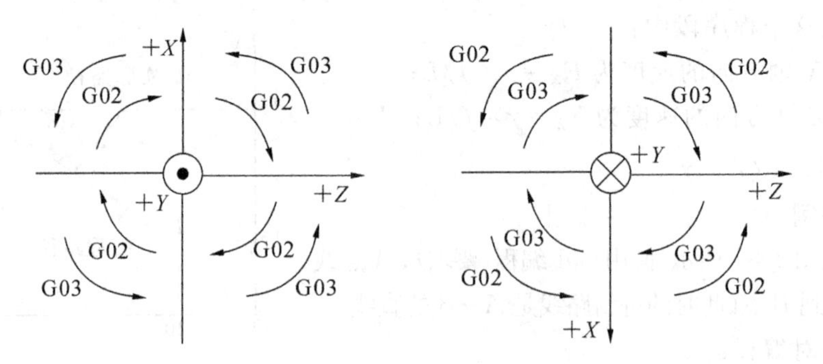

图 2-4-2　G02/G03 插补方向

(2) 用 I、K 表示圆心相对于圆弧起点的增加量(等于圆心的坐标减去圆弧起点的坐标，如图 2-4-3 所示），在绝对、增量编程时都是以增量方式指定，在直径、半径编程时 I 都是半径值。

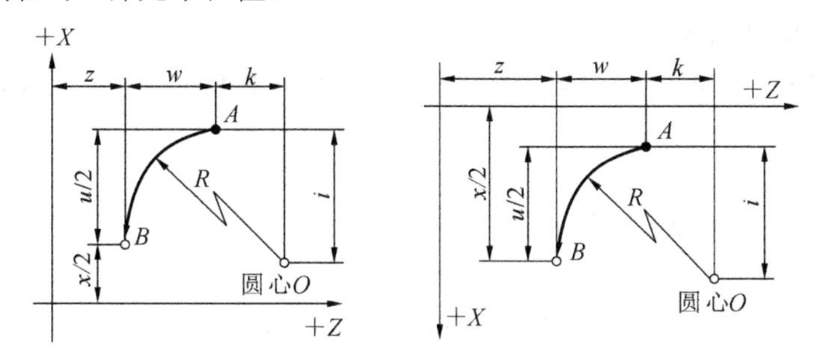

图 2-4-3 G02/G03 参数说明

注意

(1) 顺时针或逆时针是从垂直于圆弧所在平面的坐标轴的正方向看到的回转方向。

(2) 如果在非整圆圆弧插补指令中同时指定 I、J、K 和 R，则以 R 指定的圆弧有效。

举例

用 G02 代码编写图 2-4-4 所示的加工程序。

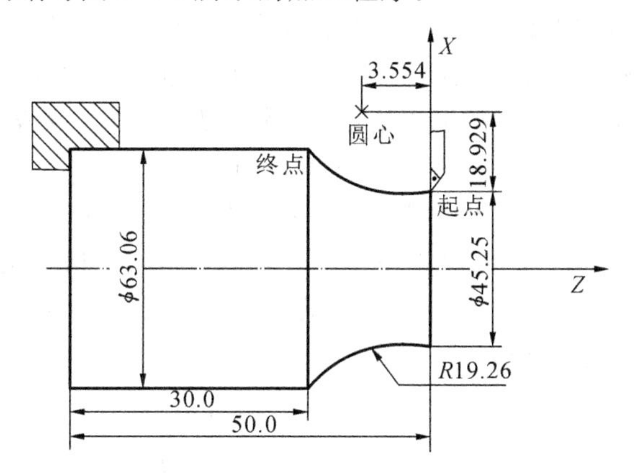

图 2-4-4 G02 指令加工实例

程序如下（刀具当前点在起点）：

G02 X63.06 Z−20 R19.26 F200 或

G02 U17.81 W−20.0 R19.26 F200 或

G02 X63.06 Z−20 I18.929 K−3.554 F200 或

G02 U17.81 W−20.0 I18.929 K−3.554 F200

2.4.3 螺纹切削(G32)

1. 螺纹切削指令

主轴旋转的同时刀具进给运行，这样可以加工出不同种类的螺纹，如圆柱螺纹、锥螺纹和端面螺纹等。

格式

G32 X(U)_ Z(W)_ R_ E_ P_ F_

参数含义

X、Z　绝对编程时，有效螺纹终点在工件坐标系中的坐标。

U、W　增量编程时，有效螺纹终点相对于螺纹切削起点的位移量。

F　螺纹导程，即主轴每转一圈，刀具相对于工件的进给值。

R、E　螺纹切削的退尾量，R 表示 *Z* 向退尾量。E 为 *X* 向退尾量。R、E 在绝对或增量编程时都是以增量方式指定，其为正表示沿 *Z*、*X* 正向回退，为负表示沿 *Z*、*X* 负向回退。使用 R、E 可免去退刀槽。R、E 可以省略，表示不用回退功能。根据螺纹标准 R 一般取 2 倍的螺距，E 取螺纹的牙型高。

P　螺纹起始点角度。

注意

(1) 从螺纹粗加工到精加工，主轴的转速必须保持一常数。

(2) 在没有停止主轴的情况下，停止螺纹的切削将非常危险；因此螺纹切削时进给保持功能无效，如果按下进给保持按键，刀具在加工完螺纹后停止运动。

(3) 在螺纹加工中不使用恒定线速度控制功能。

(4) 在螺纹切削期间，工作方式不允许由自动方式变为手动、增量或回零方式。

(5) 如果带有退尾量，短轴退尾量与长轴退尾量的比值不能大于 20。

(6) 在螺纹加工轨迹中应设置足够的升速进刀段 δ_1 和降速退刀段 δ_2，以消除伺服滞后造成的螺距误差，如图 2-4-5 所示。

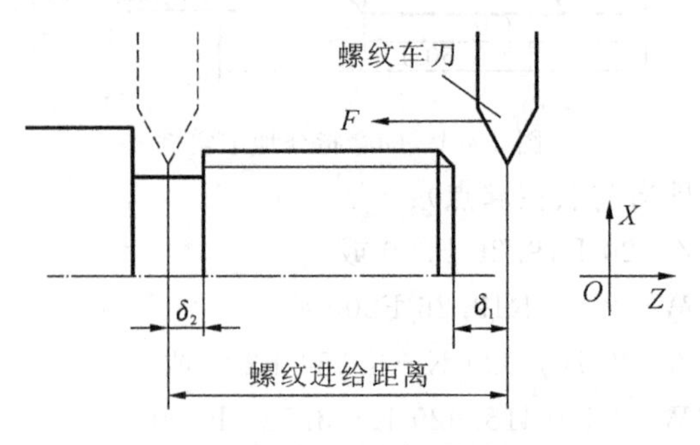

图 2-4-5　螺纹升降速段设置

2. 常用螺纹切削的进给次数与吃刀量

螺纹车削加工为成形车削，且切削进给量较大，刀具强度较差，一般要求分数次进给加工，表 2-4-1 所示的为常用螺纹切削的进给次数与吃刀量。

表 2-4-1 常用螺纹切削的进给次数与吃刀量

米制螺纹(单位:mm)								
螺距		1.0	1.5	2	2.5	3	3.5	4
牙深(半径量)		0.649	0.974	1.299	1.624	1.949	2.273	2.598
切削次数及吃刀量(直径量)	1 次	0.7	0.8	0.9	1.0	1.2	1.5	1.5
	2 次	0.4	0.6	0.6	0.7	0.7	0.7	0.8
	3 次	0.2	0.4	0.6	0.6	0.6	0.6	0.6
	4 次		0.16	0.4	0.4	0.4	0.6	0.6
	5 次			0.1	0.4	0.4	0.4	0.4
	6 次				0.15	0.4	0.4	0.4
	7 次					0.2	0.2	0.4
	8 次						0.15	0.3
	9 次							0.2
英制螺纹(单位:in)								
牙		24	18	16	14	12	10	8
牙深(半径量)		0.678	0.904	1.016	1.162	1.355	1.626	2.033
切削次数及吃刀量(直径量)	1 次	0.8	0.8	0.8	0.8	0.9	1.0	1.2
	2 次	0.4	0.6	0.6	0.6	0.6	0.7	0.7
	3 次	0.16	0.3	0.5	0.5	0.6	0.6	0.6
	4 次		0.11	0.14	0.3	0.4	0.4	0.5
	5 次				0.13	0.21	0.4	0.5
	6 次						0.16	0.4
	7 次							0.17

3. 螺纹切削实例

对图 2-4-6 所示的圆柱螺纹切削编程。螺纹导程为 1.5 mm，δ=1.5 mm，δ'=1 mm，每次吃刀量（直径值）分别为 0.8 mm、0.6 mm、0.4 mm、0.16 mm。

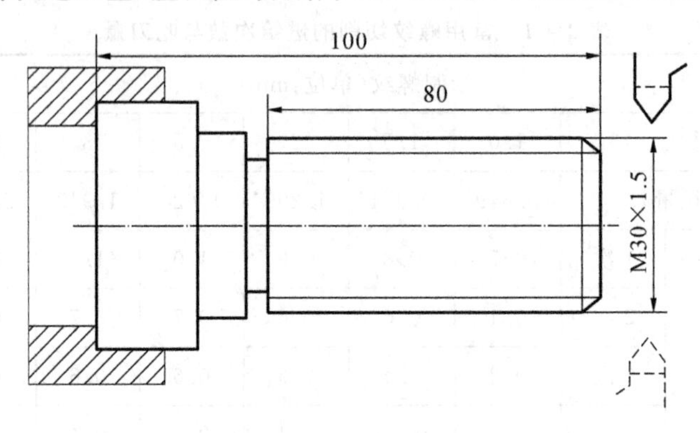

图 2-4-6　螺纹编程实例

```
%3316
N1 T0101                  ;设立坐标系,选一号刀
N2 G00 X50 Z120           ;移到起始点的位置
N3 M03 S300               ;主轴以 300 r/min 旋转
N4 G00 X29.2 Z101.5       ;到螺纹起点,升速段 1.5 mm,吃刀深 0.8 mm
N5 G32 Z19 F1.5           ;切削螺纹到螺纹切削终点,降速段 1 mm
N6 G00 X40                ;X 轴方向快退
N7 Z101.5                 ;Z 轴方向快退到螺纹起点处
N8 X28.6                  ;X 轴方向快进到螺纹起点处,吃刀深 0.6 mm
N9 G32 Z19 F1.5           ;切削螺纹到螺纹切削终点
N10 G00 X40               ;X 轴方向快退
N11 Z101.5                ;Z 轴方向快退到螺纹起点处
N12 X28.2                 ;X 轴方向快进到螺纹起点处,吃刀深 0.4 mm
N13 G32 Z19 F1.5          ;切削螺纹到螺纹切削终点
N14 G00 X40               ;X 轴方向快退
N15 Z101.5                ;Z 轴方向快退到螺纹起点处
N16 U-11.96               ;X 轴方向快进到螺纹起点处,吃刀深 0.16 mm
N17 G32 W-82.5 F1.5       ;切削螺纹到螺纹切削终点
N18 G00 X40               ;X 轴方向快退
N19 X50 Z120              ;回对刀点
N20 M05                   ;主轴停
```

N21 M30　　　　　　;主程序结束并复位

2.5 进给功能

2.5.1 快速进给(G00)

在G00方式下,轴以快移速度进给到指定位置。

格式

G00 X(U)_ Z(W)_

参数含义

X、Z　绝对编程时,快速定位终点在工件坐标系中的坐标。

U、W　增量编程时,快速定位终点相对于起点的位移量。

说明

(1) 用参数"G00插补使能"(参数000013),可以指定以下两种刀具轨迹之一。

① 非直线插补快速移动定位。当参数设置为0时,刀具分别以每轴的快速移动速度,从当前位置快速移动到程序段指定的定位目标点。

② 直线插补快速移动定位。当参数设置为1时,刀具轨迹与直线插补G01相同。刀具以不超过每轴的快速移动速度的速度,从当前位置快速移动到程序段指定的定位目标点。

(2) G00指令中的快移速度由轴参数"快移进给速度"对各轴分别设定,不能用F指定。

(3) G00一般用于加工前快速定位或加工后快速退刀。在由G00启动的定位方式中,刀具在程序段起点加速至事先确定的速度,并在接近目标位置的地方减速,在被确定到位之后,执行下一程序段。

(4) 快移速度可由面板上的快速修调旋钮修正。

(5) G00为模态指令,可由G01、G02、G03等指令注销。

举例

如图2-5-1所示,使用G00编程:要求刀具从A点快速定位到B点。

绝对编程:

G90 G00 X45 Z90

增量编程:

G91 G00 X30 Z70

(1) 在非直线插补方式下,当X轴和Z轴的快进速度相同时,从A点到B

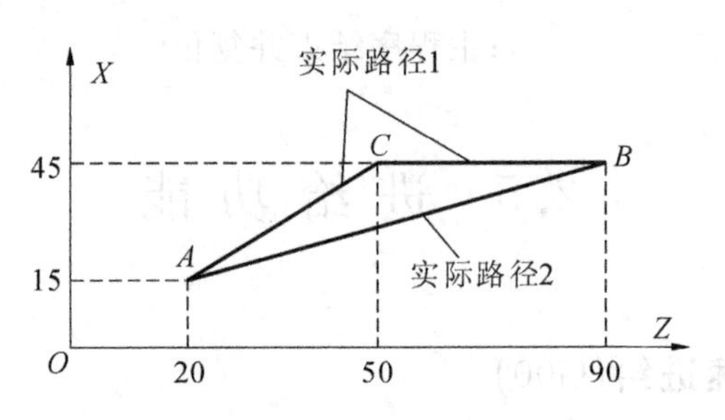

图 2-5-1 快速进给编程实例

点的快速定位路线为 $A \rightarrow C \rightarrow B$；

(2) 在直线插补方式下，当 X 轴和 Z 轴的快进速度相同时，从 A 点到 B 点的快速定位路线为 $A \rightarrow B$。

2.5.2 第二进给速度(E)

区别于进给速度 F，第二进给速度 E 一般用于限制程序段结束时的进给速度，如在 NURBS 曲线插补中，F 指令指定插补中的进给速度，E 指令指定插补结束时的进给速度。

模态：进给速度 F 为模态指令，但第二进给速度 E 为非模态指令，在需要使用第二进给速度的场合，如果不指定 E 则默认 E=0。

限制：第二进给速度主要用于较为复杂的插补控制，目前仅在 NURBS 曲线插补(G06.3)中使用。

2.5.3 单方向定位(G60)

格式

G60 IP_

参数含义

IP　绝对编程(G90)时，为单方向定位的终点位置；增量编程(G91)时，为刀具当前位置到终点位置的距离。

说明

运行 G60 指令，还需要指定偏置值和偏移方向。以下参数的正负分别表示 G60 偏移方向。

坐 标 轴	参数索引号	参 数 说 明
第一轴	Parm100030	第一轴 G60 偏移值矢量
第二轴	Parm101030	第二轴 G60 偏移值矢量
第三轴	Parm102030	第三轴 G60 偏移值矢量

注意

(1) 即使刀具移动距离为零,也执行单方向定位。

(2) 单方向定位的过冲量设定值应大于对应轴的反向间隙,否则单方向定位时无法完全消除反向间隙。

举例

(设 100030 值为 100)

%0008

G54

G00 X0 Z0 Z0

G01 X200

G60 X20

M30

2.5.4 进给速度单位的设定(G94、G95)

CNC 加工零件时,线性进给(G01)、圆弧插补(G02、G03)等的进给速度由紧跟 F 后的数值来决定,进给速度单位由 G94、G94.2、G95 设置。

格式

G94	每分钟进给方式指定
G94.2 X_ Z_	每分钟进给方式指定,并依照指定轴的合成速度运行
G95	每转进给方式指定

参数含义

G94 当指定 G94,即每分钟进给方式时,移动指令的进给速度 F 指定刀具每分钟的移动量,单位为 mm/min(G21 方式)或 in/min(G20 方式)。G94 指定所有参与运动各轴的合成速度,如果需要单独指定部分轴的合成速度,其他轴跟随运动时,需要用到 G94.2 指令,本指令的调用格式为 G94.2 X_ Z_,其中地址字指定为 0 的轴不参与合成速度的计算,只有地址字为 1 的轴用于指定运行的合成速度,如 G94.2 X1 Z0,本程序段执行后各轴依照 X 轴合成速度运行,Z 轴跟随运动。

G95 G95 将刀具每绕主轴移动一圈的移动量作为移动指令的进给速度 F,单位为 mm/r(G21 方式)或 in/r(G20 方式)。

只有当主轴配备编码器时才能指定 G95 方式。

使用式(2-5-1)可以实现每转进给量与每分钟进给量的转化:

$$f_m = f_r \times S \tag{2-5-1}$$

式中: f_m——每分钟进给量(mm/min);

f_r——每转进给量(mm/r);

S——主轴转速(r/min)。

当工作在G01、G02或G03方式下,所编程序的F值一直有效,直到被新的F值所取代,而工作在G00方式下,快速定位的速度是各轴的最高速度,与所编程序的F值无关。

借助机床控制面板上的倍率按键,F可在一定范围内进行倍率修调。当执行攻螺纹循环G76、G82,螺纹切削G32时,倍率开关失效,进给倍率固定在100%。

注意

G93、G94(G94.2)、G95为模态指令,可相互注销,G94为缺省模态指令。

2.5.5 准停检验(G09)

G09指令控制刀具在程序段终点准确停止。

格式

G09 ;单行指定

说明

一个包括G09的程序段在继续执行下个程序段前,准确停止在本程序段的终点。该功能用于加工尖锐的棱角。

G09为非模态指令,仅在其被规定的程序段中有效。

G09与G61的区别在于,前者在程序段中有效,后者是模态有效。

2.5.6 进给暂停(G04)

在系统自动运行过程中,可以指定G04暂停刀具进给,暂停时间到达后自动执行后续的程序段。

格式

G04 X_ P_

参数含义

X 单位s

P 单位ms

说明

(1) G04在前一程序段的进给速度降到零之后才开始暂停动作。

(2) G04为非模态指令,仅在其被规定的程序段中有效。

(3) G04可使刀具做短暂停留,以获得圆整而光滑的表面。该指令除用于切槽、钻镗孔外,还可用于拐角轨迹控制。

注意

最短指定暂停时间为 1 个插补周期，如指定暂停时间不足 1 个插补周期按照 1 个插补周期指定。

2.6 参 考 点

2.6.1 返回参考点(G28、G29、G30)

参考点是指机床上的固定点，共有 5 个参考点：第一参考点、第二参考点、第三参考点、第四参考点和第五参考点。用返回参考点指令很容易使刀具移动到这些参考点的位置。参考点可用作刀具交换的位置。

以轴 0 为例，在轴参数中用参考点位置参数(100017、100021 到 100024)可在机床坐标系中设定 5 个参考点。

返回参考点时，刀具经过中间点自动地快速移动到参考点的位置，同时，指定的中间点被 CNC 存储，刀具从参考点经过中间点沿着指定轴自动地移动到指定点。

返回参考点和从参考点返回的过程如图 2-6-1 所示。

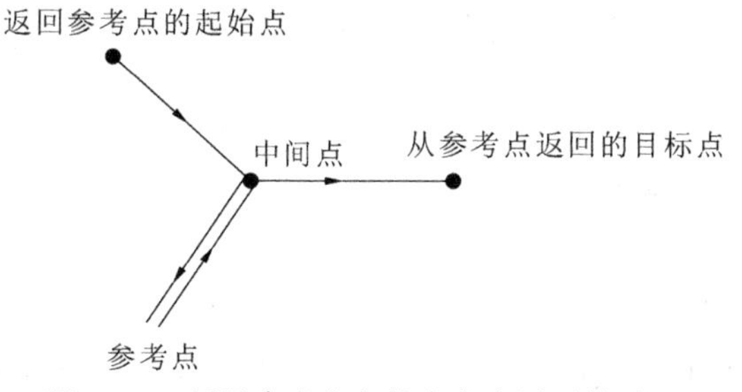

图 2-6-1 返回参考点和从参考点返回的过程

1. 自动返回参考点

格式

G28 X_ Z_ ;返回第一参考点

G30 P2 X_ Z_ ;返回第二参考点(可省略 P2)

G30 P3 X_ Z_ ;返回第三参考点

G30 P4 X_ Z_ ;返回第四参考点

G30 P5 X_ Z_ ;返回第五参考点

参数含义

G28 返回第一参考点。

G30 P2　返回第二参考点。

G30 P3　返回第三参考点。

G30 P4　返回第四参考点。

G30 P5　返回第五参考点。

X、Z　绝对编程(G90)时指定中间点的绝对位置，增量编程(G91)时指定中间点距起始点的距离。不需要计算中间点和参考点之间的具体的移动量。

说明

X、Z 指令的坐标为工件坐标系下的值。自动返回参考点指令执行时，只有指定了中间点的轴才移动，未指定中间点的轴不移动。

2. 从参考点返回

格式

G29 X_ Z_

参数含义

X、Z　绝对编程时为定位终点在工件坐标系中的坐标；增量编程时为定位终点相对于 G28 中间点的位移量。

说明

(1) X、Z 指令的坐标为工件坐标系下的值。

(2) 中间点为之前指定的 G28、G30 的中间点。

注意

G29 应该在 G28、G30 执行后才执行，否则没有存储中间点可能会执行异常。

3. 精确返回参考点使能

对于 G28、G30，返回参考点时，通过参数可以设置返回参考点方式为精确返回，且返回参考点时需要找零脉冲位置。默认在 G28、G30 下采取普通返回方式，不需要找零脉冲，相关的参数为 0。当需要回参考点精度很高时，请采取精确返回参考点方式，设置相应的参数值为 1。

相关参数如表 2-6-1 所示(仅列出通道 0 参数)。

表 2-6-1　相关参数

参数索引号	参数说明
040110	G28 搜索 Z 脉冲使能
040111	G28/G30 定位快移选择

举例

用 G28、G29 对图 2-6-2 所示的路径编程，要求由 A 经过中间点 B 返回参考点，然后从参考点经由中间点 B 返回到 C 点。

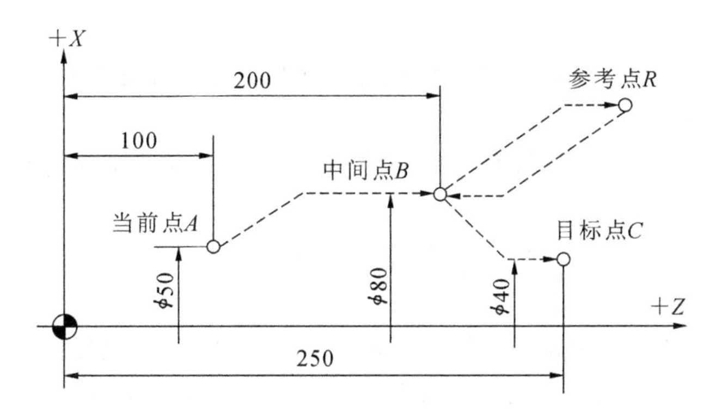

图 2-6-2 G28/G29 编程实例

```
%3317
N1 T0101                ;设立坐标系,选一号刀
N2 G00 X50 Z100         ;移到起始点 A 的位置
N3 G28 X80 Z200         ;从 A 点到达 B 点再快速移动到参考点
N4 G29 X40 Z250         ;从参考点 R 经中间点 B 到达目标点 C
N5 G00 X50 Z100         ;回对刀点
N6 M30                  ;主轴停,主程序结束并复位
```

2.7 坐 标 系

2.7.1 机床坐标系编程(G53)

机床上有一个固定的机械点,可作为该机床的基准点,该点称为机床原点,它的位置由回零挡块或光栅零点决定。以这点作为原点建立的坐标系称为机床坐标系。

接通电源后,通过手动使参考点返回来建立机床坐标系。机床坐标系一旦建立,在切断电源之前,一直保持不变。

格式

G53

参数含义

G53 直接机床坐标系编程

说明

在调用 G53 之前,系统必须通过参考点返回操作建立的机床坐标系。

注意

(1) G53 为非模态指令,在需要执行直接机床坐标系编程时,必须在当前行指定 G53 指令;

(2) G53 所指定的目标位置不能使用增量指令编程,只能使用绝对指令编程;

(3) 当指定 G53 指令时,就清除了刀具半径补偿、刀具长度补偿、刀尖半径补偿等补偿功能。

在指定 G53 指令之前,必须设置机床坐标系,因此通电后必须进行手动返回参考点或由 G28 指令自动返回参考点。当采用绝对位置编码器时,就不需要该操作。

2.7.2 工件坐标系

为加工一个工件所使用的坐标系称为工件坐标系。工件坐标系事先设定在 CNC 中,在所设定的工件坐标系中编制程序并加工工件,移动所设定的工件坐标系的原点,可以改变工件坐标系。

1. 设定工件坐标系(G92)

有两种方法可以设定工件坐标系。

(1) 通过 G92 指令来设定工件坐标系;

(2) 对车床来说,在绝对刀偏补偿方式下,可以通过 T 指令来设定工件坐标原点(参见刀具偏置部分内容)。

当使用绝对指令时,工件坐标系必须用上述方法之一来建立。

格式

G92 IP_

参数含义

IP 坐标系原点到刀具起点的有向距离。

G92 指令通过设定刀具起点(对刀点)与坐标系原点的相对位置建立工件坐标系。工件坐标系一旦建立,绝对值编程时的指令值就是在此坐标系中的坐标值。

注意

(1) 执行此程序段只建立工件坐标系,刀具并不产生运动;

(2) G92 指令为非模态指令;

(3) 在铣床刀具长度补偿方式中,用 G92 设定工件坐标系(设定成为应用补偿前所指定的位置的坐标系)。但是,本 G 指令无法与刀具长度补偿矢量发生变化的程序段同时执行。例如 G92 指令在如下程序段中就无法运行:

① 指令了 G43/G44 的程序段;

② 使用 G43/G44 指令且指定了 H 指令的程序段;

③ 使用 G43/G44 指令且指定了 G49 指令的程序段;

④ 使用 G43/G44 指令,并通过 G28、G53 等暂时取消补偿矢量,且该矢量恢复的程序段。

此外,通过 G92 指令设定工件坐标系时,在其之前的程序段停止,不可改变通过 MDI 方式等选择的刀具长度补偿量。

举例

使用 G92 编程,建立如图 2-7-1 所示的工件坐标系。

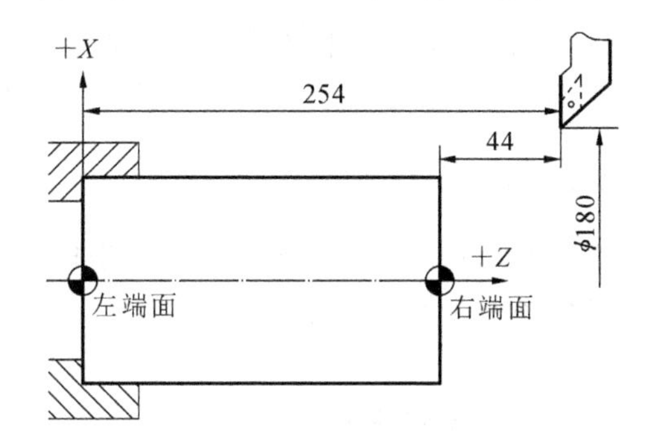

图 2-7-1 G92 建立坐标系

G92 X180 Z254

当以工件右端面为工件原点时,应按如下程序建立坐标系。

G92 X180 Z44

2. 工件坐标系选择(G54～G59)

格式

$$\begin{Bmatrix} G54 \\ G55 \\ G56 \\ G57 \\ G58 \\ G59 \end{Bmatrix}$$

说明

G54～G59 是系统预定的 6 个坐标系(图 2-7-2),可根据需要任意选用。

加工时其坐标系的原点,必须设为工件坐标系的原点在机床坐标系中的坐标值,否则加工出的产品就会有误差或报废,甚至在加工过程中会出现危险情况。

这 6 个预定工件坐标系的原点在机床坐标系中的值(工件原点偏置值)可用

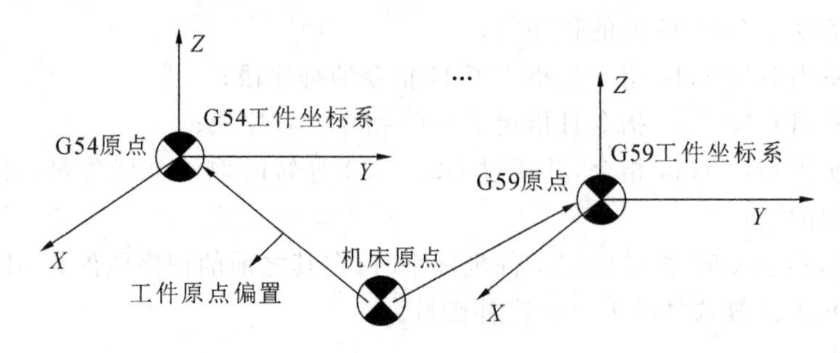

图 2-7-2　工件坐标系的选择(G54～G59)

MDI 方式输入,系统自动记忆。

工件坐标系一旦选定,后续程序段中绝对编程时的指令值均为相对此工件坐标系原点的值。G54～G59 为模态指令,可相互注销,G54 为缺省指令。

2.7.3　局部坐标系设定(G52)

在工件坐标系上编程时,为方便起见,可以在工件坐标系中再创建一个子工件坐标系。这样的子坐标系称为局部坐标系。

格式

G52 IP_　　　　;设定局部坐标系

⋮

G52 IP 0　　　　;取消局部坐标系

参数含义

IP　指定局部坐标系的原点。

说明

使用 G52 IP_指令,可在所有的工件坐标系内设定局部坐标系。各自的局部坐标系的原点,成为各自的工件坐标系中的 IP 值。

一旦设定了局部坐标系,之后指定的轴的移动指令值就为局部坐标系下的坐标值。

如果要取消局部坐标系或在工件坐标系中指定坐标值,将局部坐标系原点和工件坐标系原点重合。

举例

%1234

G55　　　　;选择 G55,假设 G55 指定的坐标系原点在机床坐标系中的坐标为(10,20)

G1 X10 Z10 F1000　　　　;移至机床坐标系(20,30)

G52 X30 Z30　　　　;在所有工件坐标系的基础上建立局部坐标系,

```
                         局部坐标系原点为(30,30)
G1 X0 Z0                ;移至局部坐标系原点(当前机床坐标系原点位
                         置为(40,50))
G52 X0 Z0               ;取消局部坐标系设定,系统恢复到G55坐标系
G1 X10 Z10              ;移至机床坐标系(20,30)
M30
```

2.8 坐标值与尺寸单位

2.8.1 绝对编程指令和增量编程指令(G90、G91)

指定刀具移动有两种方法:绝对编程和增量编程。

① 绝对编程是对刀具移动的终点位置的坐标值进行编程的方法;

② 增量编程是对刀具的移动量进行编程的方法。

格式

G90

G91

参数含义

G90 绝对编程指令,每个编程坐标轴上的编程值是相对于编程原点而言的。

G91 相对编程指令,每个编程坐标轴上的编程值是相对于前一位置而言的,该值等于沿轴移动的距离。

说明

(1) 绝对编程时,用G90指令后面的X、Z表示X轴、Z轴的坐标。

(2) 增量编程时,用U、W或G91指令后面的X、Z表示X轴、Z轴的增量。

(3) 其中表示增量的字符U、W不能用于循环指令G80、G81、G82、G71、G72、G73、G76程序段中,但可用于定义精加工轮廓的程序中。

(4) G90、G91为模态指令,可相互注销,G90为缺省指令。

举例

编写如图2-8-1中刀具从点P移动到点Q的程序(X轴为直径值的指令)。

绝对编程:G90 G01 X400 Z50

增量编程:G91 G01 X200 Z—400 或 G01 U200 W—400

注意

(1) 选择合适的编程方式可使编程简化。当图样尺寸由一个固定基准点给

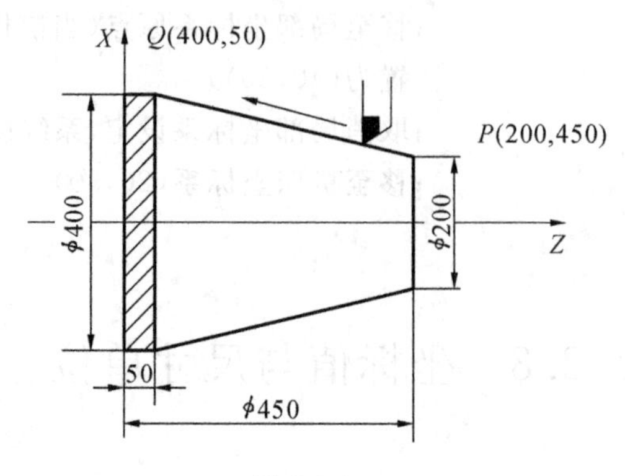

图 2-8-1

定时,采用绝对编程方式较为方便;而当图样尺寸是以轮廓顶点之间的间距给出时,采用增量编程方式较为方便。

(2) 一般不推荐采用完全的增量编程方式。

(3) G90、G91 可用于同一程序段,但要注意其执行顺序不同所造成的差异。

2.8.2 尺寸单位选择(G20、G21)

用户可以通过 G20、G21 选择 G 指令中输入尺寸的单位。

格式

G20

G21

参数含义

G20 英制输入模式。

G21 米制输入模式。

说明

G 代码	线性轴	旋转轴
英制输入(G20)	in(英寸)	deg(度)
米制输入(G21)	mm(毫米)	deg(度)

注意

(1) G20、G21 为模态指令,可相互注销,G21 为上电缺省指令。

(2) G 指令中输入数据的单位与 HMI 界面显示数据单位没有任何关联。G20/G21 只是用来选择 G 指令中输入数据的单位,而不能改变 HMI 界面上显示的数据单位。

举例

```
%0007
T0101
G01 X10 Z10
G20
X2 Z2
M30
```

2.8.3 直径与半径编程(G36、G37)

格式

G36

G37

参数含义

G36 直径编程方式。

G37 半径编程方式。

说明

数控车床加工的工件外形通常是旋转体,其 X 轴尺寸可以用两种方式加以指定:直径方式和半径方式。G36 为缺省指令,机床出厂时一般设为直径编程。

注意

(1) Z 轴指令输入与直径、半径编程无关。

(2) 当指定 G02、G03 时参数 R、I、K 为半径值指定。

(3) 单一固定循环中使用的 X 轴的进刀量等的参数 R 为半径值指定。

(4) 对于车床或车削中心系统默认是 G36,即是直径编程。

(5) 轴向进给速度以半径的变化指定。

举例

按同样的轨迹分别用直径、半径编程,加工图 2-8-2 所示的工件。

(1) 直径编程方式。

```
%3304
N1 T0101
N2 G00 X180 Z254
N3 M03 S600
N4 G01 X20 W-44
N5 U30 Z50
N6 G00 X180 Z254
```

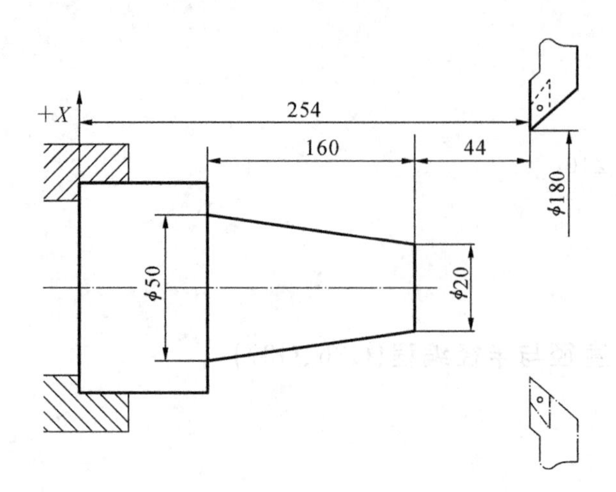

图 2-8-2　直径、半径编程实例

N7 M30

(2) 半径编程方式。

```
%3304
N1 T0101
N2 G37 M03 S600
N3 G00 X90 Z254
N4 G01 X10 W－44
N5 U15 Z50
N6 G00 X90 Z254
N7 M30
```

2.9　刀具补偿功能

车床编程轨迹实际上是刀尖的运动轨迹，但实际中不同的刀具的几何尺寸、安装位置各不相同，其刀尖点相对于刀架中心的位置也就不同。因此需要将各刀具刀尖点的位置值进行测量设定，以便系统在加工时对刀具偏置值进行补偿，从而在编程时不用考虑因刀具的形状和安装的位置差异导致的刀尖位置不一致的问题，简化编程的工作量。

刀具使用一段时间后磨损，也会使产品尺寸产生误差，因此需要对其进行补偿。该补偿与刀具偏置补偿的值存放在同一个寄存器的地址号中。各刀的磨损补偿只对该刀有效(包括标刀)。

2.9.1 刀具偏置(T)

1. 刀具偏置的 T 指令

刀具的补偿功能由 T 指令指定,其后的 4 位数字分别表示选择的刀具号和刀具几何偏置号,即

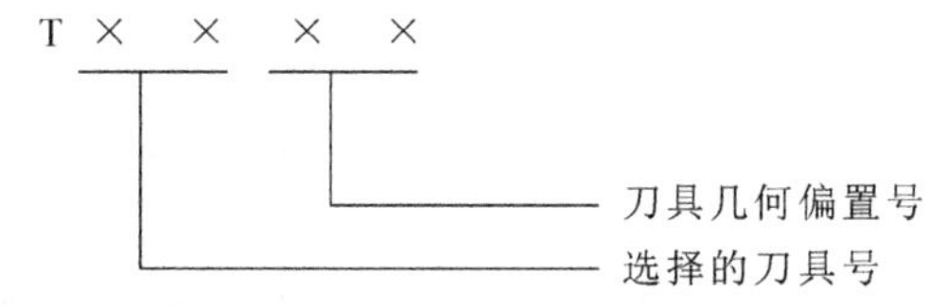

刀具几何偏置号是刀具偏置补偿寄存器的地址号,该寄存器存放刀具的 X 轴和 Z 轴偏置补偿值、刀具的 X 轴和 Z 轴磨损补偿值。

T 加补偿号表示开始偏置功能。偏置号为 00 表示偏置量为 0,即取消偏置功能。

系统对刀具的补偿或取消都是通过拖板的移动来实现的。

刀具几何偏置号可以和刀具号相同,也可以不同,即一把刀具可以对应多个偏置号(值)。

如图 2-9-1 所示,如果刀具轨迹相对编程轨迹具有 X、Z 方向上补偿值(由 X、Z 方向上的补偿分量构成的矢量称为补偿矢量),那么程序段中的终点位置加上或减去由 T 指令指定的补偿量(补偿矢量)即为刀具轨迹段终点位置。

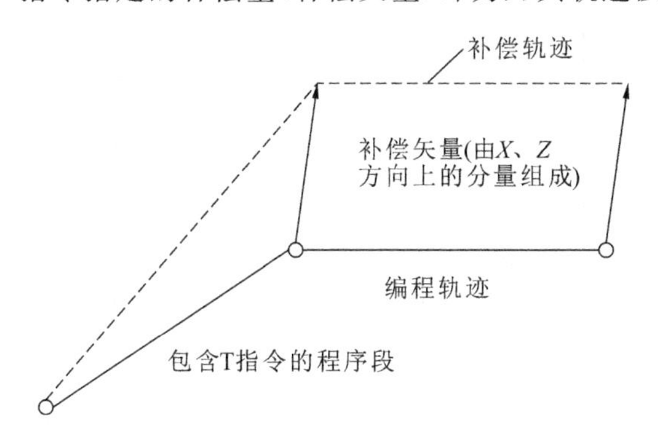

图 2-9-1　刀具补偿轨迹

2. 刀具偏置补偿和刀具磨损补偿

车床编程轨迹实际上是刀尖的运动轨迹,但实际中不同的刀具的几何尺寸、安装位置各不相同,其刀尖点相对于刀架中心的位置也就不同。因此需要将各刀具刀尖点的位置值进行测量设定,以便系统在加工时对刀具偏置值进行补偿,从而在编程时不用考虑因刀具的形状和安装的位置差异导致的刀尖位置不一致

的问题，以减小编程的工作量。

绝对刀偏即机床回到机床原点时，工件原点相对于刀架工作位上各刀刀尖位置的有向距离。当执行刀偏补偿时，各刀以此值设定各自的加工坐标系。虽然刀架在机床原点时，由于各刀几何尺寸不一致，各刀位点相对工件原点的距离不同，但各自建立的坐标系均与工件坐标系（编程）重合，如图 2-9-2 所示。

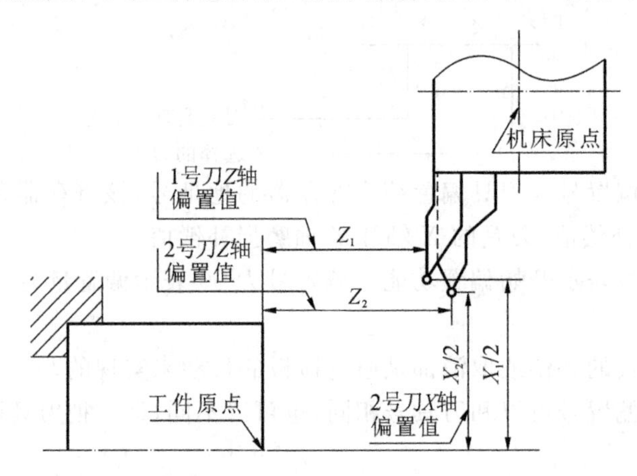

图 2-9-2　绝对补偿方式

举例

如图 2-9-3 所示，先建立刀具偏置磨损补偿，后取消刀具偏置磨损补偿。

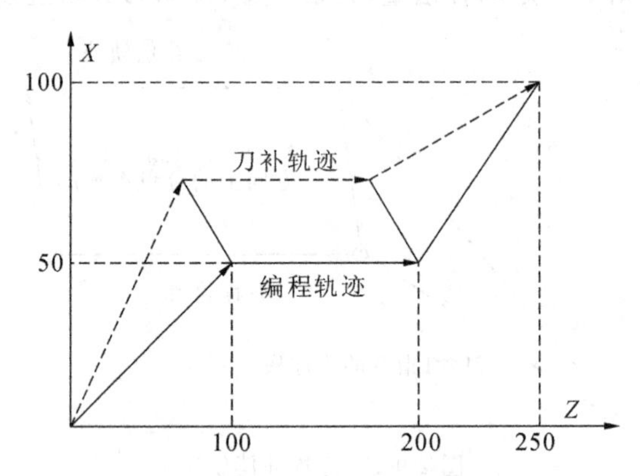

图 2-9-3　刀具偏置补偿实例

```
T0202               ;选择二号刀，建立刀具偏置磨损补偿
G01 X50 Z100        ;刀具移动
Z200                ;刀具移动
X100 Z250 T0200     ;取消刀具偏置磨损补偿
M30                 ;主轴停、主程序结束并复位
```

2.9.2 刀尖半径补偿(T)(G40、G41、G42)

数控程序一般是针对刀具上的某一点即刀位点,按工件轮廓尺寸编制的。车刀的刀位点一般为理想状态下的假想刀尖 A 点或刀尖圆弧圆心 O 点。但实际加工中的车刀,由于工艺或其他要求,刀尖往往不是一理想点,而是一段圆弧。切削加工时刀具切削点在刀尖圆弧上变动,造成实际切削点与刀位点之间的位置有偏差,故造成过切或少切。这种由于刀尖不是一个理想点而是一段圆弧造成的加工误差,可用刀尖圆弧半径补偿功能来消除。

格式

$$\begin{Bmatrix} G40 \\ G41 \\ G42 \end{Bmatrix} \begin{Bmatrix} G00 \\ G01 \end{Bmatrix} X\_ \ Z\_$$

参数含义

G40　取消刀尖半径补偿。

G41　左刀补(在刀具前进方向左侧补偿),如图 2-9-4 所示。

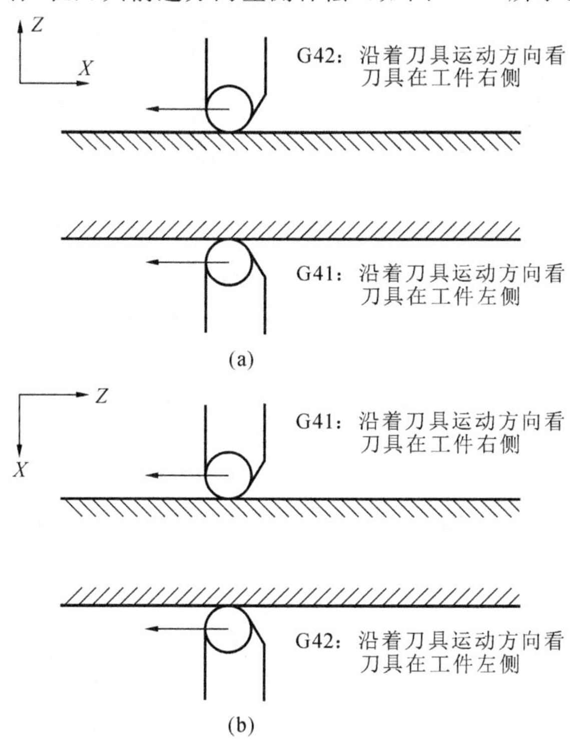

图 2-9-4　刀具补偿

G42　右刀补(在刀具前进方向右侧补偿),如图 2-9-4 所示。

X、Z　G00/G01 的参数,即建立刀补或取消刀补的终点。

注意

(1) G41/G42 不带参数,其补偿号(代表所用刀具对应的刀尖半径补偿值)由 T 指令指定。其刀尖圆弧补偿号为刀具偏置补偿。

(2) G40、G41、G42 都是模态指令,可相互注销。

(3) 刀尖半径补偿的建立与取消只能用 G00 或 G01 指令,不能用 G02 或 G03 指令。

(4) 半径补偿不支持中断式指令,如 M92、G31。

1. 假想刀尖

在图 2-9-5 中,在起始位置 A 的刀尖实际上并不存在。把实际的刀尖半径中心设在起始位置要比把假想刀尖设在起始位置困难得多,因而需要使用假想刀尖。当使用假想刀尖时,编程中不需要考虑刀尖半径。

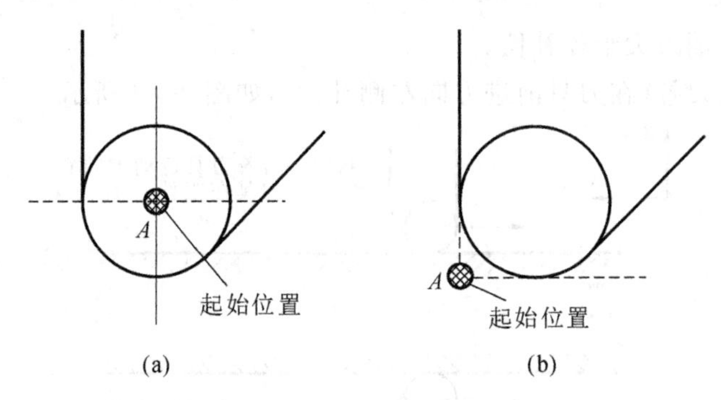

图 2-9-5　刀尖编程

(a) 使用刀尖中心编程时;(b) 使用假想刀尖编程时

2. 刀尖方位定义

车刀刀尖的方向号定义了刀具刀位点与刀尖圆弧中心的位置关系,其从0～9有十个方向,如图 2-9-6、图 2-9-7 所示。

举例

考虑刀尖半径补偿,编制如图 2-9-8 所示零件的加工程序。

```
%3323
N1 T0101                 ;换一号刀,确定其坐标系
N2 M03 S400              ;主轴以 400 r/min 正转
N3 G00 X40 Z5            ;到程序起点位置
N4 G00 X0                ;刀具移到工件中心
N5 G01 G42 Z0 F60        ;加入刀具圆弧半径补偿,工进接触工件
```

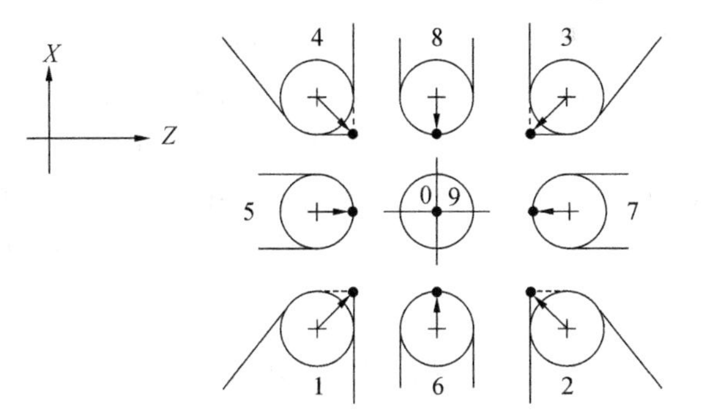

图 2-9-6 后置刀架刀尖方位

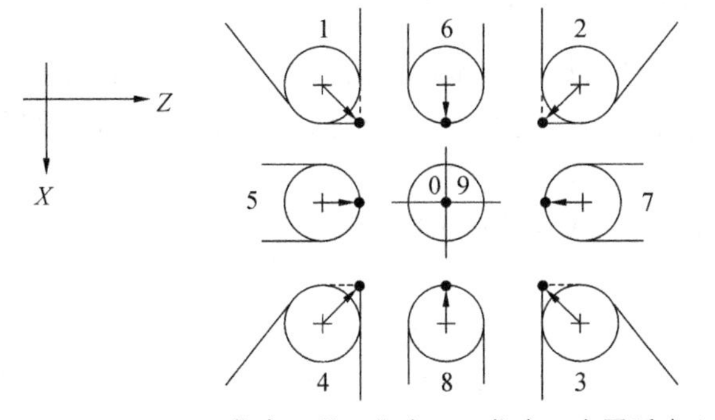

图 2-9-7 前置刀架刀尖方位

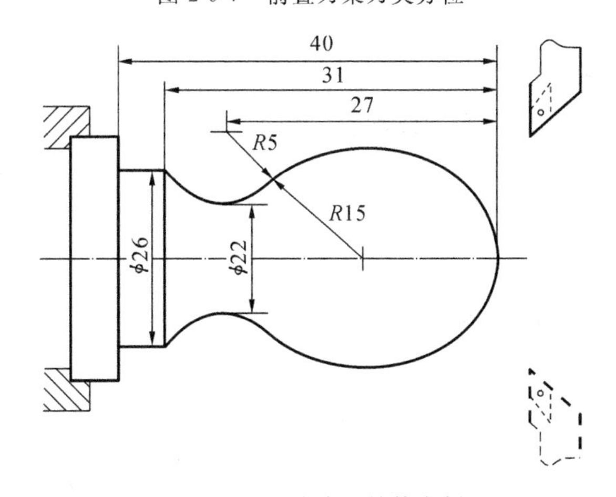

图 2-9-8 刀尖半径补偿实例

```
N6 G03 U24 W－24 R15          ;加工 R15 圆弧段
N7 G02 X26 Z－31 R5           ;加工 R5 圆弧段
N8 G01 Z－40                  ;加工 φ26 mm 外圆
N9 G00 X30                    ;退出已加工表面
N10 G40 X40 Z5                ;取消半径补偿,返回程序起点位置
N11 M30                       ;主轴停,主程序结束并复位
```

2.10 简化编程功能

2.10.1 直接图样尺寸编程

直线的角度、倒角值、拐角圆弧过渡值和加工图样上的其他尺寸值,可以直接输入这些值来进行编程。此外,任意倾角的直线间可以插入倒角或过渡圆弧。这种编程方式称为直接图样尺寸编程。

本编程方式仅限于车床系统 G01 使用。

指令格式

X_/Z_　　　;直线目标位置地址字

A_　　　;直线运动方向与 Z 轴正方向的夹角,顺时针为负,逆时针为正,单位为度(°)

C_　　　;倒角边长

R_　　　;倒圆半径

1. 指定一条直线

如图 2-10-1 所示的指定直线的程序如下。

X1_ Z1_

X2_ (Z2_) A_

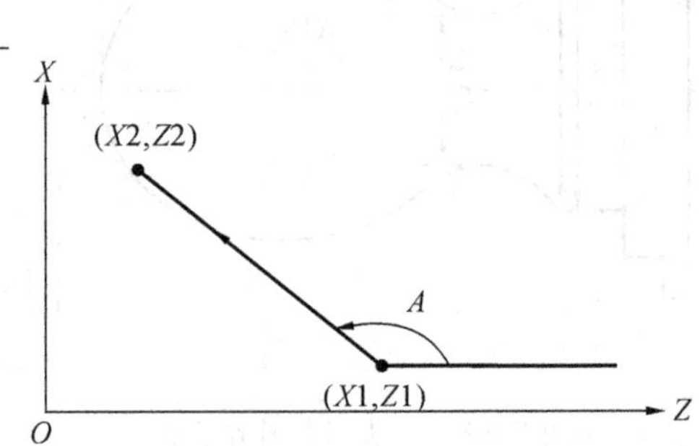

图 2-10-1　指定一条直线

注意

目标位置只需要指定一个方向的位移量，例如：Z50 A45 或 X100 A45。

2. 连续指定直线

如图 2-10-2 所示的连续指定直线程序如下。

X1_ Z1_

A1_

X3_ Z3_ A2_

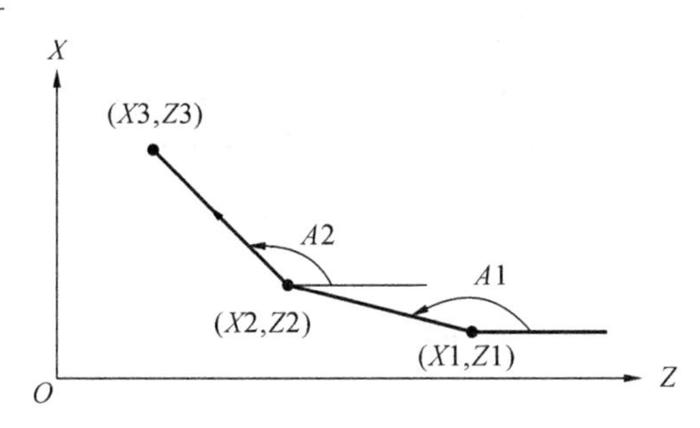

图 2-10-2 连续指定直线

3. 倒圆

如图 2-10-3 所示的倒圆程序如下。

X2_ Z2_ R1_

X3_ Z3_

或

A1_ R1_

X3_ Z3_ A2

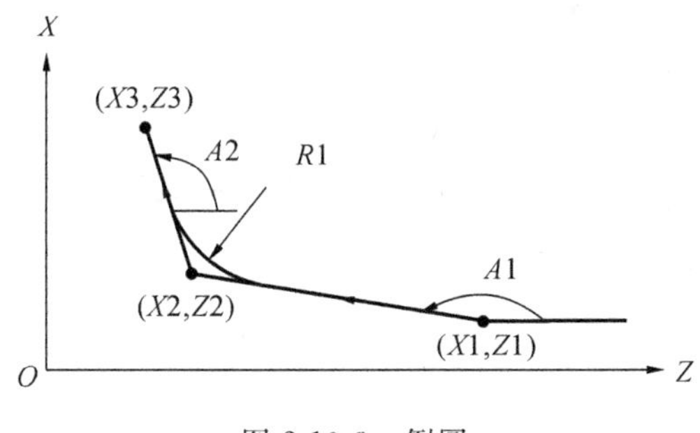

图 2-10-3 倒圆

4. 倒角

如图 2-10-4 所示的倒角程序如下。

X2_ Z2_ C1_

X3_ Z3

或

A1_ C1_

X3_ Z3_ A2_

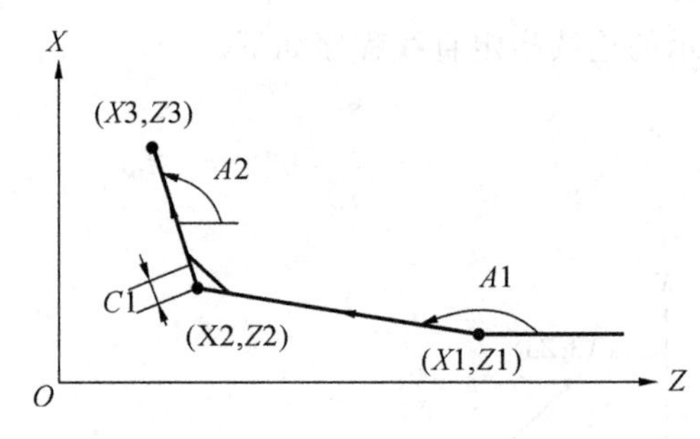

图 2-10-4　倒角

5. 连续倒圆

如图 2-10-5 所示的连续倒圆的程序如下。

X2_ Z2_ R1_

X3_ Z3_ R2_

X4_ Z4_

或

A1_ R1_

X3_ Z3_ A2_ R2

X4_ Z4_

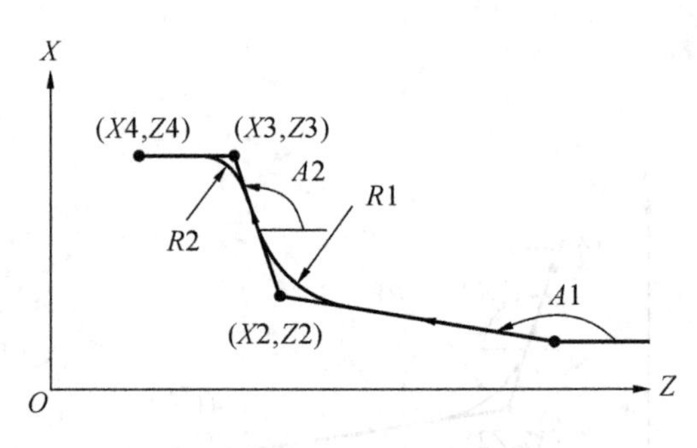

图 2-10-5　连续倒圆

6. 连续倒角

如图 2-10-6 所示的连续倒角的程序如下。

X2_ Z2_ C1_

X3_ Z3_ C2_

X4_ Z4_

或

A1_ C1_

X3_ Z3_ A2_ C2_

X4_ Z4_

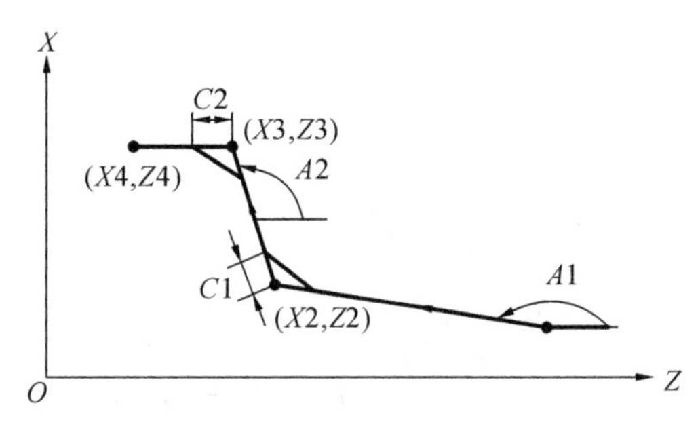

图 2-10-6 连续倒角

7. 先倒圆再倒角

如图 2-10-7 所示的先倒圆再倒角的程序如下。

X2_ Z2_ R1_

X3_ Z3_ C2_

X4_ Z4_

或

A1_ R1_

X3_ Z3_ A2_ C2

X4_ Z4_

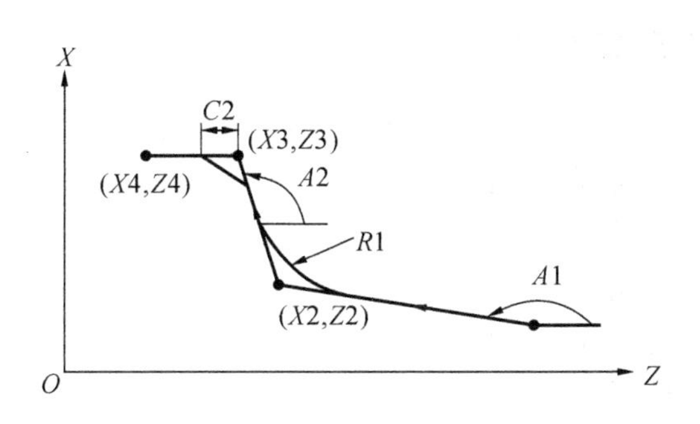

图 2-10-7 先倒圆再倒角

8. 先倒角再倒圆

如图 2-10-8 所示的先倒角再倒圆的程序如下。

X2_ Z2_ C1_

X3_ Z3_ R2_

X4_ Z4_

或

A1_ C1_

X3_ Z3_ A2_ R2

X4_ Z4_

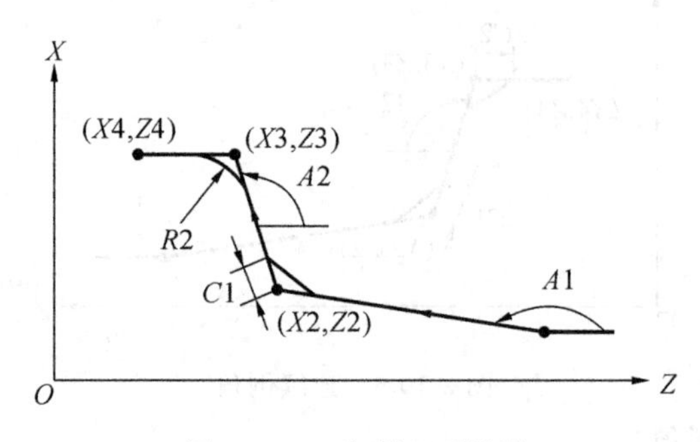

图 2-10-8　先倒角再倒圆

注意

为了避免本功能所使用的地址字与轴名冲突，因此使用本功能时务必设置通道参数的 Parm040035“角度编程使能”(通道 0)。

2.11　固定循环

2.11.1　车床简单循环

对于车床系统，有如下五种简单循环供用户使用。

G80　内(外)径切削循环。

G81　端面切削循环。

G82　螺纹切削循环。

G74　端面深孔钻加工循环。

G75　外径切槽循环。

车床简单循环是用一个含 G 指令的程序段完成用多个程序段指令的加工操作，使程序得以简化。

注意

本节所描述的循环指令只能用于车床系统。

1. 内(外)径切削循环(G80)

本循环可用于圆柱面内(外)径切削或圆锥面内(外)径切削。

1）圆柱面切削

格式

G80 X(U)_ Z(W)_ F_

参数含义

X、Z　绝对编程时，为切削终点 C 在工件坐标系下的坐标。

U、W　增量编程时，为切削终点 C 相对于循环起点 A 的有向距离，其值分别用 u、w 表示，其符号由轨迹 1 和 2 的方向确定。

F　进给速度(表示以指定速度 F 移动)(mm/min)。

切削过程如图 2-11-1 中 $A \to B \to C \to D \to A$ 的轨迹所示。

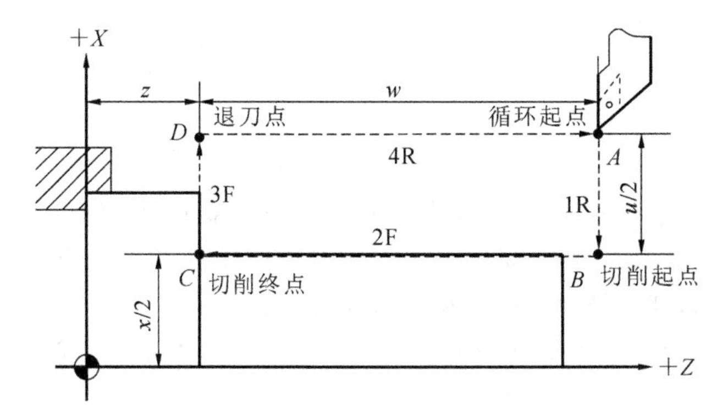

图 2-11-1　圆柱面切削循环

举例

用 G80 指令编程，加工如图 2-11-2 所示的简单圆柱零件。

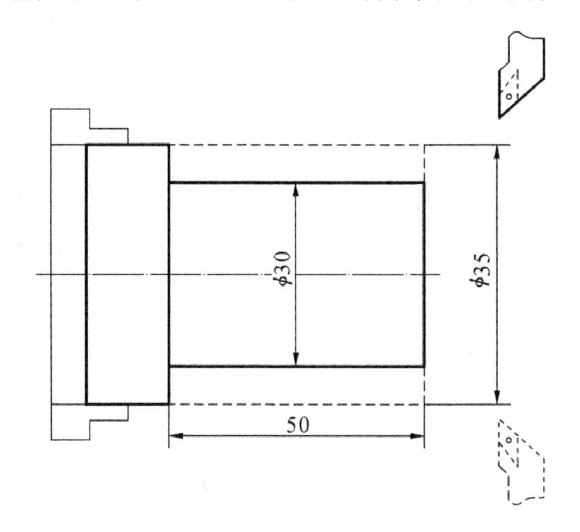

图 2-11-2　圆柱面切削循环实例

```
%3320
N1 T0101                      ;设立坐标系,选一号刀
N2 M03 S460                   ;主轴正转
N3 G00 X90 Z20                ;快速移动
N4 X40 Z3                     ;移到循环起点的位置
N5 G80 X31 Z-50 F100          ;加工第一次循环,吃刀深 2 mm
N6 G80 X30 Z-50 F80           ;加工第二次循环,吃刀深 2 mm
N7 G00 X90 Z20                ;快速移动
N8 M30                        ;主程序结束并复位
```

2) 圆锥面切削

格式

X(U)_ Z(W)_ I_ F_

参数含义

X、Z　绝对编程时,为切削终点 C 在工件坐标系下的坐标。

U、W　增量编程时,为切削终点 C 相对于循环起点 A 的有向距离,其值分别用 u、w 表示,其符号由轨迹 1 和 2 的方向确定。

I　为切削起点 B 与切削终点 C 的半径差,其符号为差的符号(无论是绝对编程还是增量编程)。

F　进给速度(表示以指定速度 F 移动)(mm/min)。

切削过程如图 2-11-3 中 $A \rightarrow B \rightarrow C \rightarrow D \rightarrow A$ 的轨迹所示。

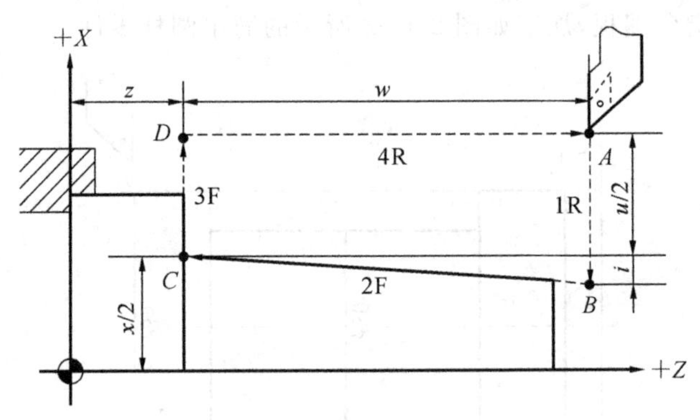

图 2-11-3　圆锥面切削循环

举例

用 G80 指令,分粗、精加工如图 2-11-4 所示的简单圆锥零件。

```
%3321
N1 T0101                      ;设立坐标系,选一号刀
```

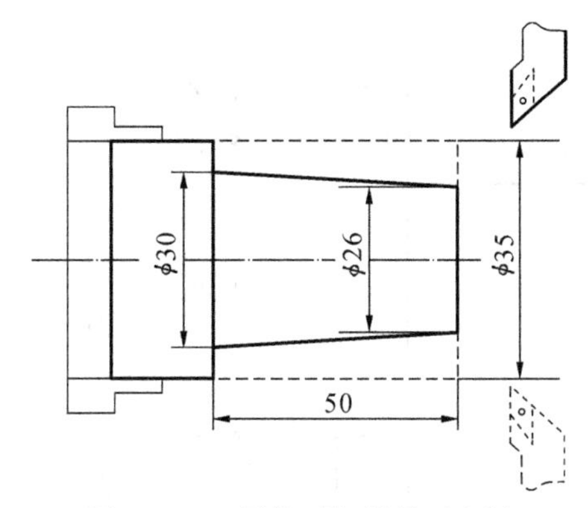

图 2-11-4 圆锥面切削循环实例

N2 G00 X100 Z40 M03 S460 ;快速移动,主轴正转

N3 G00 X40 Z5 ;移到循环起点的位置,主轴正转

N4 G80 X31 Z−50 I−2.2 F100 ;粗加工圆锥面

N5 G00 X100 Z40 ;快速移动

N6 T0202 ;换二号刀

N7 G00 X40 Z5 ;移到循环起点的位置,主轴正转

N8 G80 X30 Z−50 I−2.2 F80 ;精加工圆锥面

N9 G00 X100 Z40 ;快速移动

N10 M05 ;主轴停

N11 M30 ;主程序结束并复位

2. 端面切削循环(G81)

本循环可用于端平面切削和圆锥端面切削。

1) 端平面切削

格式

G81 X(U)_ Z(W)_ F_

参数含义

X、Z 绝对编程时,为切削终点 *C* 在工件坐标系下的坐标。

U、W 增量编程时,为切削终点 *C* 相对于循环起点 *A* 的有向距离,其值分别用 *u*、*w* 表示,其符号由轨迹 1 和 2 的方向确定。

F 进给速度(表示以指定速度 *F* 移动)(mm/min)。

切削过程如图 2-11-5 中的 *A*→*B*→*C*→*D*→*A* 的轨迹所示。

2) 圆锥端面切削

格式

G81 X(U)_ Z(W)_ W_ K_ F_

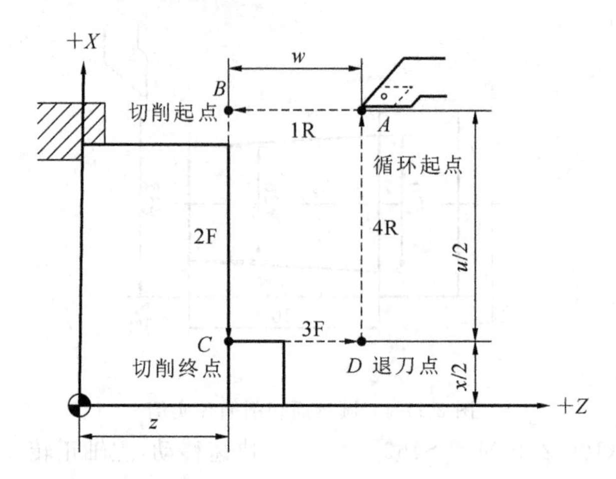

图 2-11-5　端平面切削循环

参数含义

X、Z　绝对编程时，为切削终点 C 在工件坐标系下的坐标。

U、W　增量编程时，为切削终点 C 相对于循环起点 A 的有向距离，其值分别用 u、w 表示，其符号由轨迹 1 和 2 的方向确定。

K　为切削起点 B 相对于切削终点 C 的 Z 向有向距离。

F　进给速度(表示以指定速度 F 移动)(mm/min)。

切削过程如图 2-11-6 中的 $A \to B \to C \to D \to A$ 的轨迹所示。

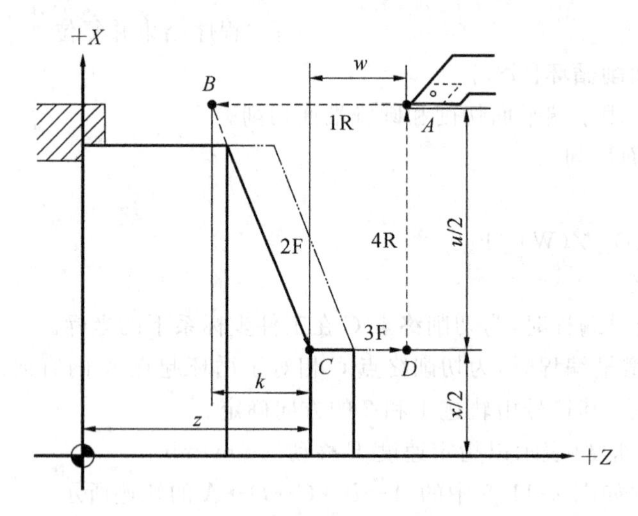

图 2-11-6　圆锥端面切削循环

举例

加工如图 2-11-7 所示工件，用 G81 指令编程，双点画线代表毛坯。

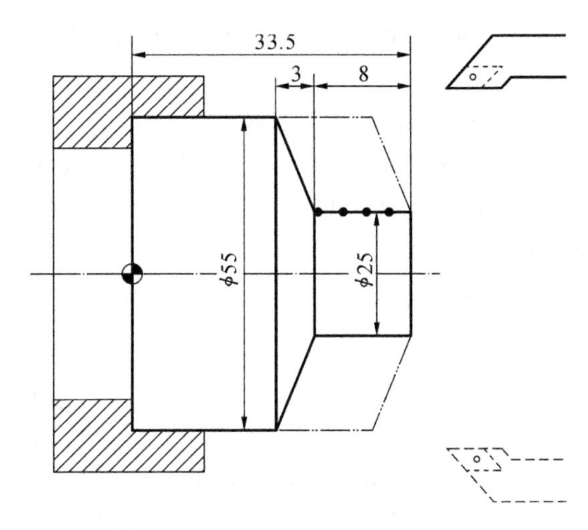

图 2-11-7 圆锥端面切削循环实例

%3323

N1 T0101	;设立坐标系,选一号刀
N2 G00 X60 Z45	;移到循环起点的位置
N3 M03 S460	;主轴正转
N4 G81 X25 Z31.5 K-3.5 F100	;加工第一次循环,吃刀深 2 mm
N5 X25 Z29.5 K-3.5	;每次吃刀均为 2 mm
N6 X25 Z27.5 K-3.5	;每次切削起点位,距工件外圆面 5 mm,故 K 值为-3.5
N7 X25 Z25.5 K-3.5	;加工第四次循环,吃刀深 2 mm
N8 M05	;主轴停
N9 M30	;主程序结束并复位

3. 螺纹切削循环(G82)

本循环可用于加工直螺纹或锥螺纹。

1) 直螺纹切削循环

格式

G82 X(U)_ Z(W)_ R_ E_ C_ P_ F_

参数含义

X、Z　绝对编程时,为螺纹终点 C 在工件坐标系下的坐标。

U、W　增量编程时,为螺纹终点 C 相对于循环起点 A 的有向距离,其值分别用 u、w 表示,其符号由轨迹 1 和 2 的方向确定。

R、E　螺纹切削的退尾量,R、E 均为向量,R 为 Z 向回退量;E 为 X 向回退量，正值表示向 X、Z 正方向退尾，负值表示向 X、Z 负方向退尾。R、E 可以省略，表示不用回退功能。

C　螺纹头数，为 0 或 1 时切削单头螺纹。

P　单头螺纹切削时，为主轴基准脉冲处距离切削起点的主轴转角（缺省值为 0）；多头螺纹切削时，为相邻螺纹头的切削起点之间对应的主轴转角。

F　公制螺纹导程(mm/r)。

该指令执行如图 2-11-8 所示 $A \to B \to C \to D \to E \to A$ 的轨迹动作。

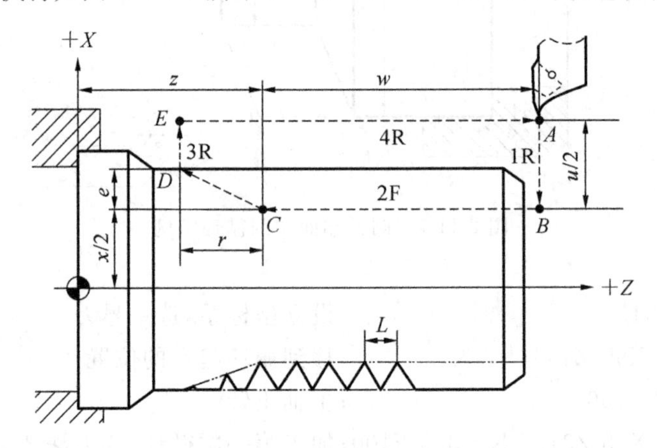

图 2-11-8　直螺纹切削循环

2）锥螺纹切削循环

格式

G82 X(U)_ Z(W)_ I_ R_ E_ C_ P_ F_

参数含义

X、Z　绝对编程时，为螺纹终点 C 在工件坐标系下的坐标。

U、W　增量编程时，为螺纹终点 C 相对于循环起点 A 的有向距离，其值分别用 u、w 表示。

I　为螺纹起点 B 与螺纹终点 C 的半径差，其符号为差的符号（无论是绝对编程还是增量编程）。

R、E　螺纹切削的退尾量，R、E 均为向量，R 为 Z 向回退量；E 为 X 向回退量，R、E 可以省略，表示不用回退功能。

C　螺纹头数，为 0 或 1 时切削单头螺纹。

P　单头螺纹切削时，为主轴基准脉冲处距离切削起始点的主轴转角（缺省值为 0）；多头螺纹切削时，为相邻螺纹头的切削起始点之间对应的主轴转角。

F　米制螺纹导程(mm/r)。

该指令执行如图 2-11-9 所示的 $A \to B \to C \to D \to A$ 的轨迹动作。

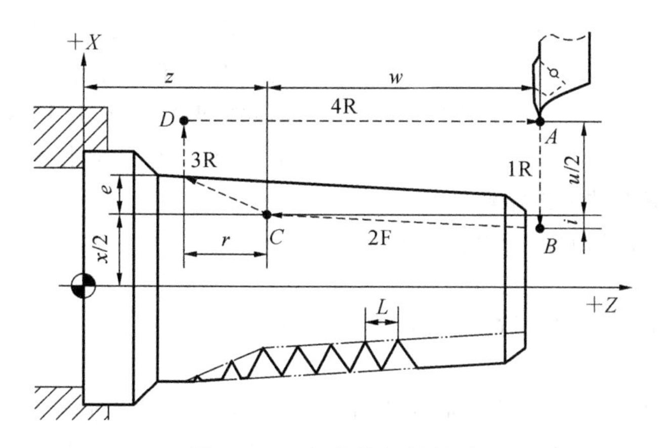

图 2-11-9 锥螺纹切削循环

注意

(1) 若需要回退功能,则 R、E 值的正负号要与螺纹切削方向协调,向螺纹加工反方向退尾有可能损伤螺纹。同时可以只指定 R 而不指定 E,但是若指定了 E 则必须指定 R。

(2) 螺纹切削循环同 G32 螺纹切削一样,在进给保持状态下,该循环在完成全部动作之后才停止运动。

举例

加工如图 2-11-10 所示工件,用 G82 指令编程,毛坯外形已加工完成。

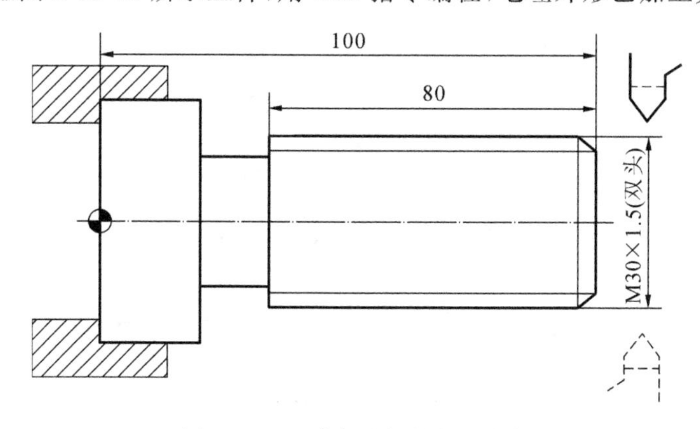

图 2-11-10 直螺纹切削循环实例

%3324

N1 G54 G00 X35 Z104 ;选定坐标系 G54,到循环起点

N2 M03 S300 ;主轴以 300 r/min 正转

N3 G82 X29.2 Z18.5 C2 P180 F3 ;第一次循环切螺纹,切深为 0.8 mm

N4 X28.6 Z18.5 C2 P180 F3　　　　;第二次循环切螺纹,切深为 0.4 mm
N5 X28.2 Z18.5 C2 P180 F3　　　　;第三次循环切螺纹,切深为 0.4 mm
N6 X28.04 Z18.5 C2 P180 F3　　　;第四次循环切螺纹,切深为 0.16 mm
N7 M30　　　　　　　　　　　　　;主轴停,主程序结束并复位

4. 端面深孔钻加工循环(G74)

本循环可对端面进行深孔钻削加工。

格式

G74 X(U)_ Z(W)_ Q(△K)_ R(e)_ I(i)_ P(p)_

参数含义

X/U　绝对编程时,为孔底终点在工件坐标系下 X 方向的坐标;增量编程时,为孔底终点相对于循环起点的有向距离,其值用 u 表示。此值可以不填。

Z/W　绝对编程时,为孔底终点在工件坐标系下 Z 方向的坐标;增量编程时,为孔底终点相对于循环起点的有向距离,其值用 w 表示。

R　Z 方向的退刀量,只能为正值,可以不填。

Q　每次进刀的深度,只能为正值。

I　钻宽孔时每刀的宽度,只能为正值,可以不填。

P　X 方向的退刀量,当 I 值给定时,P 值只能为正值;I 值没给定时,P 值可以为正值或负值。P 值可以不填。

端面深孔钻加工循环如图 2-11-11 所示。

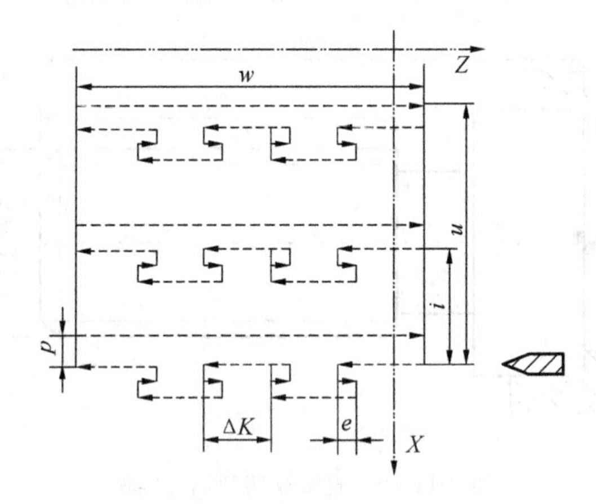

图 2-11-11　端面深孔钻加工循环

举例

端面深孔钻加工循环如图 2-11-12 所示,用 G74 指令编程。

%1234

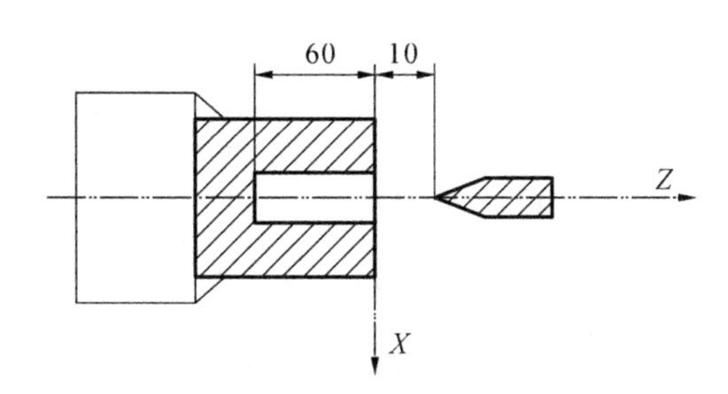

图 2-11-12 G74 端面深孔钻加工循环编程

```
T0101                    ;设立坐标系,选一号刀
M03 S500                 ;主轴正转
G01 X0 Z10 F200          ;刀具移动到循环起点
G74 X-10 Z-60 R1 Q5      ;端面深孔钻加工
M30                      ;主轴停,主程序结束并复位
```

5. 外径切槽循环(G75)

本循环用于对工件外径进行切槽加工。

格式

G75 X(U)_ Z(W)_ Q(ΔK)_ R(e)_ I(i)_ P(p)_

参数含义

X/U 绝对编程时,为孔底终点在工件坐标系下 X 方向的坐标;增量编程时,为孔底终点相对于循环起点的有向距离,其值用 u 表示。

Z/W 绝对编程时,为孔底终点在工件坐标系下 Z 方向的坐标;增量编程时,为孔底终点相对于循环起点的有向距离,其值用 w 表示。此值可以不填。

R X 方向的退刀量,只能为正值,可以不填。

Q 每次进刀的深度,只能为正值。

外径切槽加工循环如图 2-11-13 所示。

举例

外径切槽循环编程实例如图 2-11-14 所示,用 G75 指令编程。

```
%1234
T0101                      ;设立坐标系,选一号刀
M03 S500                   ;主轴正转
G01 X50 Z50 F200           ;刀具移动到循环起点
G75 X10 Z60 R1 Q5 I3 P2    ;外径切槽循环
M30                        ;主轴停,主程序结束并复位
```

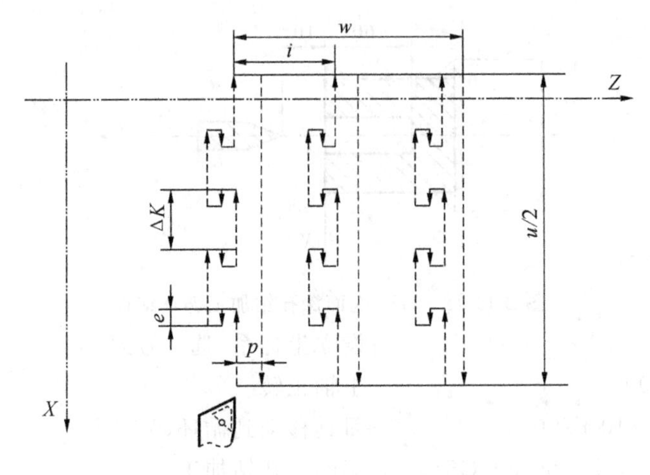

图 2-11-13　外径切槽循环

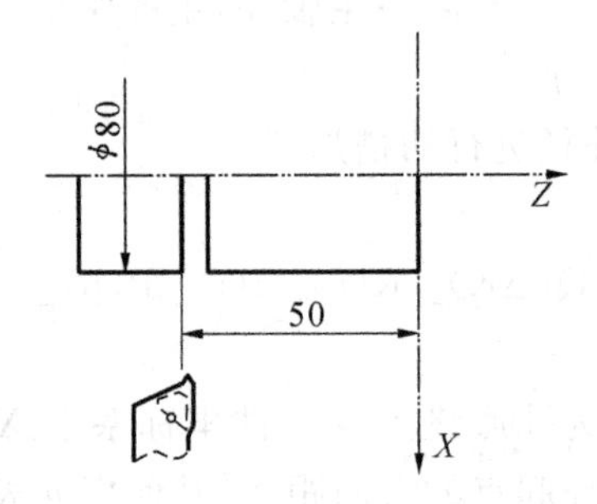

图 2-11-14　G75 外径切槽循环编程实例

2.11.2　车床复合循环

这种固定循环可简化编程，用精加工的形状数据描述粗加工的刀具轨迹。系统提供四种复合循环供用户使用。

G71　内(外)径粗车复合循环。

G72　端面粗车复合循环。

G73　封闭轮廓复合循环。

G76　螺纹切削复合循环。

运用复合循环指令，只需指定精加工路线和粗加工的吃刀量，系统会自动计算粗加工路线和走刀次数。

注意

(1) 地址 P 指定的程序段，应有准备机能 01 组的 G00 或 G01 指令，否则产生报警。

(2) 在 MDI 方式下，不能运行复合循环指令。

(3) 在复合循环 G71、G72、G73 中,由 P、Q 指定顺序号之间的程序段,不应包含 M98 子程序调用指令及 M99 子程序返回指令。

(4) 在复合循环 G71、G72、G73 中,由 P、Q 指定顺序号之间的程序段才能进行刀具补偿。

1. 内(外)径粗车复合循环(G71)

1) 无凹槽内(外)径粗车复合循环

格式

G71 U(d) R(r) P(ns) Q(nf) X(x) Z(z) F(f) S(s) T(t)

参数含义

U 切削深度(每次切削量),指定时不加符号,方向由矢量$\overrightarrow{AA'}$决定。

R 每次退刀量。

P 精加工路径第一程序段(即图 2-11-15 中的 AA')的顺序号。

Q 精加工路径最后程序段(即图 2-11-15 中的 $B'B$)的顺序号。

X X 方向精加工余量。

Z Z 方向精加工余量。

F、S、T 粗加工时 G71 中编程的 F、S、T 有效,而精加工时只有处于 ns 到 nf 程序段之间的 F、S、T 有效。

说明

该指令执行如图 2-11-15 所示的粗加工,并且刀具回到循环起点。精加工($A\rightarrow A'\rightarrow B'\rightarrow B$)按后面的指令循序执行。

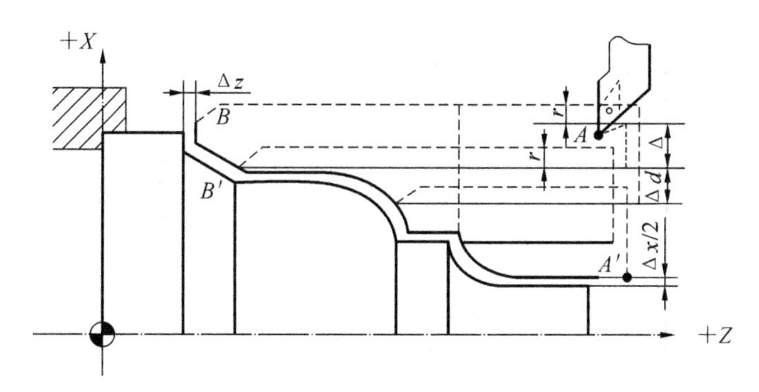

图 2-11-15 内(外)径粗车复合循环

G71 切削循环下,切削进给方向平行于 Z 轴,X(Δu)和 Z(Δw)的符号如图 2-11-16 所示。其中“(+)”表示沿轴正方向移动,“(−)”表示沿轴负方向移动。

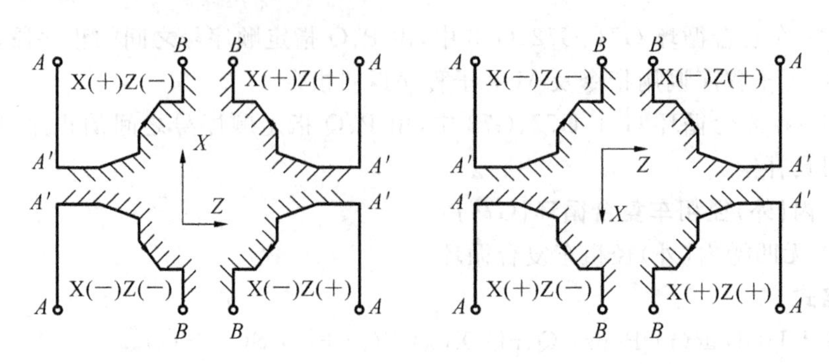

图 2-11-16　G71 复合循环 X(Δu)和 Z(Δw)的符号

注意

(1) 在 Q 所对应的精加工路径最后程序段中要有 X 向(径向)移动。

(2) 在 G71 外径粗车复合循环中,循环起点必须是最高点,在内径粗车复合循环中必须是最低点。

举例

(1) 用外径粗加工复合循环指令编制如图 2-11-17 所示零件的加工程序:要求循环起始点在 A(46,3),切削深度为 1.5 mm(半径量)。退刀量为 1 mm,X 方向精加工余量为 0.4 mm,Z 方向精加工余量为 0.1 mm,其中双点画线部分为工件毛坯。

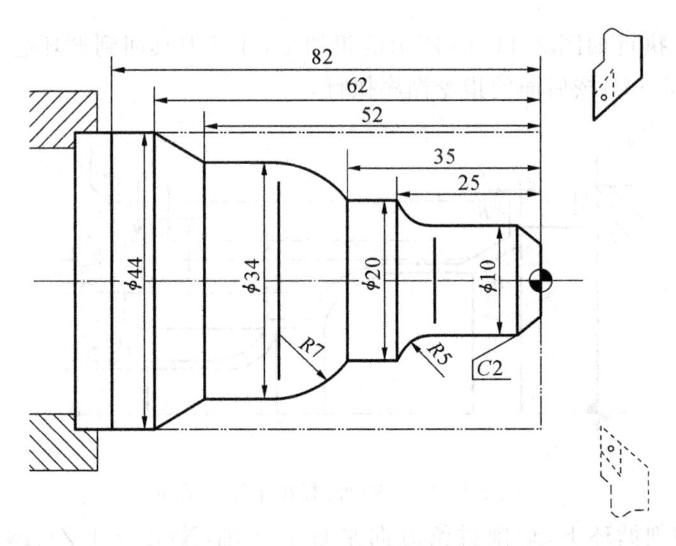

图 2-11-17　G71 外径复合循环编程实例

%3325

T0101　　　　　　　　　　　　;设立坐标系,选一号刀

```
N1 G00 G00 X80 Z80                  ;到程序起点位置
N2 M03 S400                         ;主轴以 400 r/min 正转
N3 G01 X46 Z3 F100                  ;刀具到循环起点位置
N4 G71 U1.5 R1 P5 Q15 X0.6 Z0.1    ;粗切量为 1.5 mm;精切量 X 轴为
                                     0.6 mm,Z 轴为 0.1 mm
N5 G00 X0                           ;精加工轮廓起始行到倒角延长线
N6 G01 X10 Z-2                      ;精加工 C2
N7 Z-20                             ;精加工 φ10 外圆
N8 G02 U10 W-5 R5                   ;精加工 R5 圆弧
N9 G01 W-10                         ;精加工 φ20 外圆
N10 G03 U14 W-7 R7                  ;精加工 R7 圆弧
N11 G01 Z-52                        ;精加工 φ34 外圆
N12 U10 W-10                        ;精加工外圆锥
N13 W-20                            ;精加工 φ44 外圆
N14 U1                              ;精加工轮廓结束行
N15 X46                             ;退出已加工面
N16 G00 X80 Z80                     ;回对刀点
N17 M05                             ;主轴停
N18 M30                             ;主程序结束并复位
```

(2) 用内径粗加工复合循环指令编制如图 2-11-18 所示零件的加工程序:要求循环起始点在 $A(46,3)$,切削深度为 1.5 mm(半径量)。退刀量为 1 mm,X 方向精加工余量为 0.4 mm,Z 方向精加工余量为 0.1 mm,其中双点画线部分为工件毛坯。

```
%3326
N1 T0101                            ;换一号刀,确定其坐标系
N2 G00 X80 Z80                      ;到程序起点或换刀点位置
N3 M03 S400                         ;主轴以 400 r/min 正转
N4 X6 Z5                            ;到循环起点位置
G71 U1 R1 P8 Q17 X-0.6 Z0.1 F100   ;内径粗切循环加工
N5 G00 X80 Z80                      ;粗切后,到换刀点位置
N6 T0202                            ;换二号刀,确定其坐标系
N7 G00 G41 X6 Z5                    ;二号刀加入刀尖圆弧半径补偿
N8 G00 X44                          ;精加工轮廓开始,到 φ44 外圆处
```

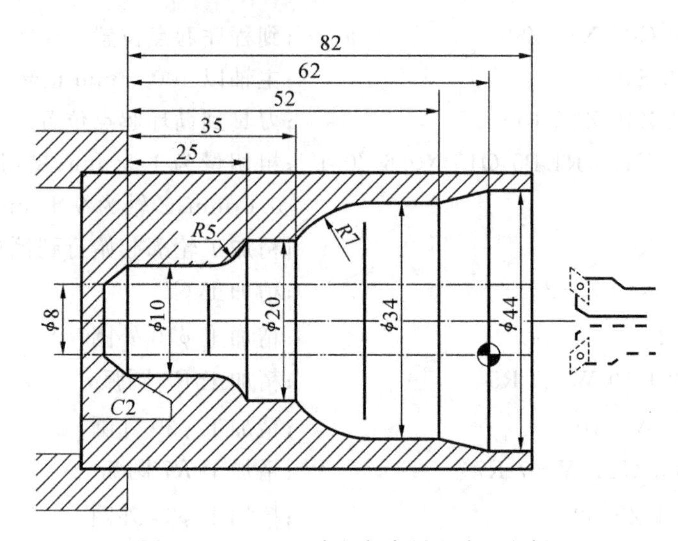

图 2-11-18　G71 内径复合循环编程实例

N9 G01 Z—20 F80	;精加工 ϕ44 外圆
N10 U—10 W—10	;精加工外圆锥
N11 W—10	;精加工 ϕ34 外圆
N12 G03 U—14 W—7 R7	;精加工 R7 圆弧
N13 G01 W—10	;精加工 ϕ20 外圆
N14 G02 U—10 W—5 R5	;精加工 R5 圆弧
N15 G01 Z—80	;精加工 ϕ10 外圆
N16 U—4 W—2	;精加工 C2,精加工轮廓结束
N17 X4	;退出已加工表面,取消刀尖圆弧半径补偿
N18 G00 G40 Z80	;退出工件内孔
N19 X80	;回程序起点或换刀点位置
N20 M30	;主轴停,主程序结束并复位

2) 有凹槽内(外)径粗车复合循环

格式

G71 U(Δd) R(r) P(ns) Q(nf) E(e) F(f) S(s) T(t)

参数含义

U　切削深度(每次切削量),指定时不加符号,方向由矢量$\overrightarrow{AA'}$决定。

R　每次退刀量。

P　精加工路径第一程序段(即图 2-11-9 中的 AA')的顺序号。

Q 精加工路径最后程序段(即图 2-11-19 中的 $B'B$)的顺序号。

E 精加工余量,其为 X 方向的等高距离;外径切削时为正,内径切削时为负。

F、S、T 粗加工时 G71 中编程的 F、S、T 有效,而精加工时只有处于 ns 到 nf 程序段之间的 F、S、T 有效。

说明

该指令执行的粗加工和精加工如图 2-11-19 所示,其中精加工路径为 $A \to A' \to B' \to B$。

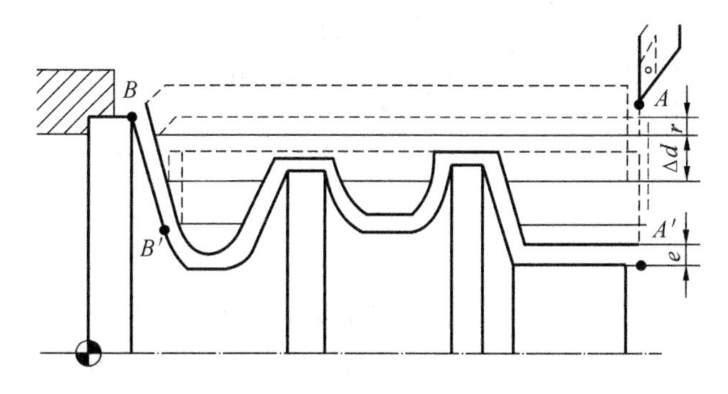

图 2-11-19 有凹槽内(外)径粗车复合循环

注意

(1) G71 指令必须带有 P、Q 地址 ns、nf,且与精加工路径起、止顺序号对应,否则不能进行该循环加工。

(2) ns 程序段必须为 G00/G01 指令,即从 A 到 A' 的动作必须是直线或点定位运动。

(3) 在顺序号为 ns 到顺序号为 nf 的程序段中,不应包含子程序(4.03 版改为可以包含子程序)。

举例

用有凹槽的外径粗加工复合循环指令编写如图 2-11-20 所示零件的加工程序,其中双点画线部分为工件毛坯。

```
%3327
N1 T0101                              ;换一号刀,确定其坐标系
N2 G00 X80 Z100                       ;到程序起点或换刀点位置
M03 S400                              ;主轴以 400 r/min 正转
N3 G00 X42 Z3                         ;到循环起点位置
N4 G71 U1 R1 P8 Q19 E0.3 F100         ;有凹槽粗切循环加工
N5 G00 X80 Z100                       ;粗加工后,到换刀点位置
```

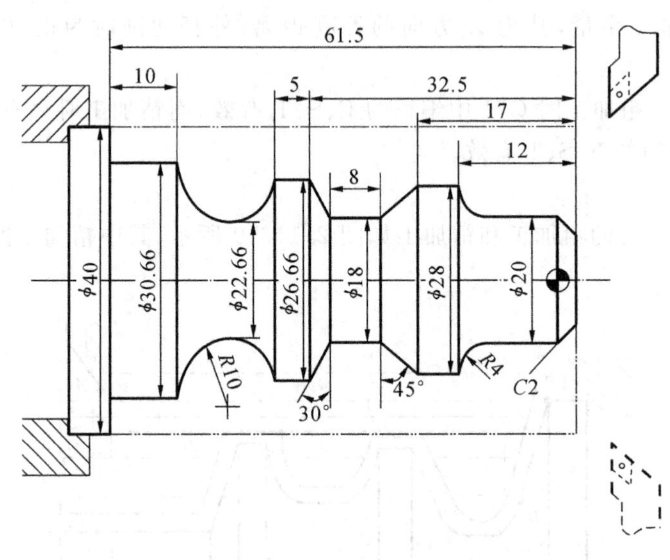

图 2-11-20　G71 有凹槽复合循环编程实例

N6 T0202	;换二号刀,确定其坐标系
N7 G00 G42 X42 Z3	;二号刀加入刀尖圆弧半径补偿
N8 G00 X10	;精加工轮廓开始,到倒角延长线处
N9 G01 X20 Z−2 F80	;精加工 *C*2
N10 Z−8	;精加工 ϕ20 外圆
N11 G02 X28 Z−12 R4	;精加工 *R*4 圆弧
N12 G01 Z−17	;精加工 ϕ28 外圆
N13 U−10 W−5	;精加工下切锥
N14 W−8	;精加工 ϕ18 外圆槽
N15 U8.66 W−2.5	;精加工上切锥
N16 Z−37.5	;精加工 ϕ26.66 外圆
N17 G02 X30.66 W−14 R10	;精加工 *R*10 下切圆弧
N18 G01 W−10	;精加工 ϕ30.66 外圆
N19 X42	;退出已加工表面,精加工轮廓结束
N20 G00 G40 X80 Z100	;取消半径补偿,返回换刀点位置
N21 M30	;主轴停,主程序结束并复位

2. 端面粗车复合循环(G72)

本循环与 G71 类似,只是切削的方向平行于 *X* 轴。

格式

G72 W(Δd) R(r) P(ns) Q(nf) X(Δx) Z(Δz) F(f) S(s) T(t)

参数含义

W 切削深度(每次切削量),指定时不加符号,方向由矢量$\overrightarrow{AA'}$决定。

R 每次退刀量。

P 精加工路径第一程序段(即图 2-11-21 中的 AA')的顺序号。

Q 精加工路径最后程序段(即图 2-11-21 中的 $B'B$)的顺序号。

X X 方向精加工余量。

Z Z 方向精加工余量。

F、S、T 粗加工时 G72 程序段中编程的 F、S、T 有效,而精加工时只有处于 ns 到 nf 程序段之间的 F、S、T 有效。

说明

该指令执行如图 2-11-21 所示的粗加工和精加工,其中精加工路径为 $A \rightarrow A' \rightarrow B' \rightarrow B$。

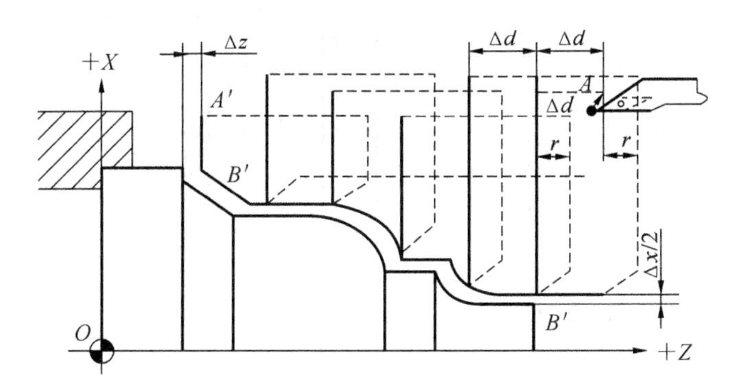

图 2-11-21 端面粗车复合循环

G72 切削循环下,切削进给方向平行于 X 轴,X(Δu)和 Z(Δw)的符号如图 2-11-22 所示。其中“(+)”表示沿轴的正方向移动,“(−)”表示沿轴负方向移动。

注意

(1) G72 程序段必须带有 P、Q 地址,否则不能进行该循环加工。

(2) 在 ns 程序段中应包含 G00/G01 指令,进行由 A 到 A' 的动作,且该程序段中不应编有 X 向移动指令。

(3) 在顺序号为 ns 到顺序号为 nf 的程序段中,可以有 G02/G03 指令,不应包含子程序(4.03 版改动为可以包含子程序)。

举例

(1) 编制如图 2-11-23 所示零件的加工程序:要求循环起始点在 $A(80,1)$,

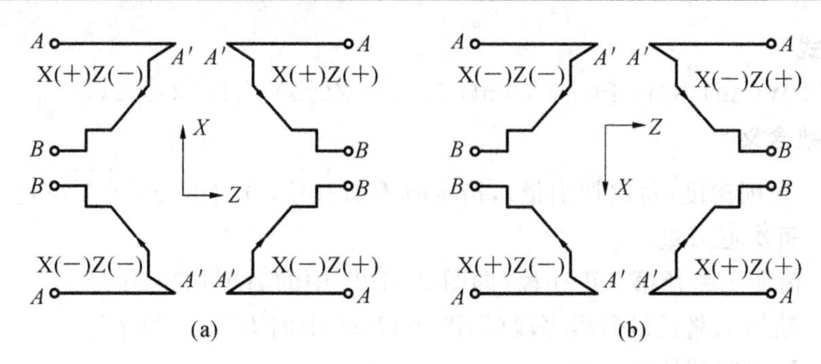

图 2-11-22　G72 复合循环下 X(Δu)和 Z(Δw)的符号

切削深度为 1.2 mm。退刀量为 1 mm，X 方向精加工余量为 0.2 mm，Z 方向精加工余量为 0.5 mm，其中双点画线部分为工件毛坯。

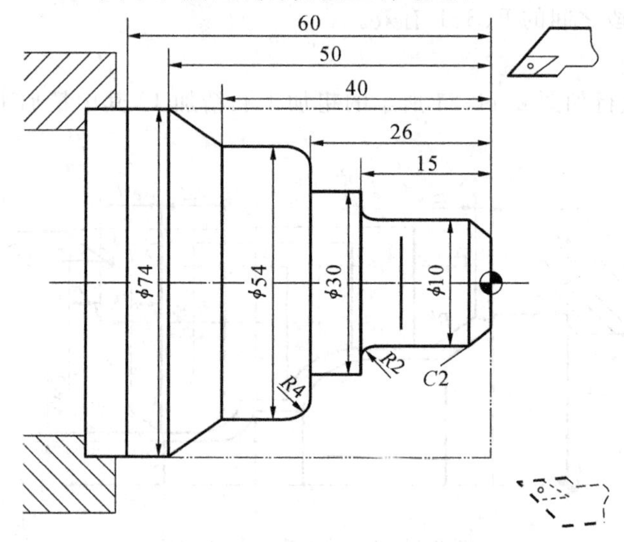

图 2-11-23　G72 外径粗车复合循环编程实例

```
%3328
N1 T0101                                ;换一号刀，确定其坐标系
N2 G00 X80 Z80                          ;到程序起点位置
N3 M03 S400                             ;主轴以 400 r/min 正转
N4 X80 Z1                               ;到循环起点位置
N5 G72 W1.2 R1 P8 Q18 X0.2 Z0.5 F100    ;外端面粗切循环加工
N6 G00 X100 Z80                         ;粗加工后，到换刀点位置
N7 G42 X80 Z1                           ;加入刀尖圆弧半径补偿
N8 G00 Z-53                             ;精加工轮廓开始到锥面延长线
N9 G01 X54 Z-40 F80                     ;精加工锥面
```

N10 Z－30 ;精加工 ϕ54 外圆

N11 G02 U－8 W4 R4 ;精加工 R4 圆弧

N12 G01 X30 ;精加工 Z26 处端面

N13 Z－15 ;精加工 ϕ30 外圆

N14 U－16 ;精加工 Z15 处端面

N15 G03 U－4 W2 R2 ;精加工 R2 圆弧

N16 G01 Z－2 ;精加工 ϕ10 外圆

N17 U－6 W3 ;精加工 C2,精加工轮廓结束

N18 G00 X80 ;退出已加工表面

N19 G40 X100 Z80 ;取消半径补偿,返回程序起点位置

N20 M30 ;主轴停,主程序结束并复位

(2) 编制如图 2-11-24 所示零件的加工程序:要求循环起始点在 A(6,3),切削深度为 1.2 mm,退刀量为 1 mm,X 方向精加工余量为 0.2 mm,Z 方向精加工余量为 0.5 mm,其中双点画线部分为工件毛坯。

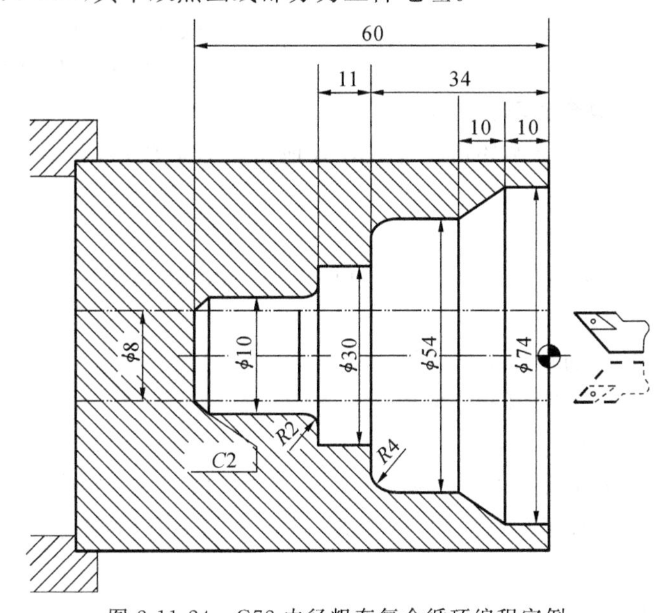

图 2-11-24 G72 内径粗车复合循环编程实例

%3329

N1 T0101 ;设立坐标系

N2 G00 X100 Z80 ;移到起始点的位置

N3 M03 S400 ;主轴以 400 r/min 正转

```
N4 G00 X6 Z3                              ;到循环起点位置
N5 G72 W1.2 R1 P6 Q16 X-0.2 Z0.5 F100;内端面粗切循环加工
N6 G00 Z-61                               ;精加工轮廓开始,到倒角延长线处
N7 G01 U6 W3 F80                          ;精加工 C2 倒角
N8 W10                                    ;精加工 φ10 外圆
N9 G03 U4 W2 R2                           ;精加工 R2 圆弧
N10 G01 X30                               ;精加工 Z45 处端面
N11 Z-34                                  ;精加工 φ30 外圆
N12 X46                                   ;精加工 Z34 处端面
N13 G02 U8 W4 R4                          ;精加工 R4 圆弧
N14 G01 Z-20                              ;精加工 φ54 外圆
N15 U20 W10                               ;精加工锥面
N16 Z3                                    ;精加工 φ74 外圆,精加工轮廓结束
N17 G00 X100 Z80                          ;返回对刀点位置
N18 M30                                   ;主轴停,主程序结束并复位
```

3. 封闭轮廓复合循环(G73)

使用封闭轮廓复合循环指令可以有效地切削铸造成形、锻造成形或已粗车成形的工件。

格式

G73 U(ΔI) W(ΔK) R(r) P(ns) Q(nf) X(Δx) Z(Δz) F(f) S(s) T(t)

参数含义

U　*X* 轴方向的粗加工总余量。

W　*Z* 轴方向的粗加工总余量。

R　粗切削次数。

P　精加工路径第一程序段(即图 2-11-25 中的 AA')的顺序号。

Q　精加工路径最后程序段(即图 2-11-25 中的 $B'B$)的顺序号。

X　*X* 方向精加工余量。

Z　*Z* 方向精加工余量。

F、S、T　粗加工时 G73 编程的 F、S、T 有效,而精加工时处于 ns 到 nf 程序段之间的 F、S、T 有效。

说明

该指令在切削工件时刀具轨迹为如图 2-11-25 所示的封闭回路,刀具逐渐

进给，使封闭切削回路逐渐向零件最终形状靠近，最终切削成工件的形状，其精加工路径为 $A \to A' \to B' \to B$。

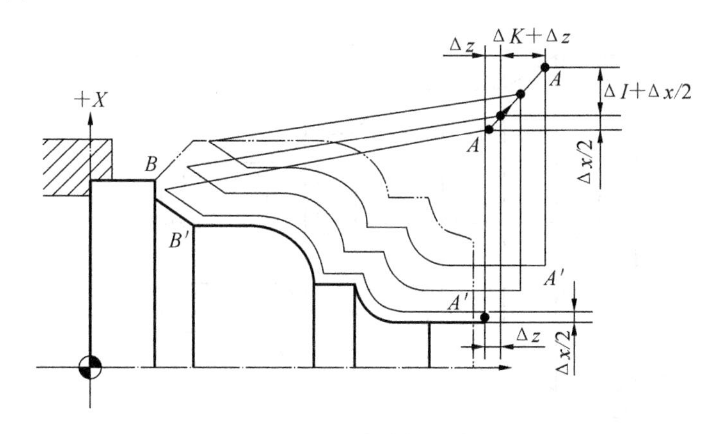

图 2-11-25　闭合车削复合循环

注意

(1) ΔI 和 ΔK 表示粗加工时总的切削量，粗加工次数为 r，则每次 X、Z 方向的切削量分别为 $\Delta I/r$、$\Delta K/r$。

(2) 按 G73 程序段中的 P 和 Q 指令值实现循环加工，要注意 Δx 和 Δz、ΔI 和 ΔK 的正负号。

举例

编制如图 2-11-26 所示零件的加工程序：设切削起始点在 $A(60,5)$；X、Z 方向粗加工余量分别为 3 mm、0.9 mm；粗加工次数为 3；X、Z 方向精加工余量分别为 0.6 mm、0.1 mm。其中双点画线部分为工件毛坯。

```
%3330
N1 T0101                                  ;设立坐标系，选一号刀
N2 G00 X80 Z80                            ;到程序起点位置
N3 M03 S400                               ;主轴以 400 r/min 正转
N4 G00 X60 Z5                             ;到循环起点位置
N5 G73 U3 W0.9 R3 P6 Q14 X0.6 Z0.1 F120   ;闭环粗切循环加工
N6 G00 X0 Z3                              ;精加工轮廓开始，到倒角
                                           延长线处
N7 G01 U10 Z-2 F80                        ;精加工 C2 倒角
N8 Z-20                                   ;精加工 φ10 外圆
N9 G02 U10 W-5 R5                         ;精加工 R5 圆弧
N10 G01 Z-35                              ;精加工 φ20 外圆
```

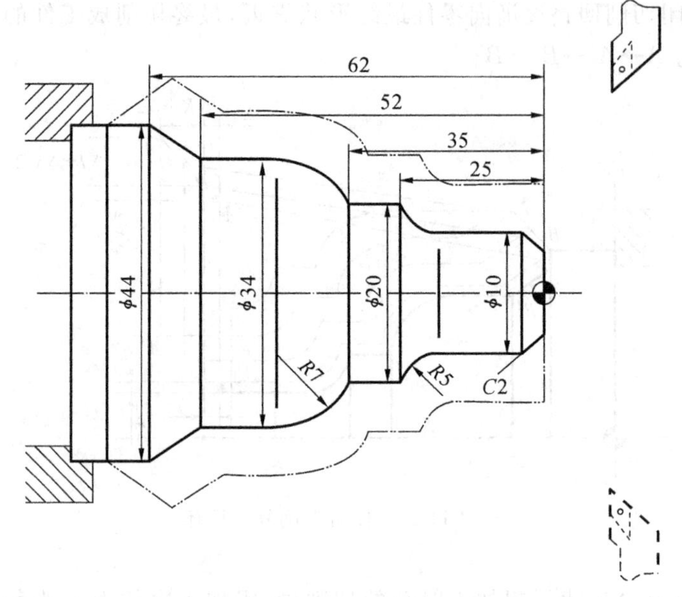

图 2-11-26　G73 编程实例

N11 G03 U14 W－7 R7	;精加工 *R*7 圆弧
N12 G01 Z－52	;精加工 ϕ34 外圆
N13 U10 W－10	;精加工锥面
N14 X60	;退出已加工表面,精加工轮廓结束
N15 G00 X80 Z80	;返回程序起点位置
N16 M30	;主轴停,主程序结束并复位

4. 螺纹切削复合循环(G76)

格式

G76 C(c) R(r) E(e) A(a) X(x) Z(z) I(i) K(k) U(d) V(Δdmin) Q(Δd) P(p) F_

参数含义

C　精整次数(1～99),为模态值。

R　螺纹 *Z* 向退尾长度,为模态值。

E　螺纹 *X* 向退尾长度,为模态值。

A　刀尖角度(二位数字),为模态值;取值要大于 10°且小于 80°。

X、Z　绝对编程时,为有效螺纹终点 *C* 的坐标;增量编程时,为有效螺纹终点 *C* 相对于循环起点 *A* 的有向距离(用 G91 指令定义为增量编程,用 G90 定义为绝对编程)。

I 螺纹两端的半径差,如 $i=0$ 为直螺纹(圆柱螺纹)切削方式。

K 螺纹高度。该值由 X 轴方向上的半径值指定。

U 精加工余量(半径值)。

V 最小切削深度(半径值);当第 n 次切削深度 $\Delta d\sqrt{n}-\Delta d\sqrt{n-1}<\Delta d_{\min}$ 时,则切削深度设定为 $\Delta d_{\min}$。

Q 第一次切削深度(半径值)。

P 主轴基准脉冲处距离切削起始点的主轴转角。

F 螺纹导程(同 G32),F 代表米制。

说明

用螺纹切削固定循环指令 G76 执行如图 2-11-27 所示的循环加工。

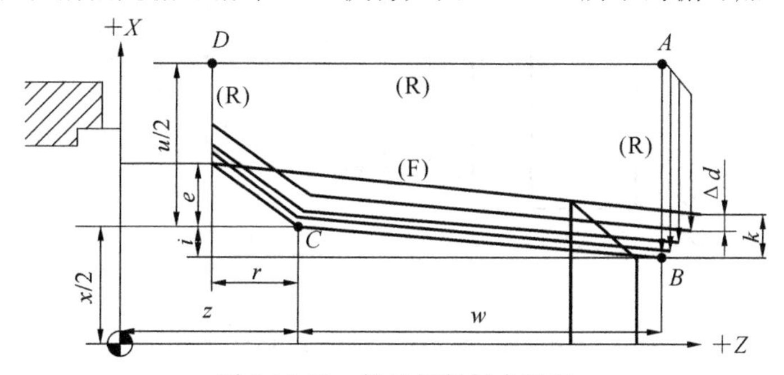

图 2-11-27 螺纹切削复合循环

其单边切削过程及参数如图 2-11-28 所示。

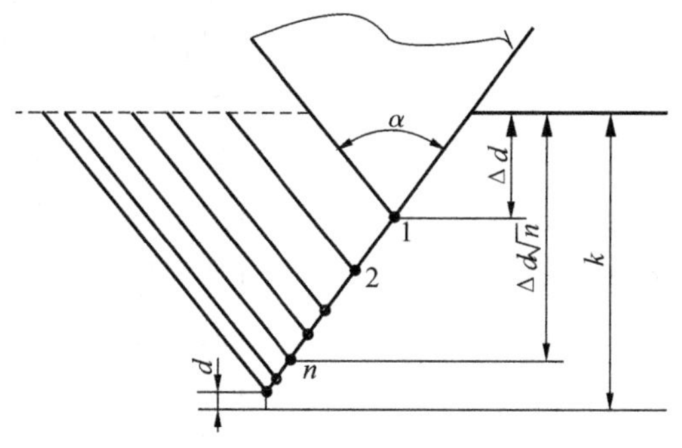

图 2-11-28 G76 单边切削及参数

注意

(1) 按 G76 段中的 X(x) 和 Z(z) 指令实现循环加工,增量编程时,要注意 u 和 w 的正负号(由刀具轨迹 AC 和 CD 段的方向决定)。

(2) G76 循环进行单边切削,减小了刀尖的受力。第一次切削时切削深度为

Δd，第 n 次的切削总深度为 $\Delta d\sqrt{n}$，每次循环的背吃刀量为 $\Delta d(\sqrt{n}-\sqrt{n-1})$。

(3) 在单边切削图中，B 点到 C 点的切削速度由螺纹切削速度指定，而其他轨迹均为快速进给。

举例

用螺纹切削复合循环 G76 指令编程，加工螺纹为 ZM60×2，工件尺寸见图 2-11-29，其中括号内尺寸是根据螺纹国家标准得到的。(tan1.79°=0.03125)

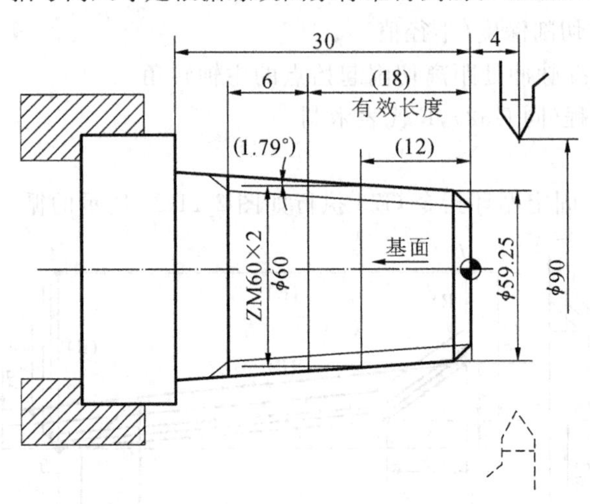

图 2-11-29　G76 循环编程实例

```
%3331
N1 T0101                                ;换一号刀，确定其坐标系
N2 G00 X100 Z100                        ;到程序起点或换刀点位置
N3 M03 S400                             ;主轴以 400 r/min 正转
N4 G00 X90 Z4                           ;到简单循环起点位置
N5 G80 X61.125 Z-30 I-1.063 F80         ;加工锥螺纹外表面
N6 G00 X100 Z100 M05                    ;到程序起点或换刀点位置
N7 T0202                                ;换二号刀，确定其坐标系
N8 M03 S300                             ;主轴以 300 r/min 正转
N9 G00 X90 Z4                           ;到螺纹循环起点位置
N10 G76 C2 R-3 E1.3 A60 X58.15 Z-24 I-0.875 K1.299 U0.1 V0.1 Q0.45 F2
                                        ;螺纹切削循环
N11 G00 X100 Z100                       ;返回程序起点位置或换刀点位置
N12 M05                                 ;主轴停
N13 M30                                 ;主程序结束并复位
```

2.12 用户宏程序

用户宏程序是一种类似于高级语言的编程方法，用户可以使用变量进行算术运算、逻辑运算和函数的混合运算，此外宏程序还提供了循环语句、分支语句和子程序调用语句，利于编制各种复杂的零件加工程序，减少乃至免除手工编程时烦琐的数值计算，以及精简程序量。

2.12.1 变量

宏程序中用户可以在准备功能指令和轴移动距离的参数中使用变量，如G00 X[＃43]，此时＃43即是变量，用户在调用之前可以对其进行赋值等操作。

注意，用户宏程序不允许直接使用变量名。变量用变量符号“＃”和后面的变量号指定。

根据变量号，可以将变量分为局部变量、全局变量、系统变量等，各类变量的用途各不相同。另外，对不同的变量的访问属性也有所不同，有些变量属于只读变量。

1. 常量

系统内部定义了一些值不变的常量供用户使用，这些常量的属性为只读。

PI　圆周率π。

TRUE　真，用于条件判断，表示条件成立。

FALSE　假，用于条件判断，表示条件不成立。

注意：常量PI在使用时，由于其有计算误差，编程过程中，在结束条件时需做处理，否则会出现异常情况。

2. 局部变量

局部变量是指在宏程序内部使用的变量，即在当前时刻下调用宏程序A中使用的局部变量＃i与另一时刻下调用宏程序A中使用的＃i不同。因此，在从宏A中调用宏B时，有可能在宏B中错误使用在宏A中正在使用的局部变量，导致破坏该值。

系统提供＃0～＃49为局部变量，它们的访问属性为可读可写。

系统提供8层嵌套，相应的每层局部变量如下，这些局部变量的访问属性为可读。

- ＃200～＃249　0层局部变量。
- ＃250～＃299　1层局部变量。

- ＃300～＃349　2 层局部变量。
- ＃350～＃399　3 层局部变量。
- ＃400～＃449　4 层局部变量。
- ＃450～＃499　5 层局部变量。
- ＃500～＃549　6 层局部变量。
- ＃550～＃599　7 层局部变量。

3. 全局变量

与局部变量不同，全局变量在主程序调用各子程序以及各子程序、各宏程序之间通用，其值不变。即在某一宏中使用的＃i 与在其他宏中使用的＃i 是相同的。此外，由某一宏运算出来的公共变量＃i，可以在别的宏中使用。

系统提供＃50～＃199 为全局变量，它们的访问属性为可读可写。

4. 系统变量

系统变量是在系统中，其用途被固定的变量。其属性共有 3 类：只读、只写、可读/写，各系统变量属性不同。

5. 未定义变量

系统中未定义的变量，其值默认为 0。

```
例：%1234
G54
G01 X10 Z10
X[＃1]Z30                ;工件坐标系坐标值为(0,30)
M30
```

6. 与通道相关的变量

与通道相关的变量如表 2-12-1 所示。

表 2-12-1　与通道相关的变量(通道 00：(00000～03999))

变量号	属性	描述
＃0～＃49	R/W	当前局部变量
＃50～＃199	R/W	通道全局变量
＃200～＃249	R	0 层局部变量
＃250～＃299	R	1 层局部变量
＃300～＃349	R	2 层局部变量
＃350～＃399	R	3 层局部变量
＃400～＃449	R	4 层局部变量
＃450～＃499	R	5 层局部变量

续表

变　量　号	属　　性	描　　述
#500～#549	R	6层局部变量
#550～#599	R	7层局部变量
#1000～#1008	R	当前通道轴(9轴)机床位置
#1009	R	车床直径编程
#1010～#1018	R	当前通道轴(9轴)编程机床位置
#1019		保留
#1020～#1028	R	当前通道轴(9轴)编程工件位置
#1029		保留
#1030～#1038	R	当前通道轴(9轴)的工件原点
#1039	R	坐标系
#1040～#1048	R	当前通道轴(9轴)的G54原点
#1049	R	G54轴掩码
#1050～#1058	R	当前通道轴(9轴)的G55原点
#1059	R	G55轴掩码
#1060～#1068	R	当前通道轴(9轴)的G56原点
#1069	R	G56轴掩码
#1070～#1078	R	当前通道轴(9轴)的G57原点
#1079	R	G57轴掩码
#1080～#1088	R	当前通道轴(9轴)的G58原点
#1089	R	G58轴掩码
#1090～#1098	R	当前通道轴(9轴)的G59原点
#1099	R	G59轴掩码
#1100～#1108	R	当前通道轴(9轴)的G92原点
#1109	R	G92轴掩码
#1110～#1118	R	当前通道轴(9轴)的中断位置
#1119	R	断点轴标记
#1120～#1149		保留

续表

变 量 号	属 性	描 述
#1150～#1189	R	G代码0～39组模态
#1190	R	用户自定义输入
#1191	R	用户自定义输出
#1192～#1199		保留
#1200～#1209	R	AD输入
#1210～#1219	R	DA输出
#1220～1299		保留
#1300～#1308	R	当前通道轴(9轴)的相对零点
#1309		保留
#1310～1318	R	当前通道轴(9轴)的剩余进给
#1319		保留
#1320～#1328	R	G28位置
#1329	R	G28轴掩码
#1330～#1338	R	G52原点
#1339		保留
#1340～#3999		保留

7. 用户自定义变量

用户自定义变量如表2-12-2所示。

表2-12-2 用户自定义变量

变 量 号	属 性	描 述
#50000～#54999	R/W	当前局部变量

8. 与轴相关的变量

与轴相关的变量如表2-12-3所示。

表2-12-3 与轴相关的变量

轴数据:60000～69999
每个轴占用100个号、100个轴共占用10000个号
第0轴相对编码范围:000～099
第1轴相对编码范围:100～199
第100个轴相对编码范围:9900～9999

变 量 号	属 性	描 述
#60000	R	所属通道号和逻辑轴号
#60001	R	轴变量的数据标志
#60002～60003	R	加工螺纹时轴的启动加速位置

续表

变 量 号	属 性	描 述
＃60004～60005	R	加工螺纹时轴的同步位置
＃60006～＃60007	R	加工螺纹时轴的减速位置
＃60008～＃60009	R	加工螺纹时轴的停止位置
＃60010～＃60011	R	测量信号获得时的指令位置
＃60012～＃60013	R	测量信号获得时的实际位置
＃60014～＃60015	R	测量信号获得时的 2 号编码器位置
＃60016～＃60017	R	测量信号获得时的速度
＃60018～＃60019	R	距离码回零时第一个零点的实际位置
＃60020～＃60021	R	距离码回零时第二个零点的绝对位置
＃60022～＃60023	R	同步轴零点初始偏移量
＃60024～＃60025	R	引导轴在引导轴零点时的位置
＃60026～＃60027	R	引导轴在从轴零点时的位置
＃60028～＃60029	R	从轴检查引导距离
＃60030～＃60037		保留
＃60038～＃60039	R	从轴的标准同步偏差
＃60040～＃60041	R	轴的积分时间内的周期累积增量
＃60042～＃60043	R	参考点坐标
＃60044～＃60045	R	轴锁定时的指令位置
＃60046～＃60047	R	轴锁定时的指令脉冲位置
＃60048～＃60099		保留

9. 与刀具相关的变量

与刀具相关的变量如表 2-12-4 所示。

表 2-12-4 与刀具相关的变量

刀具数据：＃70000～＃89999
每把刀具占用 200 个号，共 100 把刀具，共占用 20000 个号
第 0 号刀相对编码范围：000～199
第 1 号刀相对编码范围：200～399
第 99 号刀相对编码范围：18000～19999

变 量 号	属 性	描 述
＃70000	R	车刀刀尖方向
＃70001	R	铣刀刀具长度或车刀 X 偏置值
＃70002	R	保留

续表

变量号	属性	描述
#70003	R	车刀 Z 偏置值
#70004		保留
#70005		保留
#70006	R	铣刀刀具半径或车刀刀尖半径
#70007～#70023		保留
#70024	R	刀具磨损值(轴向)
#70025～#70028		保留
#70029	R	刀具磨损值(径向)
#70030～#70047		保留
#70048	R	车刀 X 试切标志
#70049	R	车刀 Z 试切标志
#70050～#70071		保留
#70072	R	S 转速限制
#70073	R	F 转速限制
#70074～#70095		保留
#70096	R	刀具监控类型
#70097	R	最大寿命
#70098	R	预警寿命
#70099	R	实际寿命
#70100	R	最大计件数
#70101	R	预警计件数
#70102	R	实际计件数
#70103	R	最大磨损
#70104	R	预警磨损
#70105	R	实际磨损
#70106～#70199		保留

2.12.2 运算指令

在宏语句中可灵活运用算术运算符、函数等进行操作，很方便实现复杂的编程需求。运算指令如表 2-12-5 所示。

表 2-12-5 运算指令

运算种类	运算指令	含　义
算术运算	#i = #i + #j	加法运算，#i 加 #j
	#i = #i − #j	减法运算，#i 减 #j
	#i = #i * #j	乘法运算，#i 乘 #j
	#i = #i / #j	除法运算，#i 除 #j
条件运算	#i EQ #j	等于判断(=)
	#i NE #j	不等于判断(≠)
	#i GT #j	大于判断(>)
	#i GE #j	大于等于判断(≥)
	#i LT #j	小于判断(<)
	#i LE #j	小于等于判断(≤)
逻辑运算	#i = #i & #j	与逻辑运算
	#i = #i | #j	或逻辑运算
	#i = ～#i	非逻辑运算
函数	#i= SIN[#i]	正弦(单位:弧度)
	#i=COS[#i]	余弦(单位:弧度)
	#i=TAN[#i]	正切(单位:弧度)
	#i=ATAN[#i]	反正切
	#i=ABS[#i]	绝对值
	#i=INT[#i]	取整(向下取整)
	#i=SIGN[#i]	取符号
	#i=SQRT[#i]	开方
	#i=EXP[#i]	指数，以 e(2.718)为底数的指数

举例

求出 1～10 之和。

```
O9500
#1=0                  ;解的初始值
#2=1                  ;加数的初始值
N1 IF[#2 LE 10]       ;加数不能超过10,否则跳转到ENDIF后的N2
#1 =#1 + #2           ;计算解
#2 =#2 +1             ;下一个加数
ENDIF                 ;转移到N1
N2 M30                ;程序的结尾
```

2.12.3 宏语句

1. 赋值语句

把常数或表达式的值传送给一个宏变量称为赋值,这条语句称为赋值语句,例如:

```
#2=175/SQRT[2]*COS[55*PI/180]
#3=124.0
```

2. 条件判断语句

系统支持两种条件判断语句:

```
IF[条件表达式]          ;类型1
⋮
ENDIF

IF[条件表达式]          ;类型2
⋮
ELSE
⋮
ENDIF
```

举例

对于IF语句中的条件表达式,可以使用简单条件表达式,也可以使用复合条件表达式,举例如下。

(1) 当#1和#2相等时,将0赋值给#3。

```
IF [#1 EQ #2]
#3=0
ENDIF
```

(2) 当#1和#2相等,并且#3和#4也相等时,将0赋值给#3。

```
IF [#1 EQ #2] AND [#3 EQ #4]
```

#3=0

ENDIF

(3) 当#1 和#2 相等,或#3 和#4 相等时,将 0 赋值给#3,否则将 1 赋值给#3。

IF [#1 EQ #2] OR [#3 EQ #4]

#3=0

ELSE

#3=1

ENDIF

3. 循环语句

在 WHILE 后指定条件表达式,当指定的条件表达式满足时,执行从 WHILE 到 ENDW 之间的程序。当指定条件表达式不满足时,退出 WHILE 循环,执行 ENDW 之后的程序行。

调用格式如下:

WHILE[条件表达式]

⋮

ENDW

4. 无限循环

当把 WHILE 中的条件表达式永远写成真即可实现无限循环,如:

WHILE[TRUE];或者 WHILE[1]

⋮

ENDW

5. 嵌套

对于 IF 语句或者 WHILE 语句,系统允许嵌套语句,但有一定的限制规则,具体如下:

① IF 语句最多支持 8 层嵌套调用,大于 8 层系统将报错;

② WHILE 语句最多支持 8 层嵌套调用,大于 8 层将报错。

系统支持 IF 语句与 WHILE 语句混合使用,但是必须满足 IF…ENDIF 与 WHILE…ENDW 的匹配关系。出现下面这种调用方式,系统将报错。

IF[条件表达式 1]

WHILE[条件表达式 2]

ENDIF

ENDW

2.12.4 宏程序调用

系统支持以下列三种方式调用宏程序。

(1) 非模态调用:G65。

(2) 用G代码调用:固定循环。

(3) M指令调用子程序。

1. 自变量指定规则

当用户调用宏程序时,系统会将当前程序段中的自变量(A~Z)的内容复制到相应的用户宏程序当前层的局部变量#0~#25中去,同时也复制当前通道9个轴(*X*、*Y*、*Z*、*A*、*B*、*C*、*U*、*V*、*W*)的工件坐标系的绝对位置到当前通道局部变量#30~#38中去,如表2-12-6所示。

表2-12-6 自变量指定规则

宏变量	自变量名	宏变量	自变量名	宏变量	自变量名
#0	A	#1	B	#2	C
#3	D	#4	E	#5	F
#6	G	#7	H	#8	I
#9	J	#10	K	#11	L
#12	M	#13	N	#14	O
#15	P	#16	Q	#17	R
#18	S	#19	T	#20	U
#21	V	#22	W	#23	X
#24	Z	#25	Z	#26	预留
#27	预留	#28	预留	#29	预留
#30	*X*轴位置	#31	*Z*轴位置	#32	*Z*轴位置
#33	*A*轴位置	#34	*B*轴位置	#35	*C*轴位置
#36	*U*轴位置	#37	*V*轴位置	#38	*W*轴位置

举例

```
%1234                          ;主程序
G91 G01 Z10 F400
M98 P111
G4 X1
```

```
M30
%111                          ;子程序
G01 X10 Z10
⋮
M99
```

1）宏变量被定义判断

格式

AR[＃变量号]

返回值　0：表示该变量没有被定义；

　　　　90：表示该变量被定义为绝对方式 G90；

　　　　91：表示该变量被定义为增量方式 G91。

说明

用系统宏 AR[]来判别宏变量是否被定义以及被定义为增量或绝对方式。

举例

```
%1234
G90 X0 Z0
M98 P9990 X20 Z30
M30
%9990
IF [AR[＃23] EQ 0] OR [AR[＃24] EQ 0] OR [AR[＃25] EQ 0]
                        ;如果没有定义 X 或 Z 值，则返回
M99
ENDIF
G91                     ;用增量方式编写宏程序
IF AR[＃23] EQ 90       ;如果 X 值是绝对方式 G90
＃23=＃23-＃30          ;将 X 值转换为增量方式，＃30 为 X 的绝对坐标
ENDIF
⋮
M99
```

2. 非模态调用(G65)

当指定 G65 时，跟随参数 P 所指定的用户宏程序被调用，同时将自变量与用户宏程序需要用到的变量传递到用户宏程序中去。

格式

G65 P_ L_[自变量地址字]

参数含义

P　需要调用的程序号。

L　重复调用次数。

自变量地址字　用户需要传递到宏程序中去的数据。

注意

G65 是非模态指令，每次调用宏程序都需要在本行中指定 G65；G65 执行时先在本程序段中查找子程序号，如果本程序段中无此子程序号，则在用户程序区中查找该子程序号；子程序要在同一个文件中。

举例

```
%0032
G54 G0 X100 Z100
G65 P100 L5 X50 Z－30 F1000          ;如果没有 100 这个程序号，则在用户程序区中查找
G00 X50 Z10
M30
%100
G01 X[＃23] Z[＃25] F[＃5]
G81 X[＃23] Z[＃25]
G0 X100 Z50
M30
```

3. G 指令调用宏程序

除了非模态(G65)调用宏程序外，用户还可以通过 G 指令的形式调用宏程序，目前暂时只支持固定循环的 G 指令形式宏程序调用。

4. M 指令调用子程序

M98 可调用宏程序，执行 M98 指令时，先在程序段中查找要调用的子程序号，如果程序段中无此子程序号，则在用户程序区中查找该子程序号。

5. 宏程序调用实例

用宏程序编制如图 2-12-1 所示抛物线在 *A* 区间[0,8]内的程序。

```
%3401
N1 T0101                            ;建立坐标系，选一号刀
N2 G37                              ;半径编程
N3 ＃10＝0                          ;A 坐标
N4 M03 S600                         ;主轴正转
N5 WHILE ＃10 LE 8                  ;判断语句
```

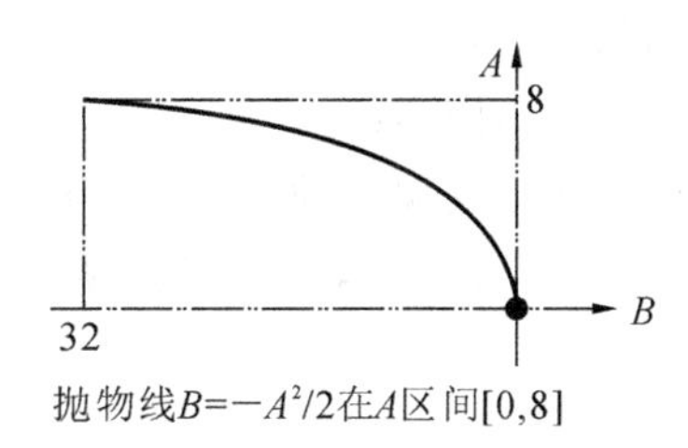

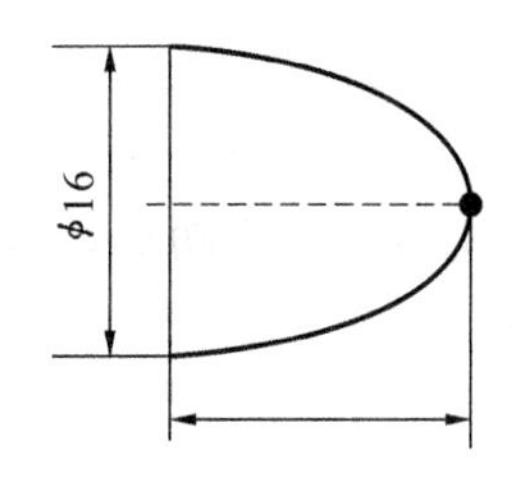

图 2-12-1 抛物线编程实例

```
N6 #11=#10*#10/2                        ;计算公式
N7 G90 G01 X[#10] Z[-#11] F500          ;抛物线加工
N8 #10=#10+0.08                         ;自变量的变化
N9 ENDW                                 ;椭圆加工结束
N10 G00 Z100 M05                        ;快速定位，主轴停止
N11 G00 X100                            ;快速定位
N12 M30                                 ;主程序结束并复位
```

2.13 主轴功能

2.13.1 恒线速度切削控制(G96、G97)

在S指令之后指定圆周速度(在刀具和工件之间的相对速度)。相对于刀具位置的变化，使主轴时刻以指定的圆周速度旋转。

格式

G96 P_ S_

G46 X_ P_

G97 S_

参数含义

P 在G96程序段中指定的恒线速度控制轴，0指定的轴由系统轴参数决定，1、3分别表示 X、Z 轴。在G46指令中指定恒线速时主轴最高速限定(r/min)。

S 在G96程序段中指定的恒线速度(mm/min或inch/min)。在G97程序段中取消恒线速度后，指定的主轴转速(r/min)。

X 恒线速时主轴最低速限定(r/min)。

说明

(1) G96/G97 为可相互注销的一对模态指令；

(2) G46 指令功能只在恒线速度功能有效时有效；

(3) 使用恒线速度功能，主轴(如伺服主轴、变频主轴)必须能自动变速；

(4) 进行恒速控制时，当主轴的转速大于最大主轴转速时，被钳制在最大转速。

注意

G96 后面必须跟 G46，限制主轴最高及最低转速。

举例

编程加工如图 2-13-1 所示工件。

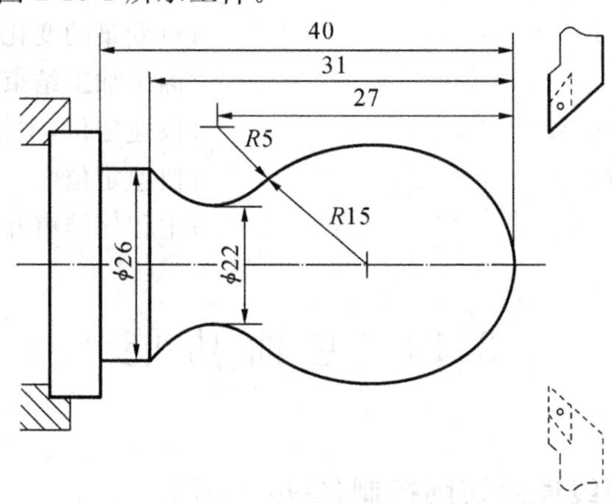

图 2-13-1　恒线速度切削实例

```
%3318
N1 T0101                   ;设立坐标系，选一号刀
N2 G00 X40 Z5;             ;移到起始点的位置
N3 M03 S460                ;主轴以 460 r/min 旋转
N4 G96 P0 S80              ;恒线速度有效，线速度为 80 m/min
N5 G46 X400 P900           ;限定主轴转速范围：400～900 r/min
N6 G00 X0                  ;刀具移到中心，转速升高，直到主轴到最
                            大限速 900 r/min
N7 G01 Z0 F60              ;工进接触工件
N8 G03 U24 W－24 R15       ;加工 R15 圆弧段
N9 G02 X26 Z－31 R5        ;加工 R5 圆弧段
N10 G01 Z－40              ;加工 φ26 外圆
N11 X40 Z5                 ;回对刀点
```

```
N12 G97 S300        ;取消恒线速度功能，设定主轴按 300 r/min旋转
N13 M30             ;主轴停，主程序结束并复位
```

2.13.2 *C*/*S* 轴切换功能(CTOS、STOC)

在复杂应用场合，例如刚性攻螺纹等时，主轴除了当作通常主轴使用外，还需要当作旋转轴使用。这就需要用到 *C*/*S* 轴切换功能。

格式

STOC

CTOS

参数含义

STOC　将第一主轴(S1)切换到 *C* 轴。

CTOS　将 *C* 轴切换到第一主轴(S1)。

说明

(1) STOC/CTOS 这对宏指令可以相应使用 G108/G109 这对 G 指令代替，但建议在编程时使用宏指令；

(2) 在同一个 G 指令程序中，最好不频繁使用 STOC/CTOS 这对宏指令；

(3) 当主轴切换为 *C* 轴后，*C* 轴单位是(°)/min；

(4) STOC 和 CTOS 间不允许使用任意行功能进行跳转，也不允许使用任意行从别处跳转到 STOC 和 CTOS 间；

(5) 任意行不支持 STOC 的 *C* 轴。

注意

M30 不能恢复 *C*/*S* 轴的状态。

2.14 可编程数据输入

2.14.1 可编程数据输入(G10、G11)

用户可以在程序中动态修改系统数据，通过 G10/G11 指定。更改的系统数据及时生效。

格式

```
G10 L_ P_ IP_       ;可编程数据输入开启
⋮                   ;不允许有其他的 G 或 M 指令
```

G11　　　　　　　　　　;可编程数据输入取消

说明

G10 为模态指令，指令范围从指定 G10 进入可编程数据输入方式到调用 G11 取消该方式为止。在 G10 指令与 G11 指令之间不允许有其他的 G 指令或 M 指令，否则系统会报警。

1. BG54～G59 工件坐标系原点

格式

G10 L2 Pp IP_

参数含义

Pp　指定相对工件坐标系 1～6 的工件原点偏置值：

- 1 对应 G54 工件坐标系；
- 2 对应 G55 工件坐标系；
- 3 对应 G56 工件坐标系；
- 4 对应 G57 工件坐标系；
- 5 对应 G58 工件坐标系；
- 6 对应 G59 工件坐标系。

IP　若为绝对指令是指每个轴的工件原点偏置值；若为增量指令是指累加到每个轴原设置的工件原点偏置值。

举例

```
%0002
G54                    ;G54 初始值
G01 X100 Z100 F200
G10 L2 P1 X100 Z50     ;更改 G54 工件坐标系零点为(100,50)
G11
G01 X20 Z20            ;机床坐标系指令值为(120,70)
M30
```

2. G54. X 扩展工件坐标系原点

格式

G10 L20 Pp IP_

参数含义

Pp　设定工件原点偏置值的工件坐标系的指定代码 n(1～60)，对应 G54. X 坐标系中 X 值。

IP　若为绝对指令，是指每个轴的工件原点偏置值；若为增量指令，是指累加到每个轴原设置的工件原点偏置值。

举例

```
%0002
G54
G01 X100 Z100
G10 L20 P1 X100 Z50            ;更改G54.1工件坐标系零点为(100,50)
G11
G01 X20 Z20 Z20
M30
```

注意

在车削系统中,在直径编程方式下,G10指令定义中的X为半径值。

3. 系统参数输出

(1) 将系统参数输出到Rr指定的当前通道变量中,#0~#49。

格式

G10 L53 Pp Rr

参数含义

Pp　参数ID索引号。

IP　变量地址(0~49)。

(2) 从G代码中读参数。

格式

G10 L53 P_ R_

参数含义

P　参数中的编号。

R　宏变量(只允许1~49,也就是#1~#49可用)。

(3) 取消用户自定义输入。

格式

G11

举例

使用机床用户参数中的P40~P48共9个参数,参数编号010340~010348,由于P参数的设置范围是500000~-500000,如果误差范围比较大的话可以使用此参数。

```
G54
G01 X0 Z0 Z0
G10 L53 P010340 R1
G10 L53 P010341 R2
G10 L53 P010342 R3
```

```
G10 L53 P010343 R4
G10 L53 P010344 R5
G10 L53 P010345 R6
G10 L53 P010346 R7
G10 L53 P010347 R8
G10 L53 P010348 R9
G11
G01 X[#1/1000] Z[#2/1000] Z[#3/1000]
G01 X[#4/1000] Z[#5/1000] Z[#6/1000]
G01 X[#7/1000] Z[#8/1000] Z[#9/1000]
M30
```

2.14.2 车削刀具补偿值输入

格式

G10 L14 Pp X_ Z_ R_ Q_ Z_

参数含义

Pp　刀具偏置号。

X　刀具补偿数据 X。

Z　刀具补偿数据 Z。

R　刀尖半径补偿值 R。

Q　假想刀尖方向。

Z　刀具补偿数据 Z。

2.15 轴控制功能

2.15.1 旋转轴的循环功能

如果使用旋转轴循环功能，可以防止旋转轴坐标值的溢出。

旋转轴的循环功能，可以通过设置相应的参数来使之有效。

以 C 轴为例，需将坐标轴参数中轴 4 的“轴类型”参数(104001)设为 3，设备接口参数中相应设备中的“反馈位置循环使能”参数(505014)设为 1。

说明

增量编程时，移动量就是指令值。

绝对编程时，可以通过设置坐标轴参数中相应的轴的"旋转轴短路径选择使能"参数(104082)为1，把旋转轴旋转方向设定为起点到终点的移动量少的方向。

举例

旋转轴的循环功能举例如表2-15-1所示。

表2-15-1 旋转轴的循环功能举例

G90 C0	顺序号	实际移动量	完成移动后的绝对坐标值
N1 G90 C−150.0	N1	−150	210
N2 G90 C540.0	N2	−30	180
N3 G90 C−620.0	N3	−80	100
N4 G91 C380.0	N4	380	120
N5 G91 C−840.0	N5	−840	0

注意

在有些机床带旋转轴的情况下(如工作台)，由于机械结构的原因，旋转轴在运动过程中只能朝一个方向旋转。这时旋转轴就尽量不使用绝对指令，而采用增量指令编程，否则有可能出现由于编程考虑不周导致旋转轴朝相反方向运动的情况。

2.15.2 带距离编码的光栅尺回零

1. 原理

使用带距离编码参考点标志的线性测量系统，可以不必为返回参考点而在机床安装减速开关，并返回一个固定的机床参考点，这样在实际使用中可以带来许多方便。

带距离编码参考点标志的线性测量系统的原理是采用包括一个标准线性的栅格标志和一个与此栅格标志平行运行的另一个带距离编码参考点标志的通道，每组两个参考点标志的距离是相同的，但两组之间两个相邻参考点标志的距离是可变的，每一段的距离加上一个固定的值，因此数控轴可以根据距离来确定其所处的绝对位置，如图2-15-1所示(以LS486C为例)。

例如从A点移动到C点，中间经过B点，系统检测到10.02就知道轴现在是在哪一个参考点位置，同样从B点移动到D点，中间经过C点，系统从检测到的C点到D点的距离是10.04就知道轴现在是在哪一个参考点位置，所以只要轴任意移动超过两个参考点距离(20 mm)，就能得到机床的绝对位置。

2. 参数设置

以X轴为例来说明带距离码线性光栅尺的参数设置，如图2-15-2所示。

(1) 回参考点模式设置。设置坐标轴参数轴0中的"回参考点模式"参数

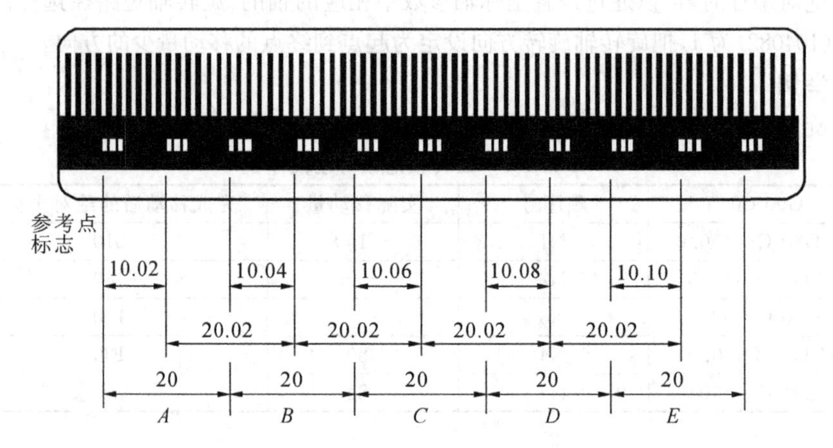

图 2-15-1　带距离码参考点的线性测量

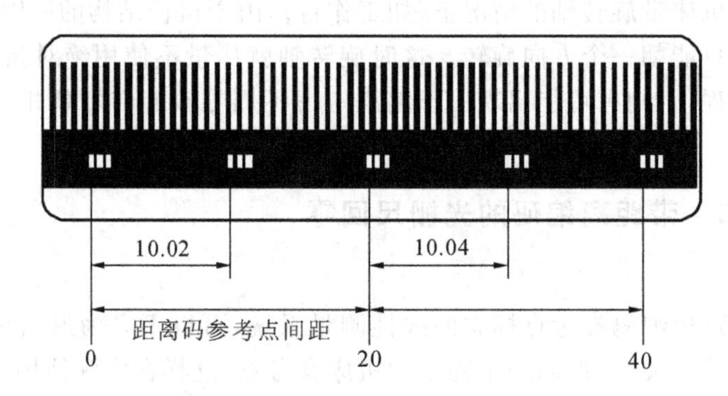

图 2-15-2　参数设置

(100010),当距离码回零反馈量与回零方向一致时设置为 4,否则设置为 5。

(2) 距离码参考点间距设置。设置坐标轴参数轴 0 中的"距离码参考点间距"参数(100018),此参数表示带距离编码参考点的增量式测量系统相邻参考点标记间隔距离,如图 2-15-2 所示,距离码参考点间距设置为 20。

3. 距离码偏差设置

设置坐标轴参数轴 0 中的"间距编码偏差"参数(100019),此参数表示带距离码参考点的增量式测量系统参考点标记变化间隔,如图 2-15-2 中的 10.02 与 10.04 之间的增量值 0.02,距离码偏差设置为 0.02。

4. 参考点零位设定

当距离码回零成功后,在认定的某处完成一次回零,如将此点设为机床原点,则当前回零完成后的坐标值设置到坐标轴参数轴 0 中的参考点坐标值参数(100017),下次再在某处回零时将以此点为原点确定坐标系。

2.16 其他功能

2.16.1 停止预读(G08)

程序执行时遇到本指令后,系统停止后续行的解释,直到前面已解释的指令执行完毕,系统才继续接着解释运行。在进行实时坐标读取、状态判断时经常使用该指令。

格式

G08

注意

单独程序行指定本代码。

举例

```
%0003
G54
G01 X10 Z10
G08                     ;停止预读
G01 X100 Z100
G01 X30
M30
```

2.16.2 回转轴角度分辨率重定义(G115)

格式

G115 IP_

参数含义

IP 设置旋转轴分辨率的倒数值,设置为 0 时恢复系统缺省的角度分辨率,该设置值不能小于 0。

说明

修改回转轴的分辨率,系统缺省的角度分辨率为(1/100000)°。在刚性攻螺纹时需要在一条指令中产生较大的角度增量,此时需要将角度分辨率适当降低,以避免当量长度超过限制。

注意

(1) 必须单行使用;

（2）一条指令只能修改一个回转轴的指令；

（3）指定的轴必须是回转的轴；

（4）指定的新分辨率必须能被标准分辨率整除。

举例

```
%1234
STOC
G54
G90 C0
G115 C1000          ;将C轴分辨率改为(1/1000)°
G01 C3000
G115 C0             ;将C轴分辨率恢复为系统缺省的角度分辨率(1/100000)°
CTOS
```

附录 A　华中数控系统车床数控系统准备功能一览表

G 指令	组号	功　　能
G00	01	快速进给
【G01】		线性进给
G02		顺时针圆弧插补/顺时针圆柱螺旋插补
G03		逆时针圆弧插补/逆时针圆柱螺旋插补
G04	00	进给暂停
G07	00	虚轴指定
G08		停止预读
G09		准停校验
G10	07	可编程数据输入
【G11】		可编程数据输入取消
G17	02	*XY* 平面选择
G18		*ZX* 平面选择
【G19】		*YZ* 平面选择
G20	08	英制输入
【G21】		米制输入
G28	00	返回第一参考点
G29		从参考点返回
G30		返回第二、三、四、五参考点
G32	01	螺纹切削
【G36】	17	直径编程
G37		半径编程
【G40】	09	刀尖半径补偿取消
G41		左刀补
G42		右刀补
G52	00	局部坐标系设定
G53		直接机床坐标系编程
G54. x	11	扩展工件坐标系选择
【G54】		工件坐标系 1 选择
G55		工件坐标系 2 选择
G56		工件坐标系 3 选择
G57		工件坐标系 4 选择
G58		工件坐标系 5 选择
G59		工件坐标系 6 选择
G60	00	单方向定位

续表

G 指令	组号	功　能
【G61】	12	精确停止
G64		切削
G65	00	宏非模态调用
G71	06	内(外)径粗车复合循环
G72		端面粗车复合循环
G73		封闭轮廓复合循环
G76		螺纹切削复合循环
G80		内(外)径切削循环
G81		端面切削循环
G82		螺纹切削循环
G74		端面深孔钻加工循环
G75		外径切槽循环
G83		轴向钻循环
G87		径向钻循环
G84		轴向刚性攻螺纹循环
G88		径向刚性攻螺纹循环
【G90】	13	绝对编程
G91		增量编程
G92	00	工件坐标系设定
G93	14	反比时间进给
【G94】		每分钟进给
G94.2		每分钟进给
G95		每转进给
【G97】	19	圆周恒线速度控制关
G96		圆周恒线速度控制开
G108『STOC』	00	主轴切换为 *C* 轴
G109『CTOS』		*C* 轴切换为主轴
G115		回转轴角度分辨率重定义

注意

(1) 系统上电后,表中标注“【】”符号的为同组中初始模态,标注“『』”符号的为该 G 指令的等效宏名。

(2) 非模态 G 指令:只有指定该 G 指令时才有效,未指定时无效。

(3) 模态 G 指令:该类 G 指令执行一次后由 CNC 系统存储,在同组其他代码执行之前一直有效。

(4) G 指令按其功能类别分为若干个组，其中 00 组为非模态 G 指令，其他组均为模态 G 指令。同一程序段中可以指定多个不同组的 G 指令，若在同一程序段中指定了多个同组指令，只有最后指定的指令有效。

第3章 华中数控系统铣床操作说明

3.1 操作面板

3.1.1 面板的种类

华中数控系统铣床的操作面板分为两种：HNC-818A-MU 系列操作面板和 HNC-818B-MU 系列操作面板。

HNC-818A-MU 系列操作面板如图 3-1-1 所示，其显示器为 8.4 in 彩色液晶显示器，分辨率为 800 px×600 px。

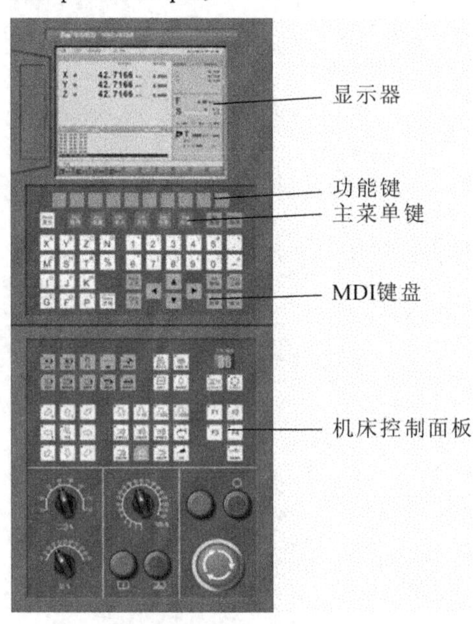

图 3-1-1 HNC-818A-MU 系列操作面板

HNC-818B-MU 系列操作面板如图 3-1-2 所示，其显示器为 10.4 in 彩色液晶显示器，分辨率为 800 px×600 px。

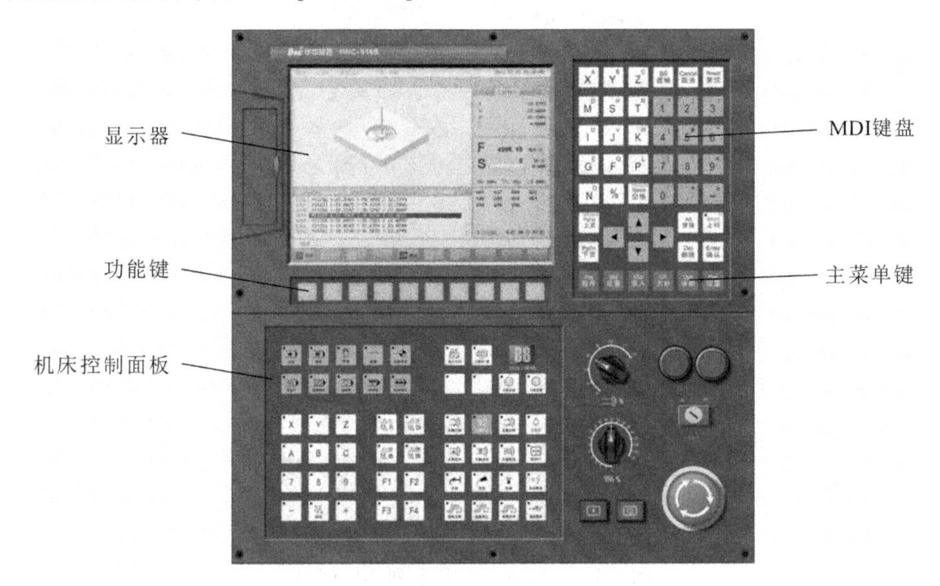

图 3-1-2 HNC-818B-MU 系列操作面板

3.1.2 数控系统控制面板按钮及功能介绍

1. 数控系统 NC 键盘

NC 键盘包括精简型 MDI 键盘、六个主菜单键和十个功能键，主要用于零件程序的编制、参数输入、MDI 及系统管理操作等，如图 3-1-3、图 3-1-4 所示。

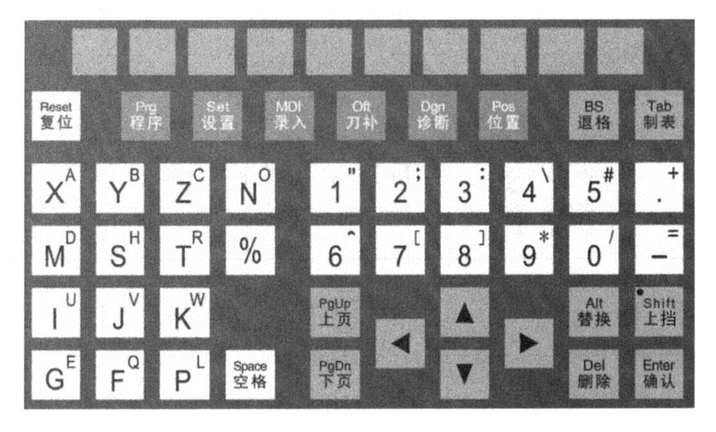

图 3-1-3 HNC-818A 系列 NC 键盘

数控系统 NC 键盘功能键说明如表 3-1-1 所示。

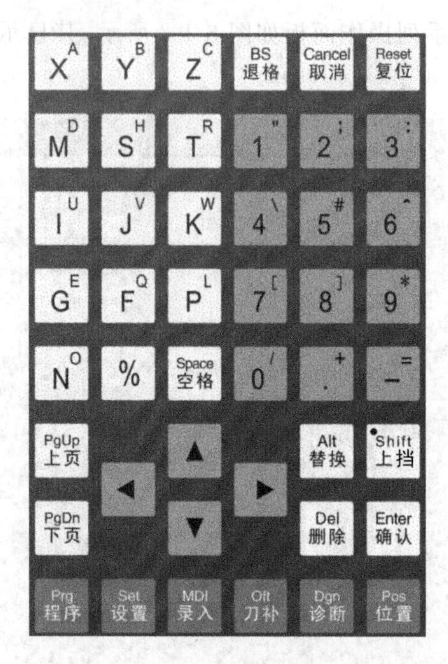

图 3-1-4　HNC-818B 系列 NC 键盘

表 3-1-1　数控系统 NC 键盘功能键

名　　称	功能键图	功能说明
数字		用于数字 0～9 的输入和符号的输入
运算		用于算术运算符“＋、－”等的输入
字母		用于 A、B、C 等字母的输入
复位		使所有操作停止，返回初始状态
程序		用于程序新建、修改、校验等操作

续表

名　称	功能键图	功能说明
设置	Set 设置	用于参数的设定、显示、自动诊断功能数据的显示等
录入	MDI 录入	在 MDI 方式下输入及显示 MDI 数据
刀补	Oft 刀补	用于设定并显示刀具补偿值、工件坐标系
诊断	Dgn 诊断	用于显示 NC 报警信号的信息、报警记录等
位置	Pos 位置	用于显示刀具的坐标位置
上挡	Shift 上挡	用于输入按键右上角的字母或符号
退格	BS 退格	用于取消最后一个输入的字符或符号
取消	Cancel 取消	退出当前窗口
确认	Enter 确认	用于程序换行
删除	Del 删除	用于删除程序字符或整个程序
上页	PgUp 上页	用于程序向前翻页
下页	PgDn 下页	用于程序向后翻页
光标移动	▲ ◀ ▼ ▶	用于控制光标上下左右移动

2. 机床控制面板

机床控制面板用于直接控制机床的动作或加工过程，如图 3-1-5、图 3-1-6 所示。

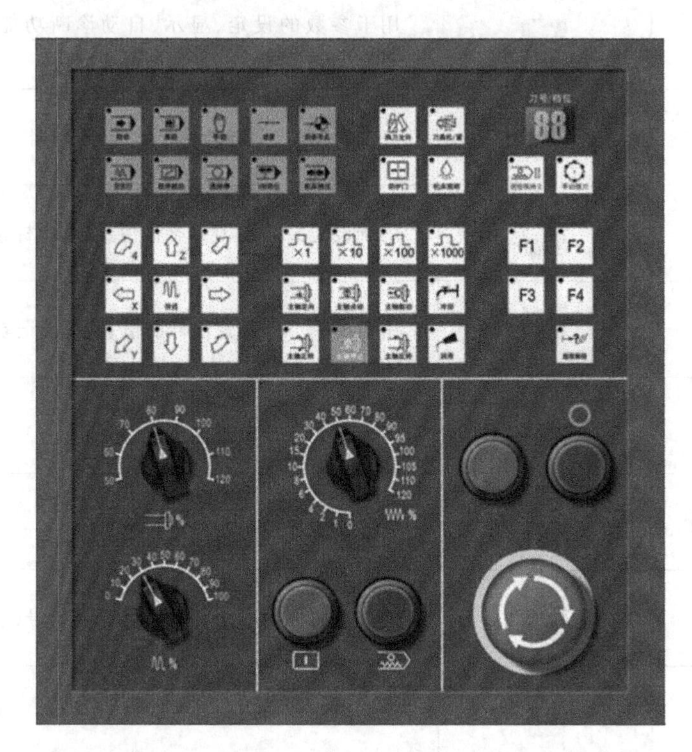

图 3-1-5　HNC-818A-MU 系列机床控制面板

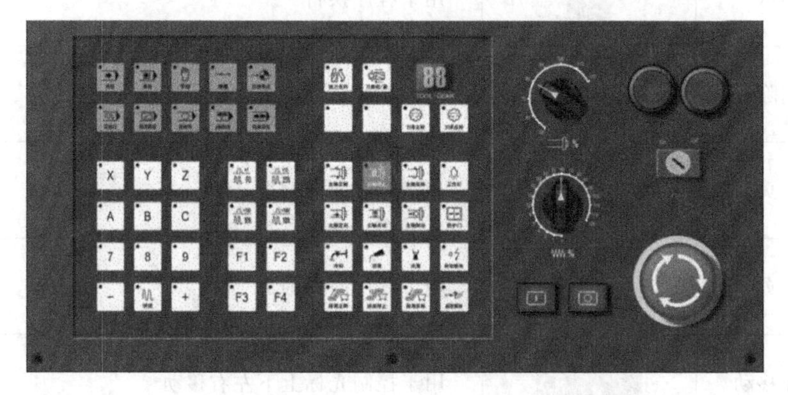

图 3-1-6　HNC-818B-MU 系列机床控制面板

机床控制面板功能介绍如表 3-1-2 所示。

表 3-1-2 机床控制面板功能

名 称	功能键图	功能说明
系统电源开		按下“电源开”按钮，数控系统上电
系统电源关		按下“电源关”按钮，数控系统断电
急停		当出现紧急情况而按下“急停”按钮时，数控系统即进入急停状态，伺服进给及主轴运转立即停止
超程解除	超程解除	当机床出现超程报警时，按下“超程解除”键不要松开，然后用手摇脉冲发生器或手动方式反向移动该轴，从而解除超程报警
自动	自动	在自动工作方式下，系统自动运行所选定的程序，直至程序结束
单段	单段	在单段工作方式下，机床逐行运行所选择的程序。每运行完一行程序，机床会处于停止状态，需再次按下“循环启动”键，才会启动下一行程序
手动	手动	在手动运行方式下，可执行冷却开停、主轴转停、手动换刀、机床各轴运动控制等
增量	增量	在增量进给方式下，可定量移动机床坐标轴，移动距离由“×1”、“×10”、“×100”、“×1000”四个增量倍率按键控制
回参考点	回参考点	回参考点操作主要是建立机床坐标系。系统接通电源、复位后首先应进行机床各轴回参考点操作
空运行	空运行	在空运行工作方式下，机床以系统最大快移速度运行程序。使用时注意坐标系间的相互关系，避免发生碰撞
程序跳段	程序跳段	跳过某行不执行程序段，配合“/”字符使用
选择停	选择停	程序运行停止，配合“M01”辅助功能使用

续表

名　　称	功能键图	功能说明
MST 锁住	MST MST锁住	该功能用于禁止 M、S、T 辅助功能。在只需要机床进给轴运行的情况下，可以使用“MST 锁住”功能
机床锁住	机床锁住	机床锁住，禁止机床的所有运动
手动换刀	手动换刀	在手动或者增量方式下，按一下“手动换刀”按键，转塔刀架转动一个刀位
主轴正转	主轴正转	在手动或者增量方式下，按一下“主轴正转”按键，主轴电动机以机床参数设定的转速正转
主轴停止	主轴停止	按“主轴停止”按键，主轴电动机停止运转
主轴反转	主轴反转	在手动或者增量方式下，按一下“主轴反转”按键，主轴电动机以机床参数设定的转速反转

3.1.3　手持单元

手持单元由手摇脉冲发生器与坐标轴选择开关组成，用于以手摇方式增量进给坐标轴。手持单元的结构如图 3-1-7 所示。

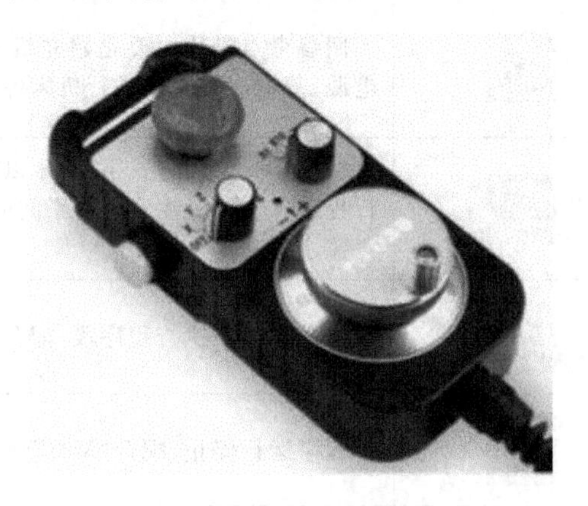

图 3-1-7　手持单元

3.1.4 系统操作界面

HNC-818 数控系统的操作界面如图 3-1-8 所示。

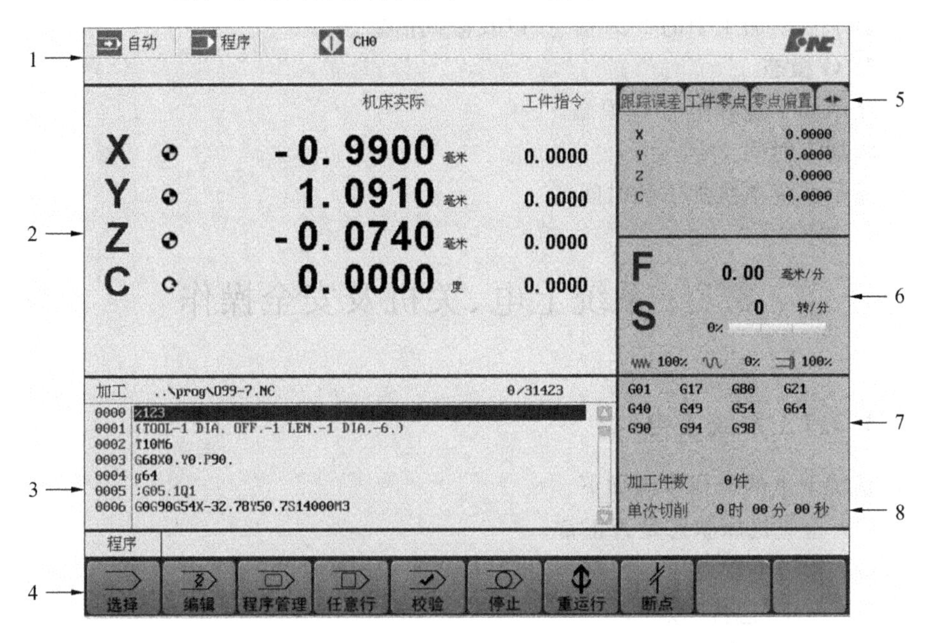

图 3-1-8 系统操作界面

1. 标题栏

(1) 主菜单名:显示当前激活的主菜单。

(2) 工位信息:显示当前工位号。

(3) 加工方式:系统工作方式根据机床控制面板上相应按键的状态可在自动(运行)、单段(运行)、手动(运行)、增量(运行)、回零、急停之间切换。

(4) 通道信息:显示每个通道的工作状态,如“运行正常”、“进给暂停”、“出错”。

(5) 系统时间:当前系统时间(可在机床参数里设定)。

(6) 系统报警信息。

2. 图形显示窗口

该区域显示的画面,根据所选菜单键的不同而不同。

3. G 代码显示区

该区域可预览或显示加工程序的代码。

4. 菜单命令条

通过菜单命令条中对应的功能键来完成系统功能的操作。

5. 标签页

用户可以通过切换标签页，查看不同的坐标系类型。

6. 辅助机能

显示自动加工中的F、S信息，以及修调信息。

7. G模态

显示加工过程中的G模态。

8. 加工时间

显示系统本次加工的时间。

3.2 系统上电、关机及安全操作

3.2.1 系统上电

系统上电的操作步骤如下。

(1) 检查机床状态是否正常；

(2) 检查电源电压是否符合要求，接线是否正确；

(3) 按下“急停”按钮；

(4) 机床上电；

(5) 数控装置上电；

(6) 检查面板上的指示灯是否正常；

(7) 接通数控装置电源后，系统自动运行，此时，工作方式为“急停”。

3.2.2 复位

系统上电进入系统操作界面时，初始工作方式显示为“急停”，为控制系统运行，需右旋并拔起操作台右下角的“急停”按钮，使系统复位，并接通伺服电源。系统默认进入“回参考点”方式，系统操作界面的工作方式变为“回零”。

3.2.3 返回参考点操作

控制机床运动的前提是建立机床坐标系，为此，系统接通电源、复位后，首先应进行机床各轴回参考点操作，方法如下。

(1) 如果系统显示的当前工作方式不是回零方式，按一下控制面板上面的“回参考点”按键，确保系统处于回零方式。

(2) 根据 *X* 轴机床参数回参考点方向，按一下“X”按键以及方向键(回参考点方向为“+”)，X 轴回到参考点后，“X”按键内的指示灯亮。

(3) 用同样的方法使 Y 轴和 Z 轴回参考点。

(4) 所有轴回参考点后，即建立了机床坐标系。

3.2.4 急停操作

机床运行过程中，在危险或紧急情况下，按下“急停”按钮，数控系统即进入急停状态，伺服进给及主轴运转立即停止工作(控制柜内的进给驱动电源被切断)；松开“急停”按钮(右旋此按钮，自动跳起)，系统进入复位状态。

解除急停前，应先确认故障已经排除，而急停解除后，应重新执行回参考点操作，以确保坐标位置的正确性。

注意

在上电和关机之前应按下“急停”按钮，以减少设备电冲击。

3.2.5 超程解除

在伺服轴行程的两端各有一个极限开关，作用是防止伺服碰撞而损坏。当伺服碰到行程极限开关时，就会出现超程。当某轴出现超程时，系统视其状况为紧急停止，要退出超程状态时，可进行如下操作。

(1) 置工作方式为“手动”或“手摇”方式；

(2) 一直按着“超程解除”按键(控制器会暂时忽略超程的紧急情况)；

(3) 在手动(手摇)方式下，使该轴向相反方向退出超程状态；

(4) 松开“超程解除”按键；

(5) 若显示屏上运行状态栏“运行正常”取代了“出错”，表示恢复正常，可以继续操作。

注意

在操作机床退出超程状态时，请务必注意移动方向及移动速率，以免发生撞机。

3.2.6 电源关

机床关机操作步骤如下：

(1) 检查数控机床的移动部件是否都已经停止移动并停在合适的位置；

(2) 按下控制面板上的“急停”按钮，断开伺服电源；

(3) 断开数控电源；

(4) 断开机床电源。

3.3 机床手动操作

3.3.1 坐标轴移动

手动移动机床坐标轴的操作由手持单元和机床控制面板上的方式选择、轴手动、增量倍率、进给修调、快速修调等按键共同完成。

1. 手动进给

按一下“手动”按键（指示灯亮），系统处于手动运行方式，可点动移动机床坐标轴（下面以点动移动 X 轴为例说明）。

(1) 按下“X”按键以及方向键（指示灯亮），X 轴将产生正向或负向连续移动；

(2) 松开“X”按键以及方向键（指示灯灭），X 轴即减速停止。

用同样的操作方法，使用“Y”、“Z”按键，可使 Y 轴、Z 轴产生正向或负向连续移动。

在手动运行方式下，同时按“X”、“Y”、“Z”按键，能同时手动控制 X、Y、Z 坐标轴连续移动。

2. 手动快速移动

在手动进给时，若同时按压“快进”按键，则产生相应轴的正向或负向快速运动。

3. 进给修调

在自动方式或 MDI 运行方式下，当 F 代码编程的进给速度偏高或偏低时，可旋转进给修调波段开关，修调程序中编制的进给速度。修调范围为0～120%。

在手动连续进给方式下，此波段开关可调节手动进给速率。

4. 快移修调

不同的控制面板，其快移修调的操作方法不同。

(1) 修调波段开关：在自动方式或 MDI 运行方式下，旋转快移修调波段开关，修调程序中编制的快移速度。修调范围为 0～100%。

(2) 修调倍率按键：在自动方式或 MDI 运行方式下，按下相应的快移修调倍率按键，修调程序中编制的快移倍率。

5. 增量进给

按一下控制面板上的“增量”按键（指示灯亮），系统处于增量进给方式，可增量移动机床坐标轴（下面以增量进给 *X* 轴为例说明）。

（1）按一下“X”按键以及方向键（指示灯亮），*X* 轴将向正向或负向移动一个增量值；

（2）再按一下“X”按键以及方向键，*X* 轴将向正向或负向继续移动一个增量值；

（3）用同样的操作方法，使用“Y”、“Z”按键可使 *Y* 轴和 *Z* 轴向正向或负向移动一个增量值。

同时按一下“X”、“Y”、“Z”按键，能同时增量进给 *X*、*Y*、*Z* 坐标轴。

6. 增量值选择

不同的控制面板，增量值的按键不同。

增量进给的增量值由机床控制面板的“×1”、“×10”、“×100”、“×1000”四个增量倍率按键 ×1 ×10 ×100 ×1000 控制。增量倍率按键和增量值的对应关系如表 3-3-1 所示。

表 3-3-1　增量倍率按键和增量值的对应关系

增量倍率按键	×1	×10	×100	×1000
增量值/mm	0.001	0.01	0.1	1

注意

这几个按键互锁，即按下其中一个（指示灯亮），其余几个会失效（指示灯灭）。

7. 手摇进给

当手持单元的坐标轴选择波段开关置于“X”、“Y”、“Z”、“4TH”挡时，按下控制面板上的“增量”按键（指示灯亮），系统处于手摇进给方式，可手摇进给机床坐标轴。

以 *X* 轴手摇进给为例，其步骤如下。

（1）手持单元的坐标轴选择波段开关置于“X”挡；

（2）顺时针/逆时针旋转手摇脉冲发生器一格，可控制 *X* 轴向正向或负向移动一个增量值。

用同样的操作方法使用手持单元，可以控制 *Z* 轴向正向或负向移动一个增量值。

手摇进给方式每次只能增量进给一个坐标轴。

8. 手摇倍率选择

手摇进给的增量值(手摇脉冲发生器每转一格的移动量)由手持单元的增量倍率波段开关"×1"、"×10"、"×100"控制。增量倍率波段开关的位置和增量值的对应关系如表 3-3-2 所示。

表 3-3-2　增量倍率波段开关的位置和增量值的对应关系

位置	×1	×10	×100
增量值/mm	0.001	0.01	0.1

3.3.2　主轴控制

主轴手动控制由机床控制面板上的主轴手动控制按键完成。

1. 主轴正转

在手动/增量/手摇方式下,按一下"主轴正转"按键(指示灯亮),主轴电动机以机床参数设定的转速正转。

2. 主轴反转

在手动/增量/手摇方式下,按一下"主轴反转"按键(指示灯亮),主轴电动机以机床参数设定的转速反转。

3. 主轴停止

在手动/增量/手摇方式下,按一下"主轴停止"按键(指示灯亮),主轴电动机停止运转。

4. 主轴点动

在手动方式下,可用"主轴点动"按键,点动转动主轴:按压"主轴点动"按键(指示灯亮),主轴将产生正向连续转动;松开"主轴点动"按键(指示灯灭),主轴即减速停止。

5. 主轴速度修调

主轴正转及反转的速度可通过主轴修调调节:旋转主轴修调波段开关,调节主轴正反转的速度,倍率的范围为 50%～120%;机械齿轮换挡时,主轴速度不能修调。

6. 主轴定向

如果机床上有换刀机构,通常就需要主轴定向功能,这是因为换刀时,主轴上的刀具必须定位完成,否则会损坏刀具或刀爪。

在手动方式下，当“主轴制动”无效时（指示灯灭），按一下“主轴定向”按键，主轴立即执行主轴定向功能，定向完成后，按键内指示灯亮，主轴准确停止在某一固定位置。

7. 主轴制动

在手动方式下，主轴处于停止状态时，按一下“主轴制动”按键（指示灯亮），主轴电动机被锁定在当前位置。

3.3.3 机床锁住、Z 轴锁住

1. 机床锁住

机床锁住功能禁止机床所有运动。

在手动运行方式下，按一下“机床锁住”按键（指示灯亮），此时再进行手动操作，显示屏上的坐标轴位置信息变化，但不输出伺服轴的移动指令，所以机床停止不动。

注意

“机床锁住”按键只在手动方式下有效，在自动方式下无效。

2. Z 轴锁住

该功能用于禁止进刀。在只需要校验 XY 平面的机床运动轨迹时，我们可以使用 Z 轴锁住功能。在手动方式下，按一下“Z 轴锁住”按键（指示灯亮），再切换到自动方式运行加工程序，Z 轴坐标位置信息变化，但 Z 轴不进行实际运动。

注意

“Z 轴锁住”键在自动方式下按压无效。

3.3.4 其他手动操作

1. 冷却启动与停止

在手动方式下，按一下“冷却”按键，冷却液开（默认值为冷却液关），再按一下为冷却液关，如此循环。

2. 润滑启动与停止

在手动方式下，按一下“润滑”按键，机床润滑开（默认值为机床润滑关），再按一下为机床润滑关，如此循环。

3. 防护门开启与关闭

在手动方式下，按一下“防护门”按键，防护门打开（默认值为防护门关

闭)，再按一下为防护门关闭，如此循环。

4. 工作灯

在手动方式下，按一下“工作灯”按键或“机床照明”按键，打开工作灯(默认值为关闭)；再按一下为关闭工作灯。

5. 自动断电

在手动方式下，按一下“自动断电”按键，当程序出现 M30 时，在定时器定时结束后机床自动断电。

6. 排屑正转

在手动方式下，按一下“排屑正转”按键，排屑器向前转动，能将机床中的切屑排出。

7. 排屑停止

在手动方式下，按一下“排屑停止”按键，排屑器停止转动。

8. 排屑反转

在手动方式下，按一下“排屑反转”按键，排屑器反转，有利于清除排屑器中的堵塞物和切屑。

9. 换刀允许

在手动方式下，按一下“换刀允许”按键(指示灯亮)，允许刀具松/紧操作；再按一下指示灯灭，为不允许刀具松/紧操作。如此循环。

10. 刀具松/紧

在“换刀允许”有效(指示灯亮)时，按一下“刀具松/紧”按键，松开刀具(默认值为夹紧)，再按一下又为夹紧刀具。如此循环。

11. 吹屑启动与停止

在手动方式下，按一下“吹屑”按键(指示灯亮)，启动吹屑，再按一下指示灯灭，吹屑停止。如此循环。

12. 刀库正转与反转

在手动方式下，按一下“刀库正转”按键，刀库以设定的转速正转；按一下“刀库反转”按键，刀库以设定的转速反转。

注意

“刀库正转”、“刀库反转”这两个按键互锁，即按一下其中一个(指示灯亮)，另一按键会失效(指示灯灭)。

3.3.5 MDI 运行

按 MDI 主菜单键进入 MDI 功能，用户可以从 NC 键盘输入并执行一行或多行 G 代码指令段，如图 3-3-1 所示。

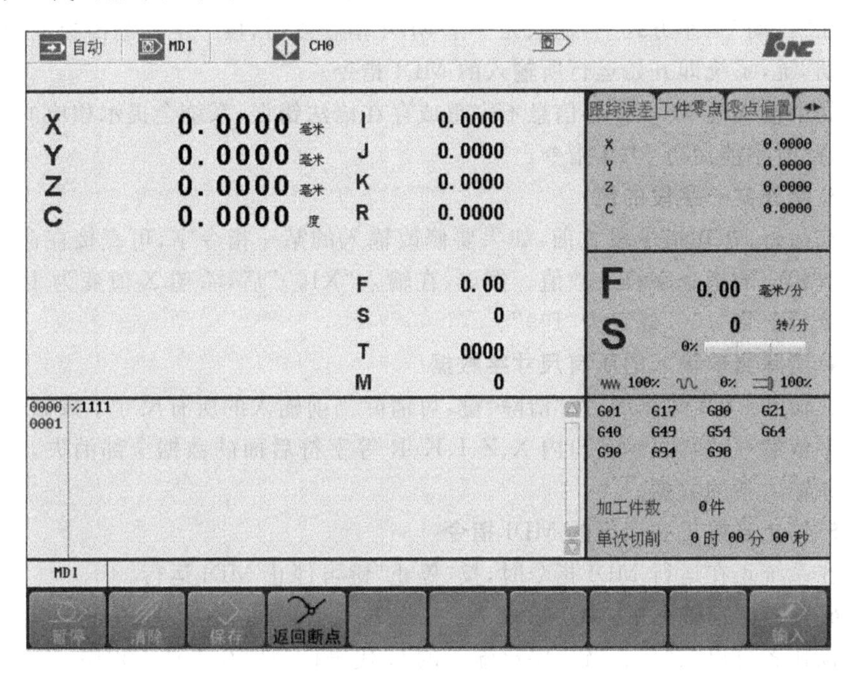

图 3-3-1　MDI 菜单

注意

(1) 系统进入 MDI 状态后，标题栏出现“MDI”状态图标；

(2) 用户从 MDI 切换到非程序界面时仍处于 MDI 状态；

(3) 自动运行过程中，不能进入 MDI 方式，可在进给保持后进入；

(4) MDI 状态下，用户按“复位”键，系统则停止并清除 MDI 程序。

1. 输入 MDI 指令段

MDI 输入的最小单位是一个有效指令字。因此，输入一个 MDI 运行指令段可以有下述两种方法：

(1) 一次输入，即一次输入多个指令字的信息；

(2) 多次输入，即每次输入一个指令字信息。

例如：要输入“G00 X100 Z1000”MDI 运行指令段，则可有以下两种方式。

(1) 直接输入“G00 X100 Z1000”；

(2) 按“输入”键，则显示窗口内关键字 X、Z 的值将分别变为 100、1000。

在输入命令时，可以看见输入的内容，如果发现输入错误，可用“BS”、“▶”和“◀”键进行编辑；按“输入”键后，系统发现输入错误，会提示相应的错误信息，此时可按“清除”键将输入的数据清除。

2. 运行 MDI 指令段

在“自动”工作方式下，输入完一个 MDI 指令段后，按一下控制面板上的“循环启动”键，系统即开始运行所输入的 MDI 指令。

如果输入的 MDI 指令信息不完整或存在语法错误，系统会提示相应的错误信息，此时不能运行 MDI 指令。

3. 修改某一字段的值

在运行 MDI 指令段之前，如果要修改输入的某一指令字，可直接在命令行上修改相应的指令字符及数值。例如：在输入“X100”后，希望 X 值变为 109，可在命令行上将“100”修改为“109”。

4. 清除当前输入的所有尺寸字数据

在输入 MDI 数据后，按“清除”键，可清除当前输入的所有尺寸字数据（其他指令字依然有效），显示窗口内 X、Z、I、K、R 等字符后面的数据全部消失。此时可重新输入新的数据。

5. 停止当前正在运行的 MDI 指令

在系统正在运行 MDI 指令时，按“停止”键可停止 MDI 运行。

6. 保存当前输入的 MDI 指令

操作者可以按“保存”键，将已输入的 G 代码指令保存为加工程序。

7. 在 MDI 方式下使主轴旋转

在 MDI 方式下使主轴旋转的具体操作步骤如下：

(1) 按 MDI 主菜单键进入 MDI 功能；

(2) 通过机床编辑面板输入“M03 S800”；

(3) 再按下“输入”键，则显示窗口内关键字 S 的值变为 800；

(4) 选择自动运行模式，再按下“循环启动”键完成主轴正转。

3.4 设　　置

3.4.1 刀补数据

1. 刀库

(1) 按“刀补”→“刀库”键，图形显示窗口出现刀库数据表，可进行刀库数据设置，如图 3-4-1 所示。

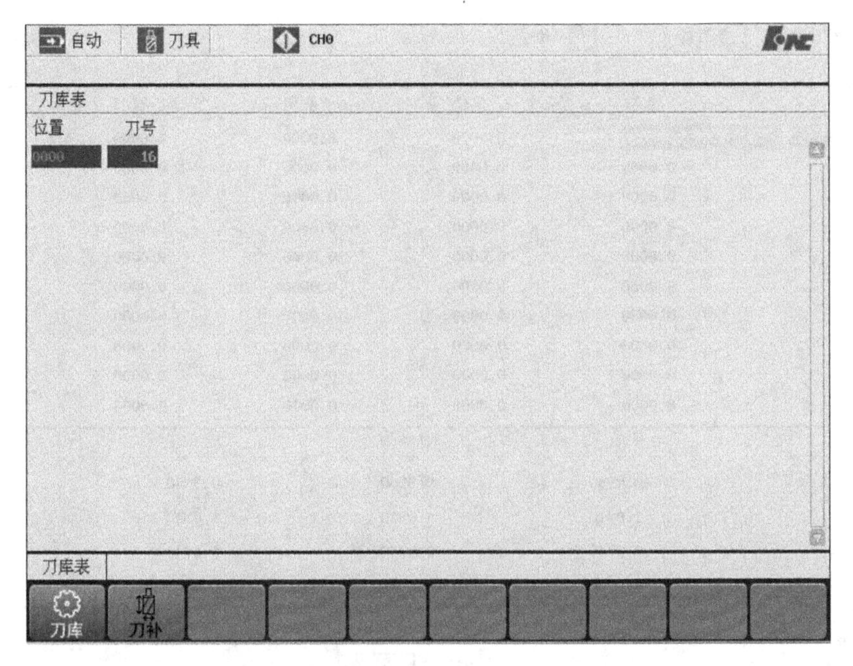

图 3-4-1 刀库表

(2) 按"▲"、"▼"移动光标，选择要编辑的选项。

(3) 按"Enter"键，系统进入编辑状态。

(4) 修改完毕，再次按"Enter"键确认。

2. 刀补

1) 刀补数据输入

(1) 按"刀补"主菜单键，图形显示窗口出现刀补数据表，如图 3-4-2 所示。

(2) 用"▲"、"▼"移动光标选择刀号。

(3) 用"▶"、"◀"选择编辑选项。

(4) 按"Enter"键，系统进入编辑状态。

(5) 修改完毕，再次按"Enter"键确认。

2) 当前位置

该功能用于读入 Z 轴机床实际坐标值并保存到对应的长度补偿表中。

注意

该功能只能在长度补偿上操作。

3) 增量输入

该功能用于对刀补数据表中相对应的数值进行累加操作。

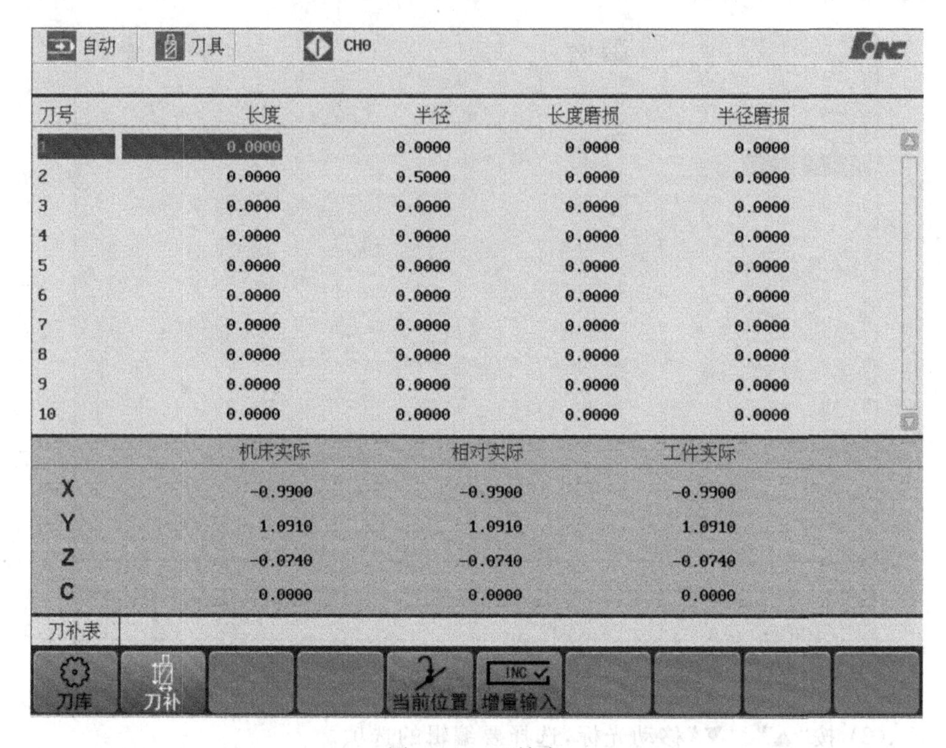

图 3-4-2　刀补表

3.4.2　坐标系的设置

坐标系数据的设置操作步骤如下。

（1）按“设置”主菜单功能键，进入手动建立工件坐标系的方式，如图 3-4-3 所示。

（2）通过“PgDn”、“PgUp”键选择要输入的工件坐标系 G54、G55、G56、G57、G58、G59、G54. X（扩展工件坐标系）。

（3）操作者也可以通过按“查找”按钮，查找特定工件坐标系类型；查找工件坐标系主要有两种输入格式：

① 输入“PX”表示扩展坐标系 X，例如 P39，则查找到的为 G54. 39 扩展工件坐标系。

② 输入“X”表示坐标系编号，例如 2，则查找到的为 G54。

（4）输入所选坐标系的位置信息，操作者可以采用以下任何一种方式实现：

① 在编辑框直接输入所需数据。

② 通过按“当前位置”、“偏置输入”、“恢复”按钮，输入数据。

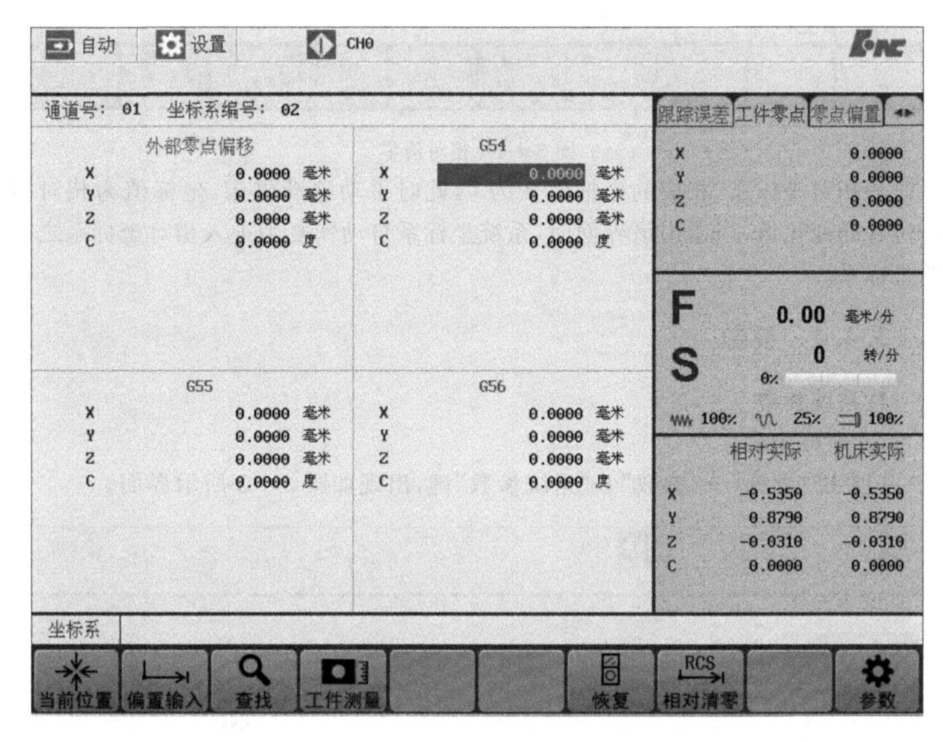

图 3-4-3 坐标系设置

当前位置：系统读取当前刀具位置。

偏置输入：如果用户输入“+0.001”，则所选轴的坐标系位置为当前位置数据加上输入的数据；如果用户输入“−0.001”，则所选轴的坐标系位置为当前位置数据减去输入的数据。

恢复：还原上一次设定的值。

③ 通过按“工件测量”→“坐标设定”、“工件测量”→“坐标系”键，系统读取刀具的当前位置，然后按“工件测量”→“G54.X”键，系统计算两点（记录Ⅰ、记录Ⅱ）的中点，将此点作为坐标系的原点位置。

(5) 若输入正确，图形显示窗口相应位置将显示修改过的值，否则原值不变。

3.4.3 相对清零

为方便对刀，按“设置”→“相对清零”，进入如图 3-4-4 所示界面。

在如图 3-4-4 所示界面中输入轴名，如输入“X”，则对 X 轴清零，系统坐标

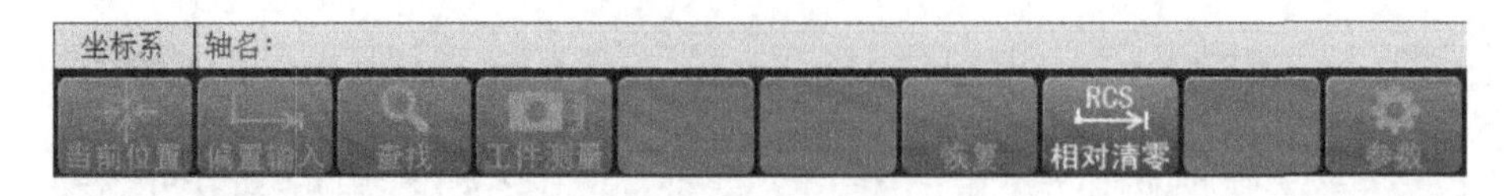

图 3-4-4　相对清零

系改为相对坐标系，相应的坐标值变为 0，此时手动移动机床，坐标值为相对当前位置的变化值，当退出该界面时，系统坐标系自动恢复为进入相对坐标系之前的坐标系。

3.4.4　参数

1. 系统参数

1）分类查看

（1）按“设置”→“参数”→“系统参数”键，出现如图 3-4-5 所示界面。

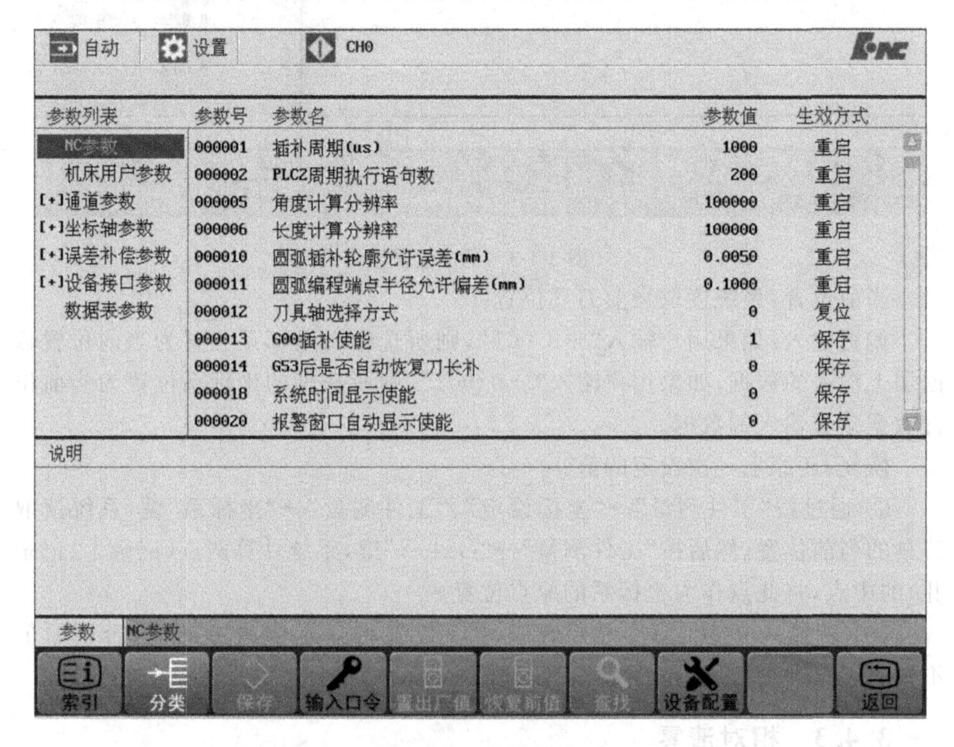

图 3-4-5　分类显示

（2）使用“▲”和“▼”选择参数类型。

（3）使用“▶”键切换到参数列表，则屏幕下方显示所选参数的具体说明。

2）序号查看

（1）按“设置”→“参数”→“系统参数”→“索引”键。

（2）使用“▲”和“▼”选择参数，系统屏幕下方为所选参数的具体说明。

注：HNC-818 数控系统的每个参数的具体意义请参见华中 8 型数控系统参数说明书。

3）编辑权限

如果用户要修改系统参数的值，必须输入相应的口令：

（1）按“设置”→“参数”→“系统参数”→“输入口令”键。

（2）输入密码。

（3）按“Enter”键，如果口令正确，用户可对系统参数进行修改。

4）编辑参数

（1）用户输入正确的口令。

（2）按索引或分类方式选择需要编辑的参数，再按“确认”键，系统进入编辑状态。

（3）输入参数值后，再按“确认”键，结束此次编辑操作。

5）保存参数

（1）用户完成编辑参数的操作后，可以按“保存”键。

（2）如果用户需要保存修改，则按“Y”键。

（3）如果用户不需要保存修改，则按“N”键。

注意

某些参数设置必须重启系统才能生效。

6）置出厂值

如果用户需要恢复某项系统参数的出厂配置，按“置出厂值”键，则选中的参数值将被设置为出厂值（缺省值）。

7）恢复前值

用户完成编辑参数的操作后，按“恢复前值”键，所选的参数值将被恢复为修改前的值。

注意

此项操作只在参数值保存之前有效。

8）查找参数

在参数索引的查看方式下，用户可以按“查找”键，直接输入参数编号，然后按“确认”键，系统则定位至所选的参数。

9）设备配置

用户可以使用设备配置导航功能设置设备的编号。

（1）按“设置”→“参数”→“系统参数”→“设备配置”键，系统显示硬件连接拓扑图，如图 3-4-6 所示。

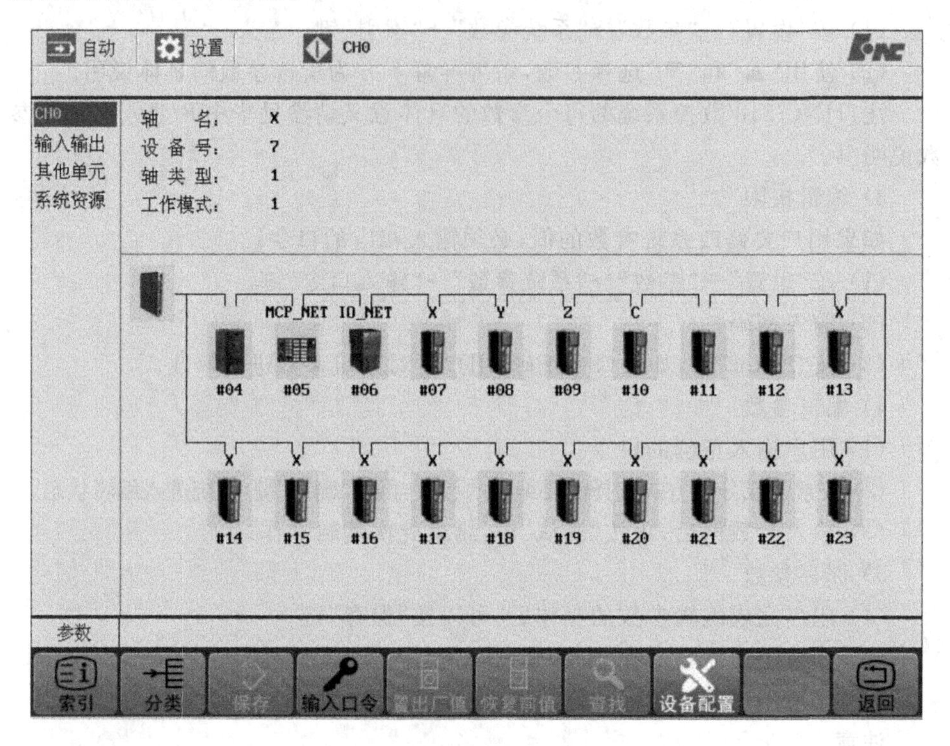

图 3-4-6　设备配置界面

（2）使用“▲”和“▼”选择设备类型。

（3）按“确认”键，则显示所选择的设备类型中已配置的轴名、输入、输出或其他单元。

（4）按 Alt＋N 键，将光标切换至屏幕右边区域。

（5）使用“▲”和“▼”选择需要编辑的数据类型。

① 通道(CH0)：轴名、设备号、轴类型、工作模式；

② 输入输出：设备名称、设备号、起始组号、组数；

③ 其他单元：设备名称、设备号；

④ 系统资源：磁盘剩余空间、内存使用情况。

（6）按“Enter”键，则可编辑所选的数据类型（设备号除外）。设备号的编辑操作：使用“▶”和“◀”键移动光标，用户可在设备配置导航图中选择设备，再按“Enter”键，系统则自动读入设备号。

注：对于每种设备的数据类型的含义，请参见华中 8 型数控系统参数说明书。

2. 显示参数

设置系统大字符区域和小字符区域的显示信息。

(1) 按“设置”→“参数”→“显示参数”键进入显示设置界面，如图 3-4-7 所示。

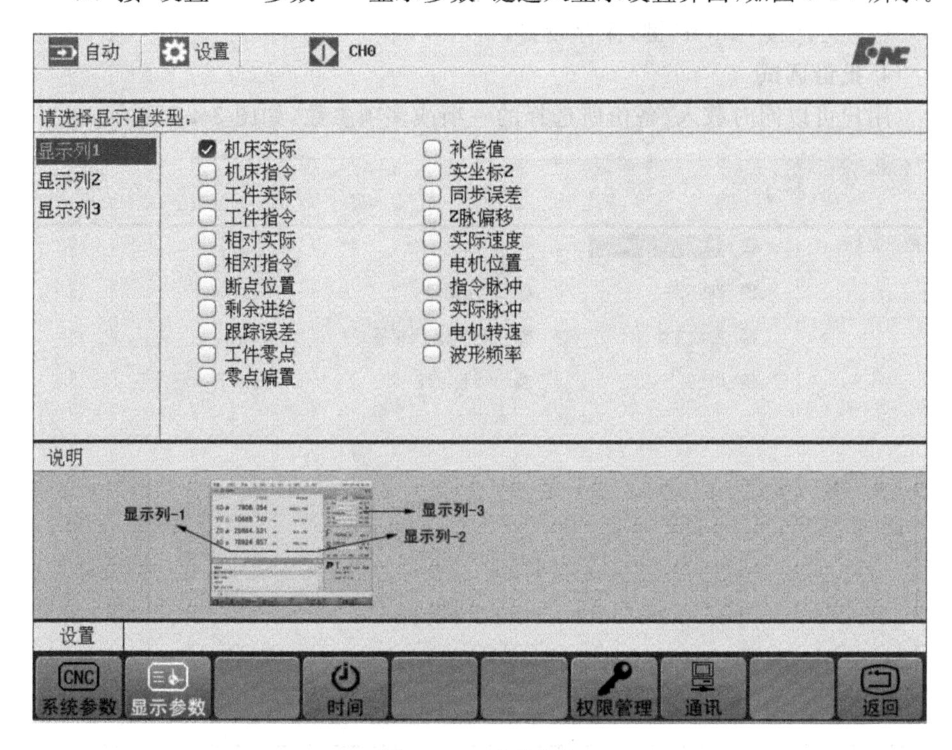

图 3-4-7　显示参数

(2) 使用光标键“▲”和“▼”选择。

① 显示列 1：设定大字符的第一列值；

② 显示列 2：设定大字符的第二列值；

③ 显示列 3：设定标签页所显示的值。

(3) 使用光标键“▶”切换光标至选项列表。

(4) 用“▲”和“▼”选择显示的类型。

(5) 按“Enter”键确认。

注意

标签页所显示的值也可以按“◀”、“▶”切换。

3. 时间

在机床参数里如果选择了显示系统时间的选项，则可以通过此操作重新设置系统时间。

(1) 按“设置”→“参数”→“时间”键，进入系统时间设置方式。

(2) 使用光标键选择需要设置的时间选项。

（3）按“Enter”键，系统进入编辑状态，用户可以输入数据。

（4）再次按“Enter”键，保存设置。

4. 批量调试

用户可以同时载入/备份所选择的一项或多项参数，如图3-4-8所示。

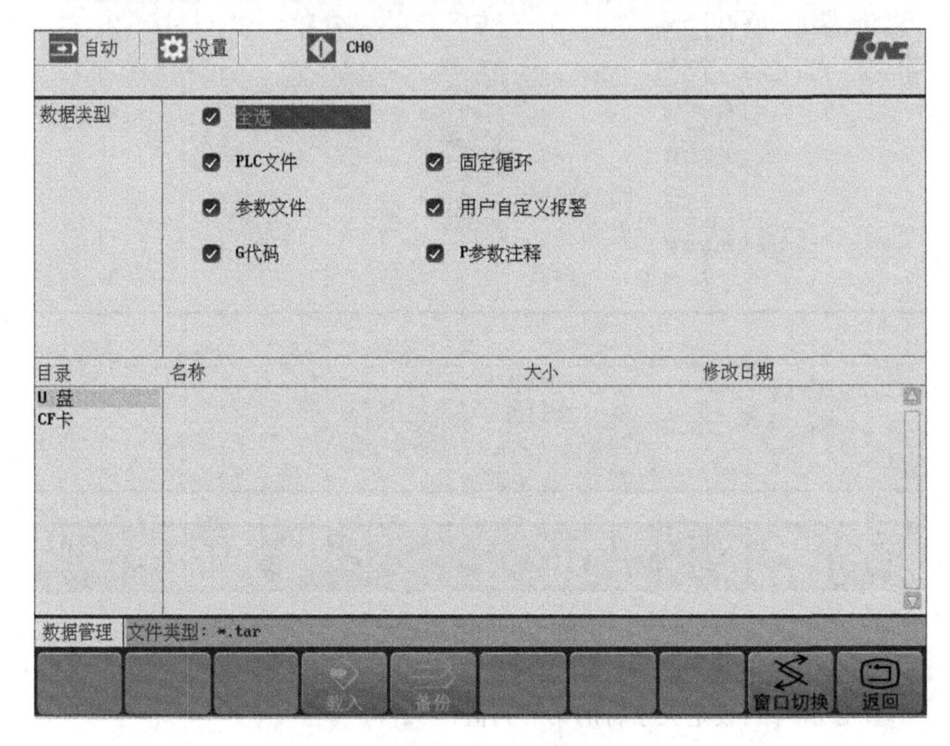

图3-4-8　批量调试

5. 数据管理

用户可以载入/备份参数文件、PLC文件、固定循环、日志数据、误差补偿文件、示波器数据等，还可以复制、粘贴、删除参数。

下面以载入/备份系统参数文件为例介绍载入备份的操作步骤，其他文件与此相同。

（1）按“设置”→“参数”→“数据管理”键，如图3-4-9所示。

（2）使用光标键选择需要载入或备份的数据类型，并按“Enter”键。

（3）使用光标键选择需要载入或备份的文件。

（4）按“窗口切换”按键，使光标移动至载入或备份的文件路径。

（5）再按“载入”或“备份”按键。

6. 权限管理

安装测试完系统后，一般不用修改这些参数。在特殊的情况下，如果需要修

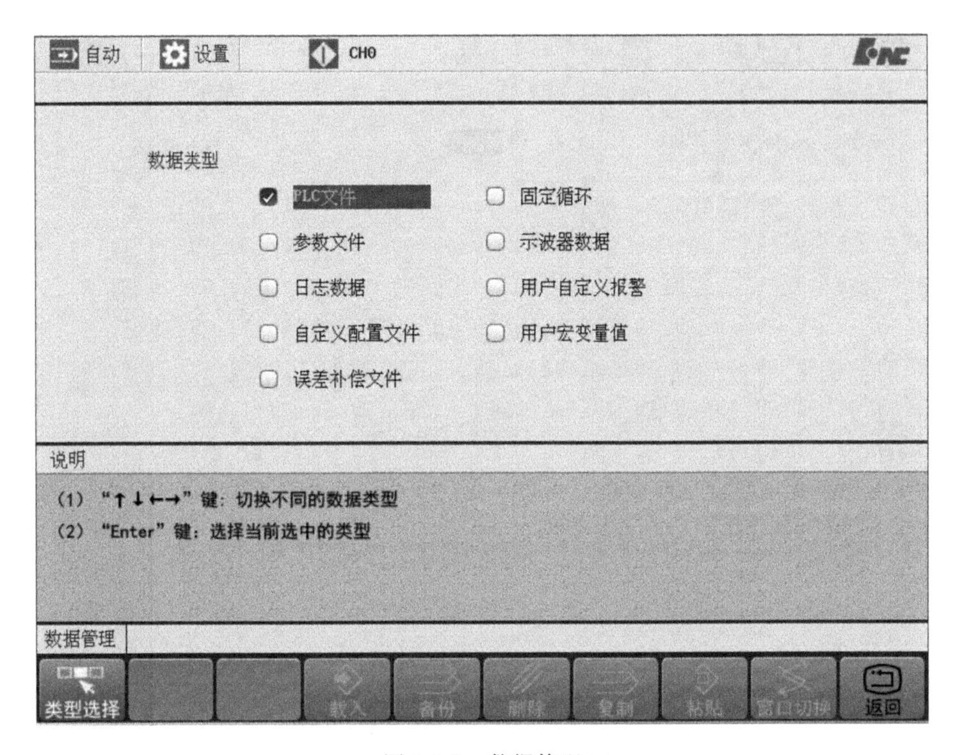

图 3-4-9 数据管理

改某些参数，首先应选择合适的用户级别，然后输入正确的口令；口令本身也可以修改，其前提是输入正确的原口令。

1）用户级别

系统能否发挥出最佳性能，参数的设置影响很大，所以系统对参数修改有严格的限制：有些参数可以由用户来修改，有些参数只能由数控设备厂家来修改，有些参数则可以由机床厂家来修改，而另外一些参数只能由管理员来修改。因此，本系统的用户权限分为四类：用户、机床厂家、数控设备厂家和管理员。

2）用户注销

按"设置"→"参数"→"权限管理"→"注销"键，操作者可重新选择用户权限类型。

3）输入口令

(1) 按"设置"→"参数"→"权限管理"键。

(2) 选择相应的用户权限类型，按"登录"键，如图 3-4-10 所示。

(3) 在输入栏输入相应权限的口令，按"Enter"键确认。

(4) 若权限口令输入正确，则可进行此权限级别的参数或口令的修改；否

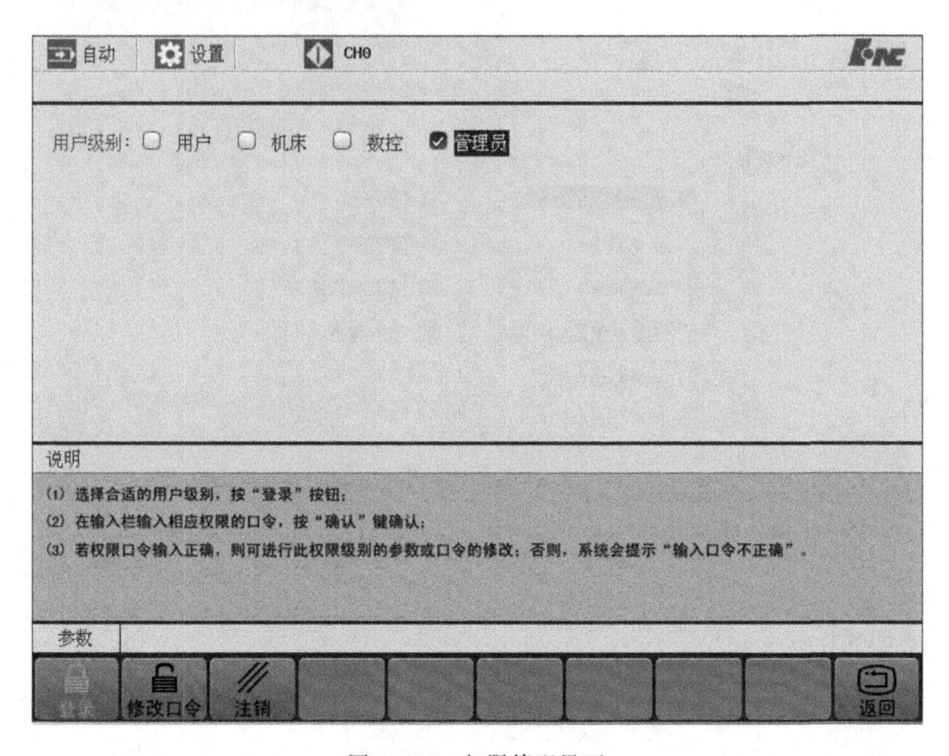

图 3-4-10 权限管理界面

则，系统会提示“输入口令不正确”。

4) 修改口令

(1) 输入正确的权限口令后，按“修改口令”键。

(2) 在编辑框输入新口令，按“Enter”键。

(3) 再次输入修改后的口令，按“Enter”键再次确认。

(4) 当核对正确后，权限口令修改成功，否则会显示出错信息，权限口令不变。

7. 通讯

数据可以通过网口从个人电脑(上位机)传输到数控装置(下位机)。

8. 系统升级

(1) 按“设置”→“参数”→“系统升级”键，进入系统升级设置界面，如图 3-4-11 所示。

(2) 使用光标键选择升级文件。

注意

(1) 此功能仅限于数控厂家以及管理员使用。

(2) 关于软件升级后，加载断点的操作：

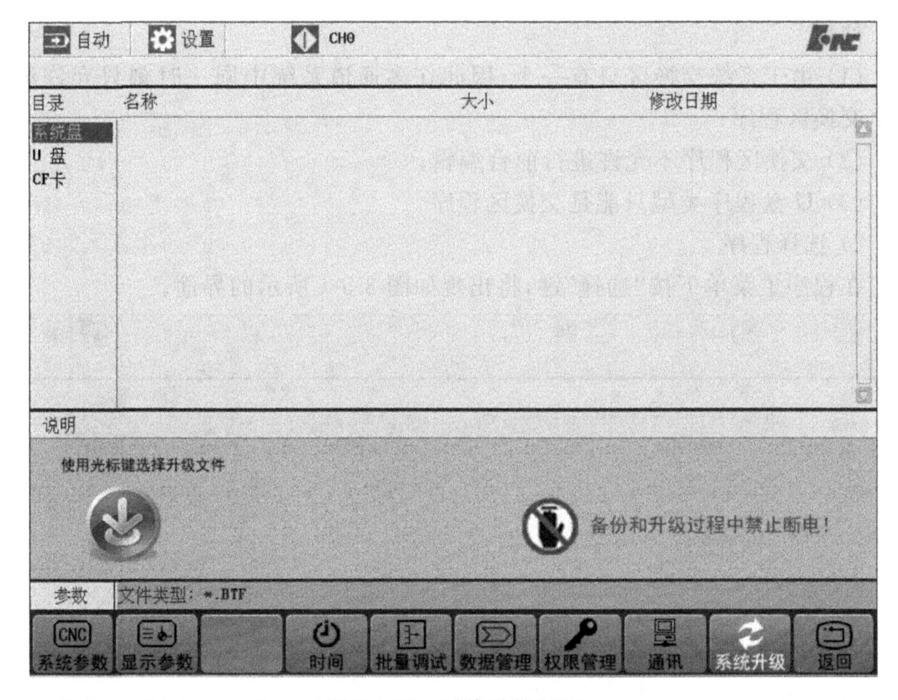

图 3-4-11 系统升级界面

① 用户不得使用升级前的断点文件；

② 用户加工完后再升级，如果升级后使用升级前的断点文件，会造成死机等各种问题。

3.5 程序编辑与管理

3.5.1 程序选择

1. 选择文件

1）程序类型

按程序来源分类，程序分为内存程序与交换区程序。

(1) 内存程序：程序一次性载入内存中，选中执行时直接从内存中读取；

(2) 交换区程序：程序选中执行时将其载入交换区，从而支持超大程序的运行。

内存程序最大行数为 120 000 行，超过该行数限制的程序将被识别为交换区程序。如果程序内存已满，则即使程序总行数小于 120 000 行也将被识别为交换区程序，且不允许前台新建程序，后台新建程序将被识别为交换区程序。

注意

(1) 由于系统交换区只有一个,因此在多通道系统中同一时刻只允许运行一个交换区程序;

(2) 交换区程序不允许进行前台编辑;

(3) U 盘程序类型只能是交换区程序。

2) 选择程序

在程序主菜单下按“选择”键,将出现如图 3-5-1 所示的界面。

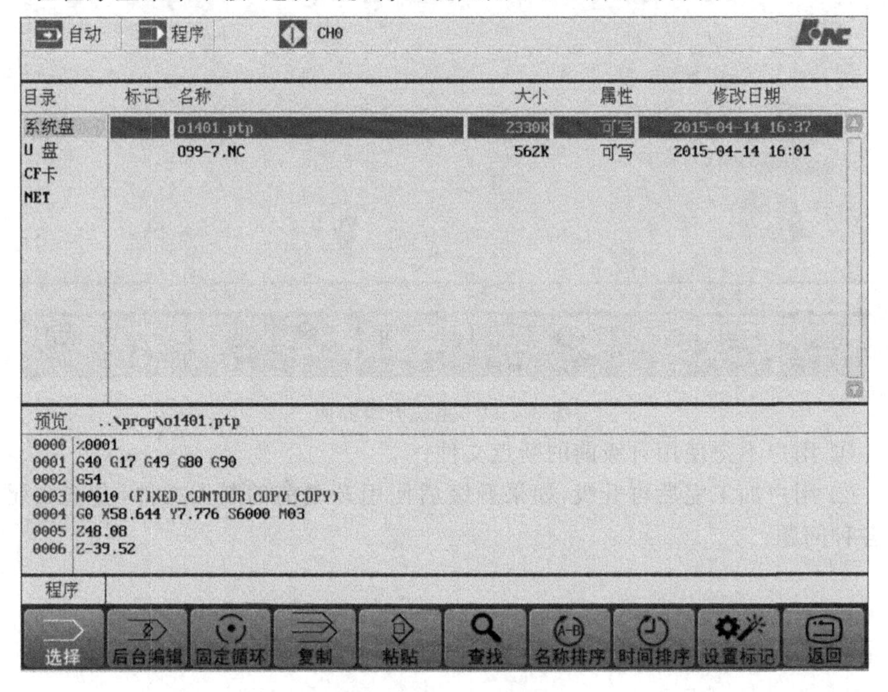

图 3-5-1　程序选择

选择文件的操作方法:

(1) 如图 3-5-1 所示,用光标键“▲”和“▼”选择存储器类型(系统盘、U 盘、CF 卡、NET),也可用“Enter”键查看所选存储器的子目录。

(2) 用“▶”切换至程序文件列表。

(3) 用“▲”和“▼”选择程序文件。

(4) 按“Enter”键,即可将该程序文件选中并调入加工缓冲区。

(5) 如果被选程序文件是只读 G 代码文件,则有[R]标识。

注意

(1) 如果用户没有选择,系统指向上次存放在加工缓冲区的一个加工程序;

(2) 程序文件名一般是由字母“O”开头,后跟四个(或多个)数字或字母组成，系统缺省认为程序文件名是由“O”开头的；

(3) HNC-818 系统支持的文件名为 8+3 格式：文件名由 1～8 个字母或数字，再加上扩展名（0～3 个字母或数字）组成，如“MyPart.001”。

3) U 盘的加载与卸载

(1) 使用光标键选择目录“U 盘”。

(2) 按“确认”键加载 U 盘。

(3) 按“删除”键卸载 U 盘。

注意

拔掉 U 盘前应先卸载，以免造成不必要的问题。

2. 后台编辑

1) 后台编辑

后台编辑就是在系统进行加工操作的同时，用户也可以对其他程序文件进行编辑。

(1) 使用上述方法，选择加工程序。

(2) 按“后台编辑”键，则进入编辑状态。具体操作与程序编辑操作相仿。

2) 后台新建

后台新建就是在加工的同时，可以创建新的文件。

(1) 按“程序”→“选择”→“后台编辑”→“后台新建”键。

(2) 输入文件名。

(3) 按“Enter”键后，即可编辑文件。

3. 固定循环

(1) 按“程序”→“选择”→“固定循环”键，系统显示固定循环文件。

(2) 使用光标键选择文件。

(3) 按“Enter”键确认载入文件。

注意

此功能只限于机床厂家、数控厂家以及管理员使用。

4. 复制与粘贴文件

使用复制与粘贴功能，可以将某个文件复制到指定路径。

(1) 在“程序”→“选择”子菜单下，选择需要复制的文件。

(2) 按“复制”键。

(3) 选择目的文件夹（注意：必须是不同的目录）。

(4) 按“粘贴”键，完成复制文件的工作。

5. 查找文件

根据输入的文件名，查找相应的文件。

（1）按“程序”→“选择”→“查找”键。

（2）输入搜索的文件名，再按“Enter”键，系统高亮显示查找到的文件。

6. 名称排序

按“程序”→“选择”→“名称排序”键，则文件列表按名称排序。

7. 时间排序

按“程序”→“选择”→“时间排序”键，则文件列表按时间排序。

8. 设置标记

按“程序”→“选择”→“设置标记”键，则所选择程序会标记“选中”，可以对所标记的程序进行批量操作。

3.5.2 程序编辑

1. 编辑文件

（1）系统加工缓冲区已存在程序，用户按“程序”→“编辑”键，即可编辑当前载入的文件。

（2）系统加工缓冲区不存在程序，用户按“程序”→“编辑”键，系统自动新建一个文件，用户按“Enter”键后，即可编写新建的加工程序。

注意

用户对文件进行编辑操作后，就必须重运行文件。

2. 新建文件

（1）按“程序”→“编辑”→“新建”键。

（2）输入文件名后，按“Enter”键确认后，就可编辑新文件了。

注意

（1）新建程序文件的缺省目录为系统盘的 prog 目录。

（2）新建文件名不能和已存在的文件名相同。

3. 保存文件

按“程序”→“编辑”→“保存”键，系统完成保存文件的工作。

注意

程序为只读文件时，按“保存”键后，系统会提示“保存文件失败”，此时只能使用“另存为”功能。

4. 另存文件

（1）按“程序”→“编辑”→“另存为”键。

（2）使用光标键选择存放的目标文件夹。

（3）按“▶”键，切换到输入框，输入文件名。

（4）按“Enter”键，用户则可继续进行编辑文件的操作。

5. 块操作

(1) 按“程序”→“编辑”→“块操作”键。

(2) 选择程序编辑的快捷键操作。

6. 查找字符串

根据输入的字符串，查找相应的关键字。

(1) 按“程序”→“编辑”→“查找”键。

(2) 输入要查找的关键字，再按“Enter”键，系统高亮显示查找到的关键字。

(3) 再按“向下查找”或者“向上查找”按键，系统显示查找到的下一个关键字或者上一个关键字。

7. 替换

(1) 按“程序”→“编辑”→“替换”键，用户输入被替换的字符串。

(2) 按“Enter”键，以确认输入。

(3) 输入用来替换的字符串。

(4) 按“Enter”键，系统询问是否将当前光标所在的字符串替换：

① 按“Y”键，则替换当前字符串；

② 按“N”键，则取消替换的操作。

(5) 如还需要继续替换可选择“向下替换”、“向上替换”、“全部替换”按键。

8. 改变文件属性

(1) 将文件载入系统加工缓冲区。

(2) 按“程序”→“编辑”→“编辑允许”或“程序”→“编辑”→“编辑禁止”键。

① 编辑禁止：只能查看加工程序代码，不能对程序进行修改。

② 编辑允许：可以对加工程序进行编辑操作。

注意

此功能只限于机床厂家、数控设备厂家以及管理员使用。

3.5.3　程序管理

1. 查找文件

根据输入的文件名，查找相应的文件。

(1) 按“程序”→“程序管理”→“查找”键。

(2) 输入要查找的文件名，再按“Enter”键，系统高亮显示查找到的文件。

2. 删除文件

(1) 按“程序”→“程序管理”键，用“▲”和“▼”键移动光标条选中要删除的程序文件。

(2) 按“删除”键，系统出现确认删除的对话框，按“Y”键(或“ENTER”键)

将选中程序文件从当前存储器上删除，按“N”键则取消删除操作。

注意

删除的程序文件不可恢复。

3. 复制与粘贴文件

使用复制与粘贴功能，可以将某个文件复制到指定路径。

(1) 在“程序”→“选择”子菜单下，选择需要复制的文件。

(2) 按“复制”键。

(3) 选择目的文件夹(注意：必须是不同的目录)。

(4) 按“粘贴”键，完成复制文件的工作。

4. 文件排序

文件可以按时间/名称进行排序。

(1) 按“程序”→“程序管理”→“名称排序”键，则文件列表按名称排序。

(2) 按“程序”→“程序管理”→“时间排序”键，则文件列表按时间排序。

5. 更改文件名

(1) 按“程序”→“程序管理”→“重命名”键。

(2) 在编辑框中，输入新的文件名。

(3) 按“Enter”键以确认操作。

注意

用户不能修改正在加工的程序的文件名。

6. 新建目录

按“程序”→“程序管理”→“新建目录”键，则新建一个文件夹。

3.5.4 任意行

1. 指定行号

(1) 按机床控制面板上的“进给保持”键(指示灯亮)，系统处于进给保持状态。

(2) 按“程序”→“任意行”→“指定行号”键，系统给出如图 3-5-2 所示的编辑框，输入开始运行行的行号。

图 3-5-2 任意行显示

(3) 按“Enter”键确认操作。

(4) 按机床控制面板上“循环启动”键，程序从指定行号开始运行。

2. 蓝色行

(1) 按机床控制面板上的“进给保持”键(指示灯亮),系统处于进给保持状态。

(2) 按“程序”→“任意行”→“蓝色行”键。

(3) 按机床控制面板上“循环启动”键,程序从当前行开始运行。

3. 红色行

(1) 按机床控制面板上的“进给保持”键(指示灯亮),系统处于进给保持状态。

(2) 用“▲”、“▼”、“PgUp”和“PgDn”键移动光标(红色)到要开始的运行行。

(3) 按“程序”→“任意行”→“红色行”键。

(4) 按机床控制面板上“循环启动”键,程序从红色行开始运行。

注意

对于上述的任意行操作,用户不能将光标指定在子程序部分。

4. 指定 N 号

(1) 按机床控制面板上的“进给保持”键(指示灯亮),系统处于进给保持状态。

(2) 按“程序”→“任意行”→“指定 N 号”键。

(3) 按机床控制面板上“循环启动”键,程序从当前行开始运行。

5. 查找

通过查找关键字,指定系统从关键字所在行开始运行。

(1) 按“程序”→“任意行”→“查找”键。

(2) 输入关键字,按“Enter”键,系统高亮显示查找到的字符串。

(3) 用户可以按“继续查找”,搜索下一个字符串。

(4) 再次按“Enter”键,系统光标指向关键字所在的行。

(5) 按机床控制面板上“循环启动”键,程序从指定行号开始运行。

3.5.5 程序校验

程序校验用于对调入加工缓冲区的程序文件进行校验,并提示可能的错误。

(1) 调入要校验的加工程序(“程序”→“选择”)。

(2) 按机床控制面板上的“自动”或“单段”键进入程序运行方式。

(3) 在程序菜单下,按“校验”键,此时系统操作界面的工作方式显示改为“自动校验”。

(4) 按机床控制面板上的“循环启动”键,程序校验开始。

(5) 若程序正确,校验完后,光标将返回到程序头,且系统操作界面的工作方式显示改为“自动”或“单段”;若程序有错,命令行将提示程序的哪一行有错。

建议:对于未在机床上运行的新程序,在调入后最好先进行校验运行,正确无误后再启动自动运行。

注意

(1) 校验运行时,机床不动作;

(2) 为确保加工程序正确无误,请选择不同的图形显示方式来观察校验运行的结果。

3.5.6 停止运行

在程序运行的过程中,有时需要暂停运行。

(1) 按“程序”→“停止”键,系统提示“已暂停加工,取消当前运行程序(Y/N)?”。

(2) 如果用户按“N”键则暂停程序运行,并保留当前运行程序的模态信息(暂停运行后,可按“循环启动”键从暂停处重新启动运行)。

(3) 如果用户按“Y”键则停止程序运行,并卸载当前运行程序的模态信息(停止运行后,只有选择程序后,重新启动运行)。

3.5.7 重运行

在中止当前加工程序后,希望程序重新开始运行时,执行以下操作。

(1) 按“程序”→“重运行”键,系统提示“是否重新开始执行(Y/N)?”。

(2) 如果按“N”键则取消重新运行。

(3) 如果按“Y”键则光标将返回到程序头,再按机床控制面板上的“循环启动”键,从程序首行开始重新运行。

3.6 运行控制

3.6.1 启动、暂停、中止

1. 启动自动运行

系统调入零件加工程序,经校验无误后,可正式启动运行。

(1) 按下机床控制面板上的“自动”键(指示灯亮),进入程序运行方式。

(2) 按下机床控制面板上的“循环启动”键(指示灯亮),机床开始自动运行调入的零件加工程序。

2. 暂停运行

在程序运行的过程中,需要暂停运行时,可按下述步骤操作:

(1) 在程序运行的任何位置,按一下机床控制面板上的“进给保持”键(指示灯亮)，系统处于进给保持状态。

(2) 再按机床控制面板上的“循环启动”键(指示灯亮)，机床又开始自动运行载入的零件加工程序。

3. 中止运行

在程序运行的过程中，需要中止运行，可按下述步骤操作：

(1) 在程序运行的任何位置，按一下机床控制面板上的“进给保持”键(指示灯亮)，系统处于进给保持状态。

(2) 按下机床控制面板上的“手动”键，将机床的M、S功能关掉。

(3) 此时如要退出系统，可按下机床控制面板上的“急停”键，中止程序的运行。

(4) 此时如要中止当前程序的运行，又不退出系统，可按下“程序”→“重运行”键，重新载入程序。

3.6.2 空运行

按一下机床控制面板上的“空运行”键(指示灯亮)，CNC处于空运行状态。程序中编制的进给速率被忽略，坐标轴以最大快移速度移动。

注意

① 空运行不做实际切削，目的在于确认切削路径及程序；

② 在实际切削时，应关闭此功能，否则可能会造成危险；

③ 此功能对螺纹切削无效；

④ 只有在非自动和非单段方式下才能激活空运行。

3.6.3 程序跳段

如果在程序中使用了跳段符号“/”，当按下“程序跳段”键后，程序运行到有该符号标定的程序段，即跳过不执行该段程序；解除该键，则跳段功能无效。

3.6.4 选择停

如果在程序中使用了M01辅助指令，按下“选择停”键后，程序运行到M01指令即停止，再按“循环启动”键，程序段继续运行，解除该键，则M01辅助指令功能无效。

3.6.5 单段运行

按下机床控制面板上的“单段”键(指示灯亮)，系统处于单段自动运行方式，程序控制将逐段执行：

（1）按一下"循环启动"键，运行一程序段，机床运动轴减速停止，刀具停止运行。

（2）再按一下"循环启动"键，又执行下一程序段，执行完了后又再次停止。

3.6.6 加工断点保存与恢复

一些大零件，其加工时间一般都会超过一个工作日，有时甚至需要好几天。在零件加工一段时间后，保存断点（让系统记住此时的各种状态），关断电源，并在隔一段时间，打开电源后，恢复断点（让系统恢复上次中断加工时的状态），从而继续加工，这一功能可为用户提供极大的方便。

1. 保存断点

（1）按机床控制面板上的"进给保持"按键（指示灯亮），系统处于进给保持状态。

（2）按"程序→断点"键，弹出的界面如图 3-6-1 所示。

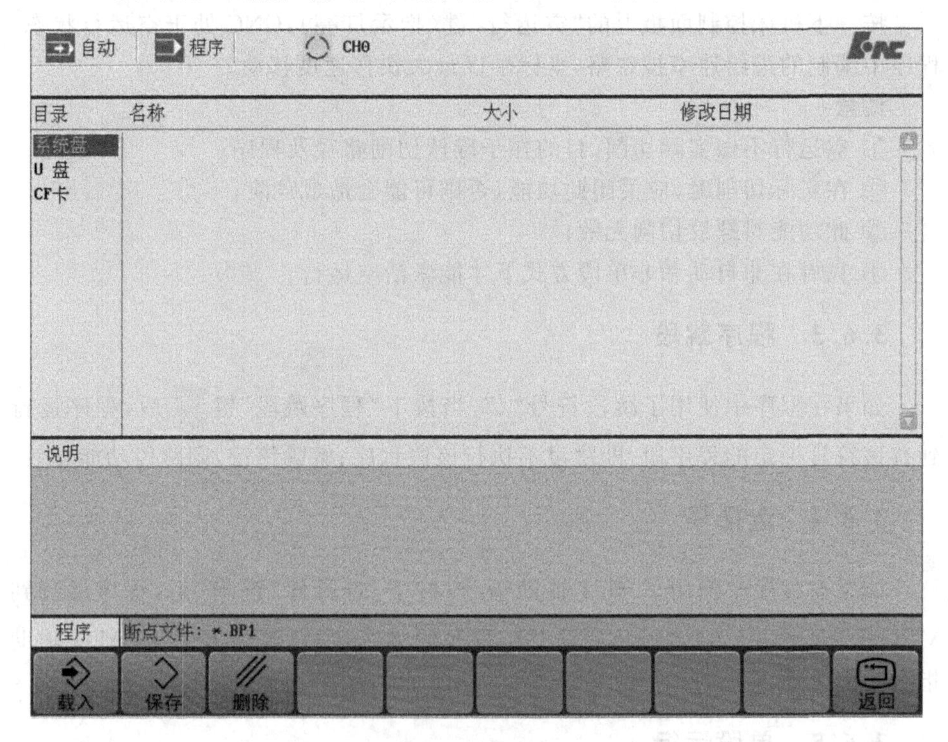

图 3-6-1　断点界面

（3）利用光标键"▲"、"▼"选择需要存放的盘符（按"确认"键，可以查看所选盘符下的文件夹）。

(4) 按“保存”键，系统将自动建立一个名为当前加工程序名的断点文件，用户也可将该文件名改为其他名字，如图 3-6-2 所示。

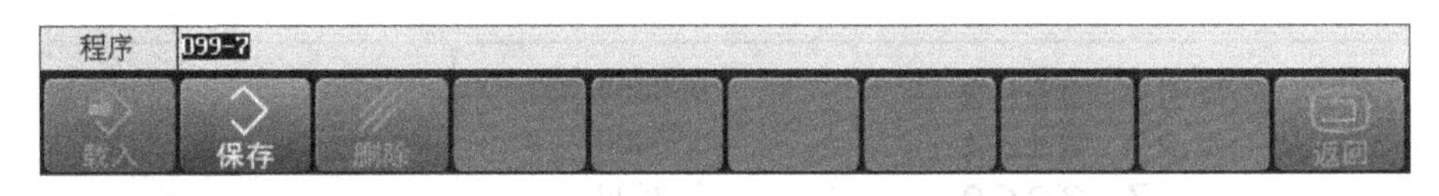

图 3-6-2 断点保存

(5) 按“Enter”键以确认操作。

2. 载入断点

(1) 如果在保存断点后关断了系统电源，则上电后首先应进行回参考点操作，否则直接按“程序”→“断点”键。

(2) 利用光标键选择目标文件所在的目录，切换到文件列表，选择需要载入的断点文件。

(3) 按“载入”键，系统会根据断点文件中的信息，恢复中断程序运行时的状态。

3. 删除断点

(1) 按“程序”→“断点”键，使用光标键选择断点文件。

(2) 按“删除”键，出现如图 3-6-3 所示的提示。

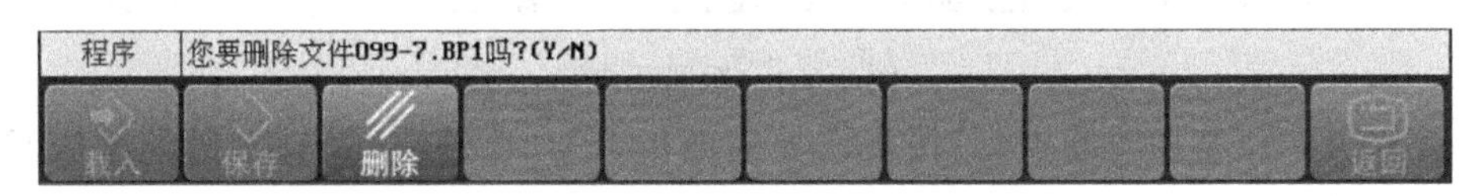

图 3-6-3 删除断点

(3) 按“Y”键(或“Enter”键)，将选中的断点文件从当前存储器上删除，按“N”键则取消删除操作。

注意

删除的程序文件不可恢复。

4. 返回断点

在保存断点后，如果对某些坐标轴还进行过移动操作，那么在从断点处继续加工之前，必须先重新定位至加工断点。

(1) 手动移动坐标轴到断点位置附近，并确保在机床自动返回断点时不发生碰撞。

(2) 按“MDI”→“返回断点”键，系统显示断点文件信息，如图 3-6-4 所示。

(3) 按“循环启动”键启动运行，系统将移动刀具到断点位置。

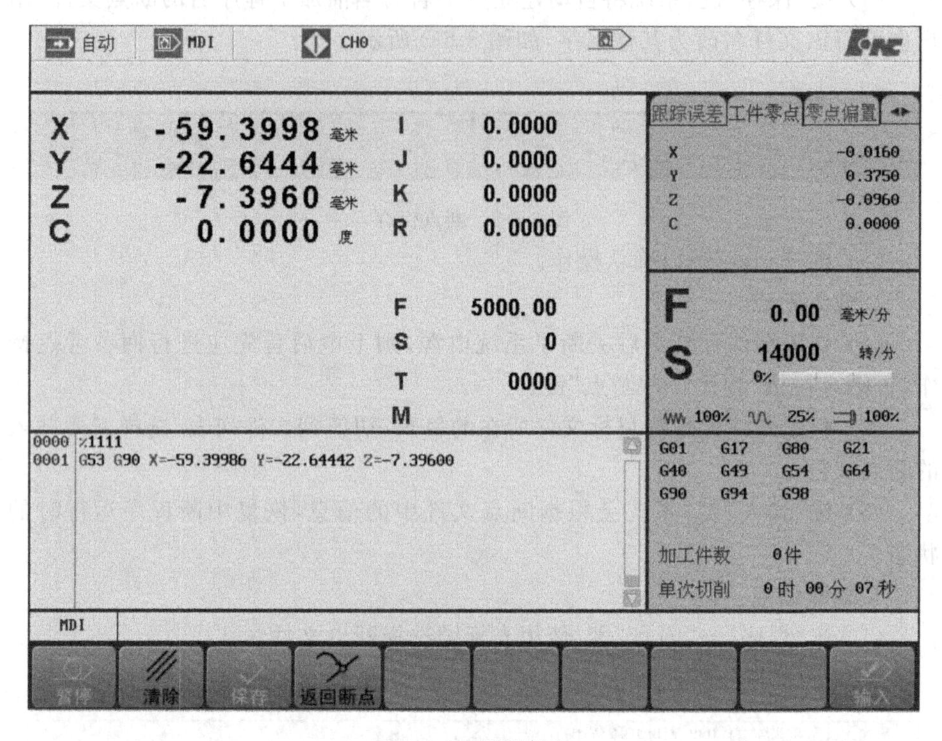

图 3-6-4　返回断点

(4) 定位至加工断点后，按机床控制面板上的“循环启动”键即可继续从断点处加工。

注意

(1) 在返回断点之前，必须载入相应的零件程序，否则系统会提示“不能成功恢复断点”；

(2) 在返回断点之前，最好手动添加主轴转速及进给量。

3.6.7　运行时干预

1. 进给速度修调

在自动方式或 MDI 运行方式下，当 F 代码编程的进给速度偏高或偏低时，可旋转进给修调波段开关，修调程序中编制的进给速度。修调范围为0～120%。

在手动连续进给方式下，此波段开关可调节手动进给速率。

2. 快移速度修调

有两种快移修调方式。

(1) 在自动方式或MDI运行方式下，旋转快移修调波段开关，修调程序中编制的快移速度。修调范围为0～100%。

(2) 在自动方式或MDI运行方式下，按下相应的快移修调倍率按钮。

3. 主轴修调

主轴正转及反转的速度可通过主轴修调调节：

旋转主轴修调波段开关，倍率的范围为50%～120%；机械齿轮换挡时，主轴速度不能修调。

4. 机床锁住

在手动方式下按一下"机床锁住"按键（指示灯亮），此时在自动方式下运行程序，可模拟程序运行，显示屏上的坐标轴位置信息变化，但不输出伺服轴的移动指令，所以机床停止不动。这个功能用于校验程序。

注意

(1) 即使是G28、G29功能，刀具也不运动到参考点；

(2) 在自动运行过程中，按"机床锁住"按键无效；

(3) 在自动运行过程中，只在运行结束时，方可解除机床锁住；

(4) 每次执行此功能后，须再次进行回参考点操作。

3.7 位置信息

3.7.1 坐标显示

在程序运行过程中，按"位置"→"坐标"键，可查看当前加工程序不同示值类型的位置信息，如图3-7-1所示。

注意

用户可以使用"设置"→"参数"→"显示参数"键，选择显示的示值类型。

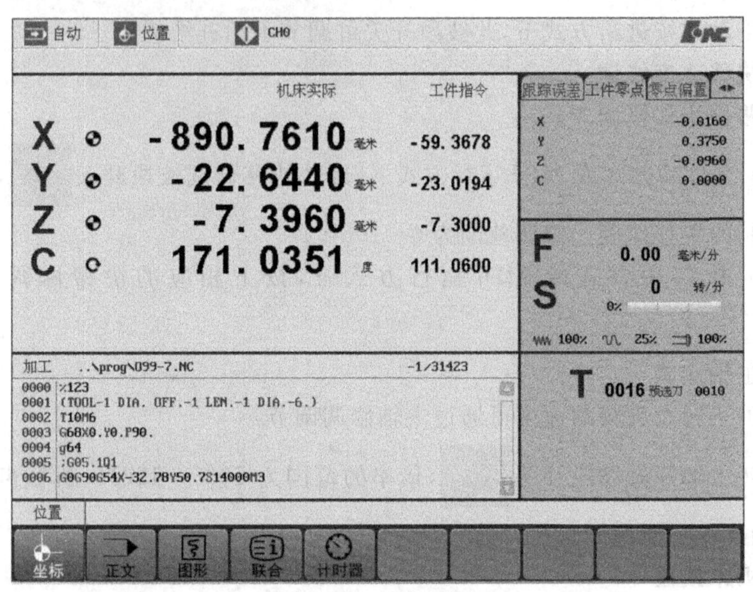

图 3-7-1　坐标显示

3.7.2　正文显示

在程序运行过程中，按“位置”→“正文”键，可查看程序运行时的 G 代码、坐标系信息、M 指令及进给速度 F 等，如图 3-7-2 所示。

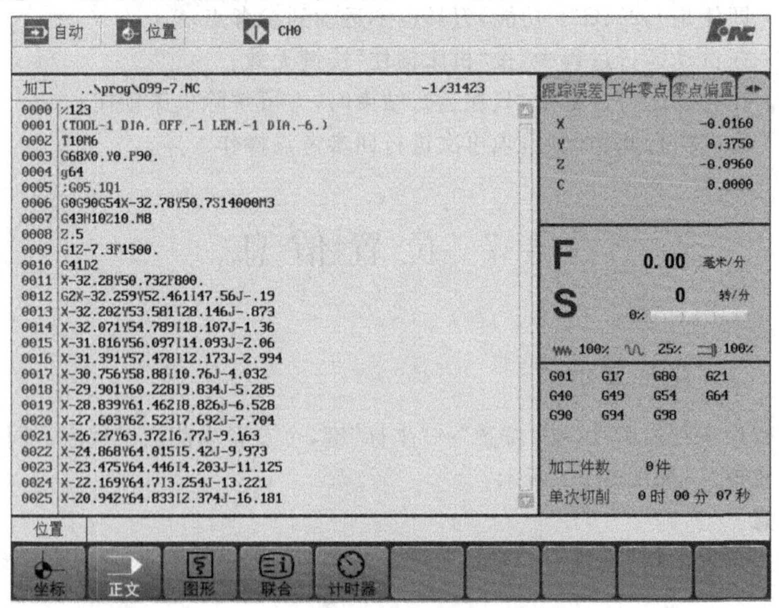

图 3-7-2　正文显示

3.7.3 图形显示

1. 图形操作

在程序运行过程中，按“位置”→“图形”→“图形操作”键，模拟显示加工过程，如图 3-7-3 所示。

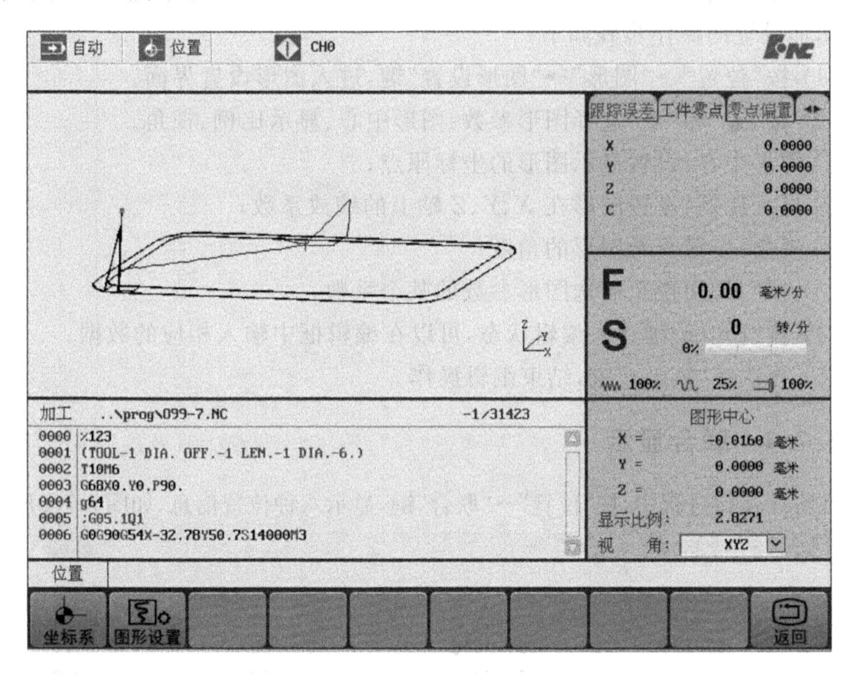

图 3-7-3 图形显示

用户可以使用快捷键改变图形的显示方式。

(1) 切换视图：用户可以按“1”、“2”、“3”、“4”、“5”键分别显示不同的视图。

① 1：*XYZ* 视图。

② 2：*XY* 视图。

③ 3：*YZ* 视图。

④ 4：*XZ* 视图。

⑤ 5：同时显示上述四种视图。

(2) 图形缩放：按“PgUp”、“PgDn”键实现图形的缩放。

① PgUp：放大视图。

② PgDn：缩小视图。

(3) 图形旋转：按“+”、“-”、“▶”、“◀”、“▲”或“▼”。

① “+”、“-”：以 *Y* 轴为中心旋转。

② “▶”、“◀”：以 Z 轴为中心旋转。

③ “▲”、“▼”：以 X 轴为中心旋转。

注意

在程序运行过程中，不能对图形进行设置操作。

2. 图形设置

图形设置的操作步骤如下。

(1) 按“位置”→“图形”→“图形设置”键，进入图形设置界面。

(2) 按“▲”和“▼”选择图形参数：图形中心、显示比例、视角。

① 图形中心：设置显示图形的坐标原点；

② 显示比例：设置图形在 X、Y、Z 轴上的缩放系数；

③ 视角：设置查看图形的角度。

(3) 按“▶”切换至所选图形参数的某个系数。

(4) 按“Enter”键进入编辑状态，可以在编辑框中输入相应的数据。

(5) 再次按“Enter”键，结束编辑操作。

3.7.4 联合显示

在程序运行过程中，按“位置”→“联合”键，显示八种位置信息，如图 3-7-4 所示。

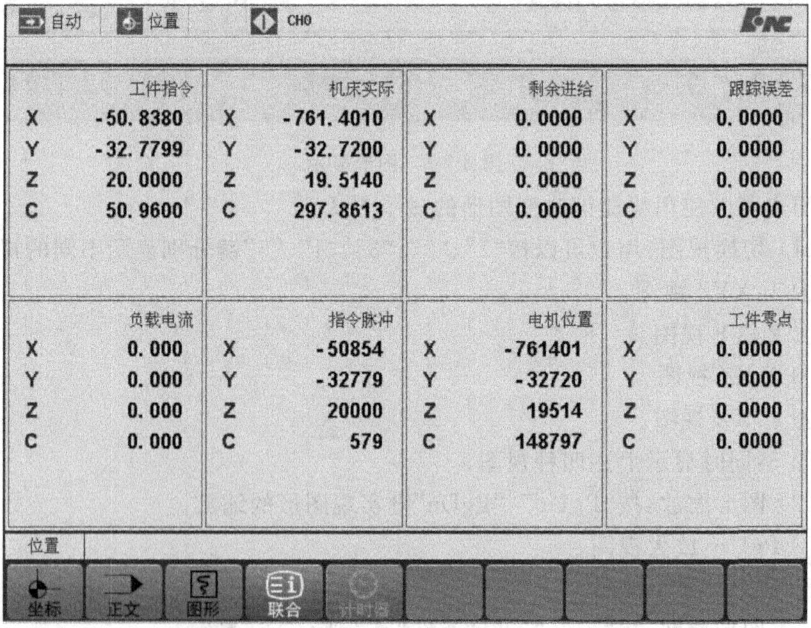

自动 位置 CH0

	工件指令		机床实际		剩余进给		跟踪误差
X	-50.8380	X	-761.4010	X	0.0000	X	0.0000
Y	-32.7799	Y	-32.7200	Y	0.0000	Y	0.0000
Z	20.0000	Z	19.5140	Z	0.0000	Z	0.0000
C	50.9600	C	297.8613	C	0.0000	C	0.0000

	负载电流		指令脉冲		电机位置		工件零点
X	0.000	X	-50854	X	-761401	X	0.0000
Y	0.000	Y	-32779	Y	-32720	Y	0.0000
Z	0.000	Z	20000	Z	19514	Z	0.0000
C	0.000	C	579	C	148797	C	0.0000

位置

坐标 正文 图形 联合 计时器

图 3-7-4 联合显示

3.7.5 计时器

按“位置”→“计时器”键，可以显示程序已加工时间及程序剩余时间。

3.8 诊　　断

3.8.1 报警显示

如果在系统启动或加工过程中出现了错误（即系统操作界面的标题栏上“运行正常”变为“出错”），可用诊断功能诊断出错原因。

(1) 按“诊断”→“报警显示”键，显示报警信息，如图 3-8-1 所示。

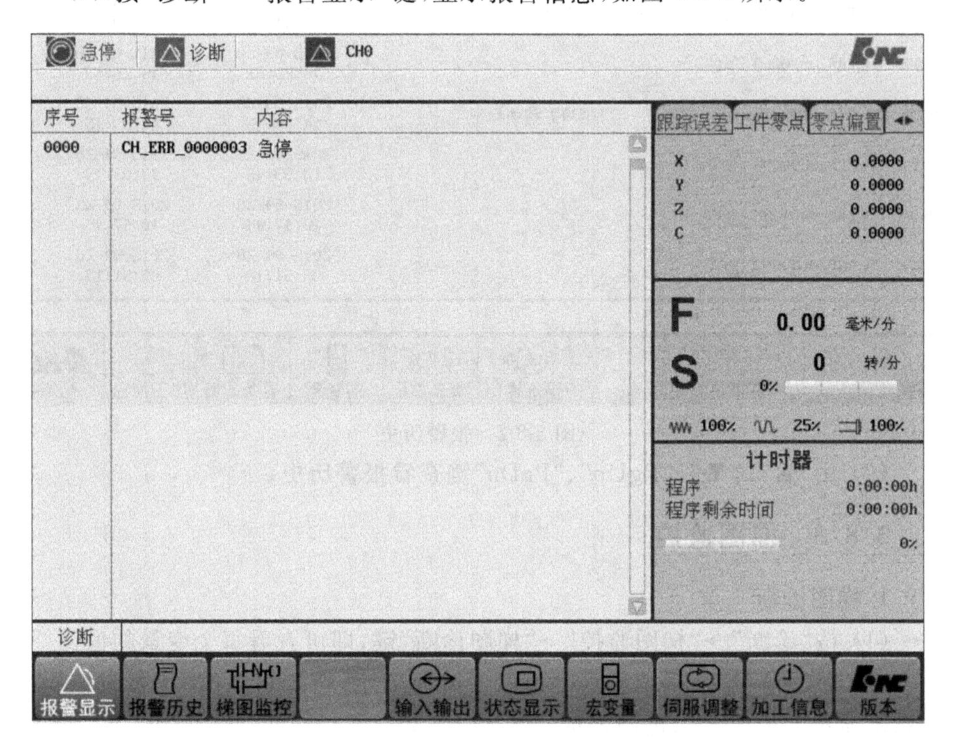

图 3-8-1　报警显示

(2) 用“▲”、“▼”、“PgUp”和“PgDn”键查看报警信息。

3.8.2 报警历史

(1) 按"诊断"→"报警历史"键,图形显示窗口将显示系统以前的错误,如图 3-8-2 所示。

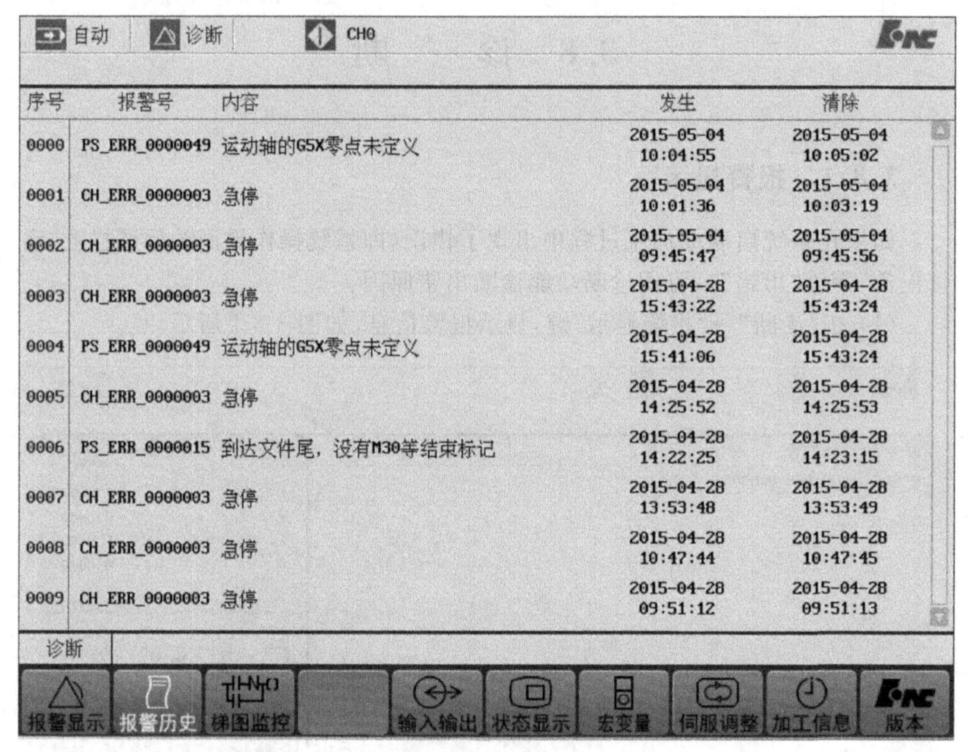

图 3-8-2 报警历史

(2) 用"▲"、"▼"、"PgUp"、"PgDn"键查看报警历史。

3.8.3 梯图监控

1. 梯图诊断

(1) 按"诊断"→"梯图监控"→"梯图诊断"键,即可查看每个变量的值。

(2) 默认情况下,系统显示的值以十进制表示,用户可以按"十六进制"键,则系统显示的值以十六进制表示。

(3) 使用光标键选择元件。

(4) 按"禁止"或"允许"键,屏蔽或激活元件。

(5) 按"恢复"键,可撤销上述屏蔽或激活元件的操作。

2. 查找

(1) 按“诊断”→“梯图监控”→“查找”键。

(2) 输入元件名,按“Enter”键,即可查找元件。

(3) 按“向上查找”或“向下查找”键,系统即可向上或向下查找到同名的元件。

3. 修改

此功能仅限于机床用户、数控厂家以及管理员使用。

(1) 按“诊断”→“梯图监控”→“修改”键。

(2) 使用光标键选择元件,按“Enter”键,系统则进入编辑状态。

(3) 用户可以在编辑框输入元件值。

(4) 再次按“Enter”键,完成编辑操作。

(5) 用户也可按“修改”键,进行新建元件的操作。

① 直线:插入直线。

② 竖线:插入竖线。

③ 删除元件:删除元件。

④ 删除竖线:删除竖线。

⑤ 常开:常开触点。

⑥ 常闭:常闭触点。

⑦ 逻辑输出。

⑧ 取反输出。

⑨ 功能模块(用户可以按元件的首写字母直接选择元件)。

注:关于元件的具体含义,参见华中数控的 HNC-8 型 PLC 数控装置编程说明书。

4. 命令

此功能仅限于机床用户、数控厂家以及管理员使用。

(1) 按“诊断”→“梯图监控”→“命令”键。

(2) 用户可以通过按以下相应按键编辑梯形图。

① 选择:选择光标所在行;

② 删除:删除光标所在行;

③ 移动:移动用户所选的元件;

④ 复制:复制用户所选的元件;

⑤ 粘贴:粘贴用户所选的元件;

⑥ 插入行:在光标所在行之前插入一行;

⑦ 增加行:在光标所在行之后插入一行。

5. 载入

此功能仅限于机床用户、数控厂家以及管理员使用。

按“诊断”→“梯图监控”→“载入”键，系统则载入当前梯形图信息。

6. 放弃

此功能仅限于机床用户、数控厂家以及管理员使用。

按“诊断”→“梯图监控”→“放弃”键，可撤销对梯形图的编辑操作。

7. 保存

此功能仅限于机床用户、数控厂家以及管理员使用。

按“诊断”→“梯图监控”→“保存”键，可保存对梯形图的编辑操作。

3.8.4　示波器

1. 采集伺服波形

(1) 选择采样程序。

(2) 按“诊断”→“示波器”键。

(3) 使用光标键选择调试的类型：

① 圆测试；

② 速度；

③ 刚性攻螺纹；

④ PLC 信号。

(4) 按“采样开始”键后，再按“循环启动”键，则可以查看伺服运行情况。

(5) 用户可以按“采样停止”键，停止采样。

2. 采样方式

用户可以切换以下两种采样方式。

(1) 示波器方式(按“PgUp”键切换至此方式)，系统自动采集数据，直至用户按“采样停止”键。

(2) 存储方式(按“PgDn”键切换至此方式)，系统采集指定的数据后，停止采集数据。

3. 修改伺服波形显示

用户可以通过快捷键查看采样图形：

(1) 圆测试。

① 按“＋”键：采样图像增大；

② 按“－”键：采样图像缩小；

③ 按“＝”键：恢复默认的采样图像大小。

(2) 速度。

① 按数字键“1”、“2”、“3”、“4”、“5”分别对应配置的轴。

② 按“＋”键：图像沿 Y 轴方向放大。

③ 按“－”键:图像沿 Y 轴方向缩小。

④ 按“＝”键:恢复 X、Y 轴方向的图像大小。

⑤ 按“[”键:图像沿 X 轴方向放大。

⑥ 按“]”键:图像沿 X 轴方向缩小。

⑦ 按“▶”键:向右移动图像。

⑧ 按“◀”键:向左移动图像。

⑨ 按 Alt＋▲键:图像上移。

⑩ 按 Alt＋▼键:图像下移。

(3) 刚性攻螺纹。

① 按“＋”键:图像沿 Y 轴方向放大。

② 按“－”键:图像沿 Y 轴方向缩小。

③ 按“＝”键:恢复 X、Y 轴方向的图像大小。

④ 按“[”键:图像沿 X 轴方向放大。

⑤ 按“]”键:图像沿 X 轴方向缩小。

⑥ 按“▶”键:向右移动图像。

⑦ 按“◀”键:向左移动图像。

⑧ 按 Alt＋▲键:图像上移。

⑨ 按 Alt＋▼键:图像下移。

(4) PLC 信号。

① 按“＝”键:恢复 X 轴方向的图像大小;

② 按“[”键:图像沿 X 轴方向放大;

③ 按“]”键:图像沿 X 轴方向缩小;

④ 按“▶”键:向右移动图像;

⑤ 按“◀”键:向左移动图像。

4. 通道配置

(1) 按“诊断”→“示波器”→“配置”→“通道配置”键。

(2) 使用光标键选择需要设置的类型(圆测试、速度、刚性攻螺纹)和轴号,按“Enter”键,系统进入编辑状态。

(3) 输入需采集的轴号,按“Enter”键,完成编辑操作。

5. PLC 配置

(1) 按“诊断”→“示波器”→“配置”→“PLC 配置”键,如图 3-8-3 所示。

(2) 使用光标键选择需编辑的项目,按“Enter”键,系统进入编辑状态。各字段含义如下。

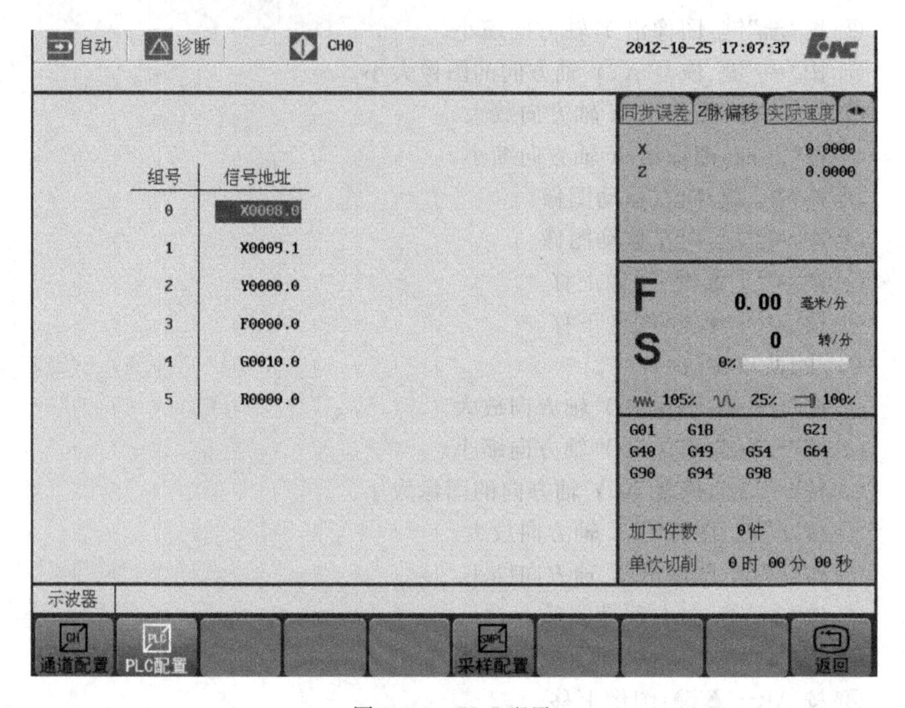

图 3-8-3 PLC 配置

X 0008 . 0

- 0 → 取寄存器第几位
- 0008 → 偏移地址
- X → 寄存器名：X/Y/F/G/R

6. 采样配置

(1) 按“诊断”→“示波器”→“配置”→“采样配置”键。

(2) 使用光标键选择设置选项，按“Enter”键，系统进入编辑状态。

① 采样周期：输入范围为 1～1000 ms；

② 采样点数：此参数仅对存储时有效，输入范围为 100～10000 点。

(3) 再按“Enter”键，以确认设置。

7. 导出文件

用户可以将采样数据保存在系统盘中，步骤如下。

(1) 按“诊断”→“示波器”→“导出”键。

(2) 输入文件名。

(3) 按“Enter”键，则此文件保存在系统盘的 tmp 目录下。

8. 参数

此功能根据用户所选的采样类型，显示不同的选项。

(1) 圆速度：用户可以设置半径。

① 按“诊断”→“示波器”→“参数”键；

② 输入半径数据；

③ 按“Enter”键，则设置完毕。

(2) 刚性攻螺纹：用户可以设置螺距数据，用于刚性攻螺纹参数的设置。

① 按“诊断”→“示波器”→“参数”键；

② 输入螺距数据；

③ 按“Enter”键，则设置完毕。

注：如果 Z 轴与 C 轴的转动方向相反（Z 轴向下且 C 轴正转、Z 轴向上且 C 轴反转），螺距数据＝(－1)×实际螺距；如果 Z 轴与 C 轴的转动方向相同（Z 轴向下且 C 轴反转、Z 轴向上且 C 轴正转），螺距数据＝实际螺距。

3.8.5 输入输出

(1) 按“诊断”→“输入输出”键，如图 3-8-4 所示。

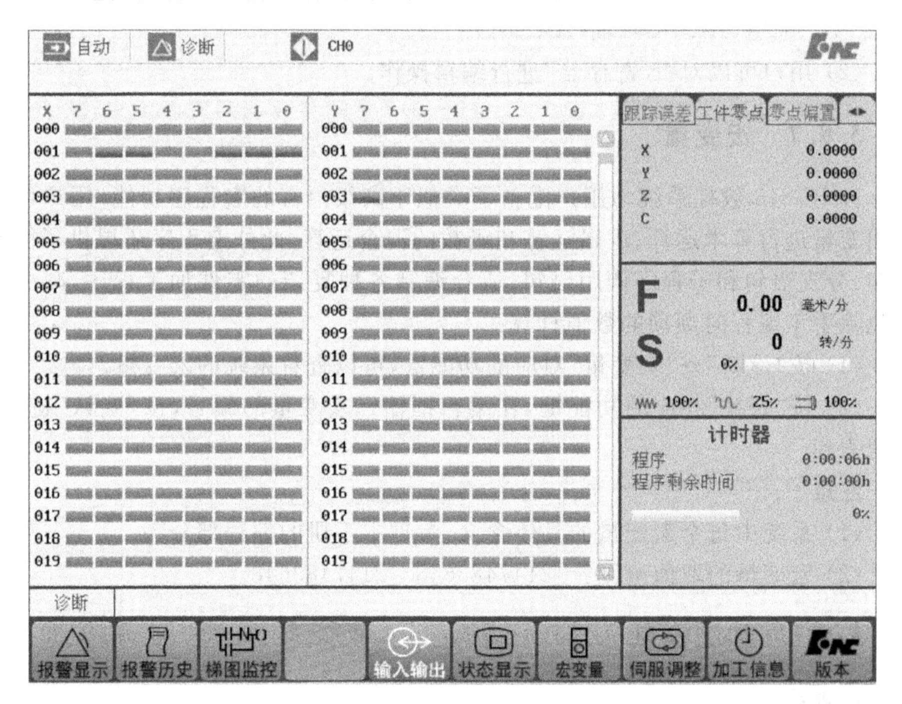

图 3-8-4 输入输出显示

(2) 用“PgUp”和“PgDn”键选择查看X、Y寄存器的状态。

3.8.6 状态显示

(1) 按“诊断”→“状态显示”键。

(2) 用“▲”和“▼”键选择需要查看的寄存器类型。

① X:机床输入到PMC;

② Y:PMC输出到机床;

③ F:CNC输出到PMC;

④ G:PMC输入到CNC;

⑤ R:中间继电器状态显示;

⑥ B:断电保护数据显示。

(3) 按“PgUp”和“PgDn”键进行翻页浏览。

(4) 按“二进制”、“十进制”或“十六进制”键,查看寄存器的值。

(5) 使用“查找”按键:精确查找某个寄存器的值。

注意

(1) 用户可以分类查看“G寄存器”,分别按对应的功能键或快捷键:系统(Alt+S)、通道(Alt+C)、轴(Alt+A)。

(2) 用户可以对“B寄存器”进行编辑操作。

3.8.7 宏变量

HNC-818数控系统为用户配备了类似于高级语言的宏程序功能,用户可以使用变量进行算术运算、逻辑运算和函数的混合运算,此外宏程序还提供了循环语句、分支语句和子程序调用语句,适合编制各种复杂的零件加工程序,减少乃至免除手工编程时烦琐的数值计算。

(1) 按“诊断”→“宏变量”对应的功能键,可以查看系统的宏变量。

(2) 按“查找”相应的功能键,在编辑框输入宏变量的编号,按“确认”键,即可搜索到。

注意

(1) 系统中每个宏变量的具体含义,参见本手册的编程部分。

(2) 宏变量的取值范围:-2147483648~2147483648。

3.8.8 加工信息

1. 查看

(1) 按“诊断”→“加工信息”→“运行统计”键,则可查看加工信息。

2. 设置

此功能仅限于机床用户、数控厂家以及管理员使用。

（1）按“诊断”→“加工信息”→“预设”键，可设置加工信息。

（2）使用光标键，移动光标选择需设置的选项。

（3）按“Enter”键。

3. 清零

此功能仅限于机床用户、数控厂家以及管理员使用。

按“诊断”→“加工信息”→“清零”键，清除当前所有加工统计信息。

注意

用户在修改时间后手动清零加工统计时间相关数据，否则会显示错误的统计数据。

4. 日志

（1）按“诊断”→“加工信息”→“日志”键，显示系统的调试信息。

（2）使用光标键，移动光标选择日志类型。

3.8.9 版本

用户可以通过按“诊断”→“版本”键，查看系统版本信息，如图 3-8-5 所示。

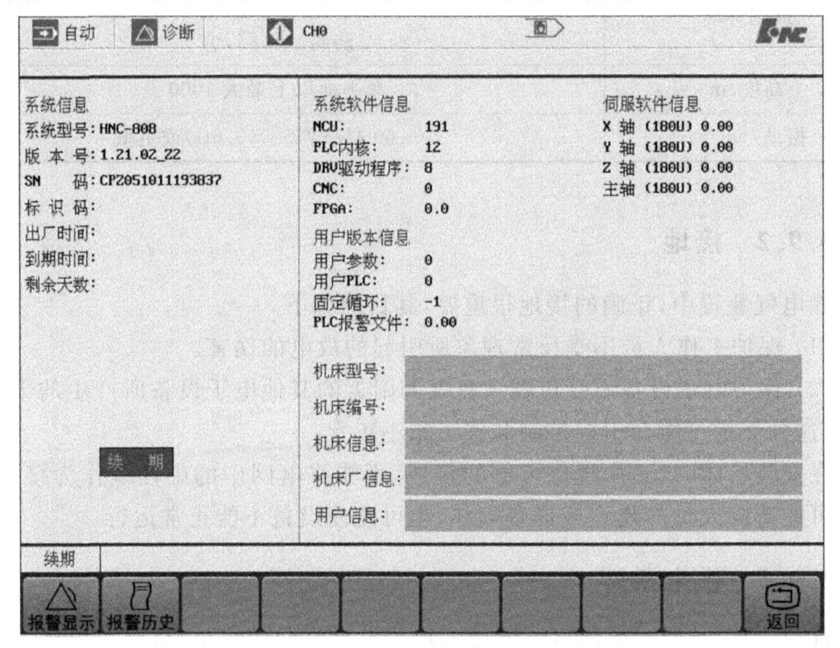

图 3-8-5 版本信息

3.9 用户使用与维护信息

3.9.1 环境条件

HNC-818 数控系统的运行环境条件如表 3-9-1 所示。

表 3-9-1 HNC-818 数控系统的运行环境条件

环境	条件
工作温度/(℃)	0～+45 不冻
温度变化/(℃/min)	<1.1
相对湿度	90%RH 或更低(不凝) 正常情况:75%或更小 短期(一个月内):最大为 95%
储存温度/(℃)	-20～+60 不冻
储存湿度	不凝
周围环境	室内(不晒)
	防腐,烧,雾,尘
高度/m	海平面以上最大 1000
振动/(m/s)	10～60 Hz 时,5.9(0.6G)或更低

3.9.2 接地

在电气装置中,正确的接地很重要,其目的如下。

(1) 保护工作人员不受反常现象所引起的放电的伤害。

(2) 保护电子设备不受机器本身及其附近的其他电子设备所产生的干扰的影响,这种干扰可能会引起控制装置工作不正常。

在安装机床时,必须提供可靠的接地,不能将电网中的中性线作为接地线,否则可能造成人员的伤亡或设备损坏,也可能使设备不能正常运行。

3.9.3 供电条件

HNC-818 数控装置的供电电源由机床电气控制柜提供,机床供电电源请参见机床安装说明书。

3.9.4 风扇过滤网清尘

风扇是数控装置通风散热的重要元件，为保证灰尘不至于随风扇进入装置，在进风和出风口都设有过滤网。

由于长时间使用，灰尘会逐渐堵塞过滤网，造成通风条件变差，严重时会影响设备正常运行，使用者应定期清洗所有过滤网。一般情况下建议每三个月清洗一次，环境条件较差时应缩短清洗周期。

3.9.5 长时间闲置后使用

数控装置长时间闲置后使用，首先应进行清尘、干燥处理，然后检查数控装置的连线、接地情况，再通电一段时间，在确保系统无故障后才能重新运行。

第4章 华中数控系统铣床编程说明

4.1 编程基础

4.1.1 数控编程概述

1. 零件程序的含义

零件程序是用数控装置专用编程语言书写的一系列指令（应用得最广泛的是国际标准化组织规定的代码（ISO 码））。

数控装置将零件程序转化为对机床的控制动作。

早期使用的程序存储介质是穿孔纸带和磁盘，现在常用的是 U 盘和 CF 卡。

2. 准备零件程序

如图 4-1-1 所示，可以用传统的方法手工编制一个零件程序，也可以用一套 CAD/CAM 系统（如目前流行的 MasterCAM、UG 等）来创建一个零件程序。

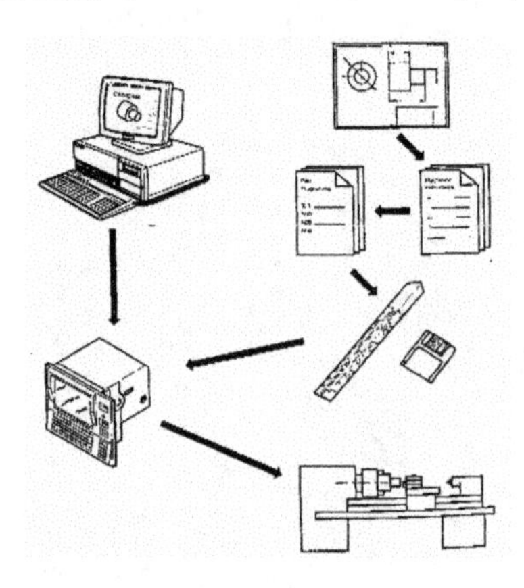

图 4-1-1 准备一个零件程序

4.1.2 数控机床概述

1. 机床坐标轴

为简化编程和保证程序的通用性，对数控机床的坐标轴和方向命名制定了统一的标准，规定直线进给坐标轴用 X、Y、Z 表示，常称基本坐标轴；围绕 X、Y、Z 轴旋转的圆周进给坐标轴分别用 A、B、C 表示，常称旋转坐标轴。

1）基本坐标轴 X、Y、Z

机床坐标轴的方向取决于机床的类型和各组成部分的布局。X、Y、Z 坐标轴的相互关系用右手定则决定，如图 4-1-2 所示，图中大拇指的指向为 X 轴的正方向，食指指向为 Y 轴的正方向，中指指向为 Z 轴的正方向。

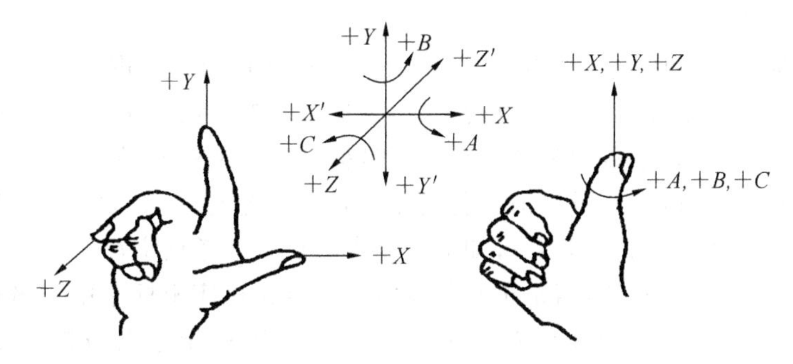

图 4-1-2 机床坐标轴

对于单立柱立式铣床（或加工中心），由于其为有旋转主轴的机床，先确定 Z 轴方向：主轴轴线方向为 Z 轴方向，刀具离开工件的方向为 Z 轴正方向。然后确定 X 轴方向：操作者面向立柱时，在工作台移动过程中，刀具相对于工件向右移动的方向为 X 轴正方向。再确定 Y 轴方向：根据右手定则即可确定刀具相对于工件向立柱移动的方向为 Y 轴正方向。数控机床的进给运动，有的由主轴带动刀具运动来实现，有的由工作台带着工件运动来实现。上述坐标轴正方向，是假定工件不动，刀具相对于工件做进给运动的方向。如果是工件移动则用加“′”的字母表示，按相对运动的关系，工件运动的正方向恰好与刀具运动的正方向相反，即有

$$+X=-X',\quad +Y=-Y',\quad +Z=-Z'$$

$$+A=-A',\quad +B=-B',\quad +C=-C'$$

同样，两者运动的负方向也彼此相反。

2）旋转坐标轴

围绕 X、Y、Z 轴旋转的圆周进给坐标轴分别用 A、B、C 表示，根据右手螺旋定则，如图 4-1-2 所示，以大拇指指向 $+X$、$+Y$、$+Z$ 方向，则食指、中指等的指

向是圆周进给运动的$+A$、$+B$、$+C$方向。

2. 机床参考点、机床原点和机床坐标系

1）机床参考点

机床参考点是机床上一个固定的机械点（有的机床是通过行程开关和挡块确定，有的机床是直接由光栅零点确定）。通常在机床的每个坐标轴的移动范围内设置一个机械点，由它们构成一个多轴坐标系的一点。参考点主要是给数控装置提供一个固定不变的参照，保证每一次上电后进行的位置控制不受系统失步、漂移、热胀冷缩等的影响。参考点的位置，可根据不同的机床结构设定，但一经设计、制造和调整后，该点便被固定下来。机床启动时，通常要进行机动或手动回参考点操作，以确定机床原点。

2）机床原点

机床原点是机床中一个固定的点，数控装置以其为参照进行位置控制。数控装置上电时并不知道机床原点的位置，当进行回参考点操作后，机床到达参考点位置，并调出系统参数中参考点在机床坐标系中的坐标值，从而使数控装置确定机床原点的位置（即通过当前位置的坐标值确定坐标零点），实现将人为设置的机械参考点转换为数控装置可知的控制参考点。参考点位置和系统参数值不变，则机床原点位置不变，当系统参数设定参考点在机床坐标系中的坐标值为0时，回参考点后显示的机床位置各坐标值均为0，即机床原点与机床参考点重合，以后机床无论通过何种方式移动，均可通过计算脉冲数而知道机床实际位置相对于机床原点的位置。

3）机床坐标系

机床坐标系是机床固有的坐标系。以机床原点为原点，各坐标轴平行于各机床轴的坐标系称为机床坐标系。

机床坐标轴的有效行程范围是由软件限位来界定的，其值由制造商定义。机床原点（O_M）、机床参考点（o_m）、机床坐标轴的机械行程及有效行程如图4-1-3所示。

3. 工件坐标系、程序原点

工件坐标系是编程人员在编程时使用的，编程人员选择工件上的某一已知点为原点（也称编程原点），建立一个平行于机床各轴方向的坐标系，称为工件坐标系。工件坐标系一旦建立便一直有效，直到被新的工件坐标系所取代。

工件坐标系的引入是为了简化编程、减少计算，使编辑的程序不因工件安装的位置不同而不同。虽然数控系统进行位置控制的参照是机床坐标系，但我们一般都是在工件坐标系下操作或编程的。

工件坐标系的原点选择要尽量满足编程简单、尺寸换算少、引起的加工误差

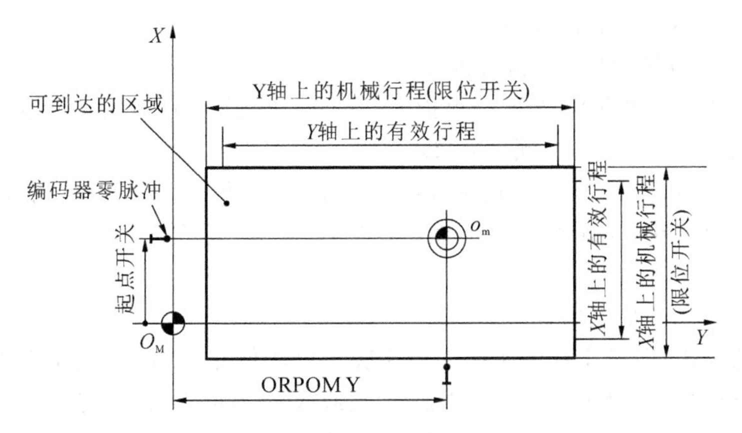

图 4-1-3 机床原点 O_M 和机床参考点 o_m

小等条件。一般情况下，工件坐标系原点应选在尺寸标注的基准点；对称零件或以同心圆为主的零件，程序原点应选在对称中心线或圆心上。Z 轴的程序原点通常选在工件的上表面。

加工开始时要设置工件坐标系，用 G92 指令可建立工件坐标系；用 G54～G59 指令可选择工件坐标系。

4.2 程序构成

配置华中数控系统的数控铣床编程方法与数控车床的类似，其程序构成的有关知识可参考本书 2.2 节相关内容，此处不再赘述。

4.3 辅助功能

4.3.1 M 指令

华中数控系统数控铣床编程时，也会用到辅助功能 M 指令、主轴功能 S 指令、进给速度 F 指令、刀具功能 T 指令，其使用方法与数控车床编程时类似。

辅助功能代码由地址字 M 及其后的数字组成，主要用于控制零件程序的走向、机床各种辅助开关动作，以及指定主轴启动、主轴停止、程序结束等辅助功能。

数控铣床辅助功能指令与数控车床的类似，相同之处不再赘述，下面仅详细介绍与其不同的一些指令。

1. CNC **内定的辅助指令**

1）程序暂停（M00）与选择停（M01）

程序暂停指令 M00 与选择停指令 M01 的功能与使用方法参见本书2.3节。

2）程序暂停（手动干预）（M92）

当 CNC 执行到 M92 时程序暂停，等待循环启动，但与 M00 不同，此时用户可以手动干预各轴，指令其运动，然后切换到“自动”模式按下“循环启动”键，继续运行当前程序。

M92 可用于如下场合：

手动镗孔时，当镗刀自动加工到孔底后机床停止运行，将工作方式转换为“手动”，通过手动操作使刀具抬刀到 B 点或 R 点高度上方，并避开工件。然后工作方式恢复为自动，再循环启动程序，刀位点回到 B 点或 R 点。用此指令一般铣床就可完成精镗孔，不需主轴准停功能，如图 4-3-1 所示。

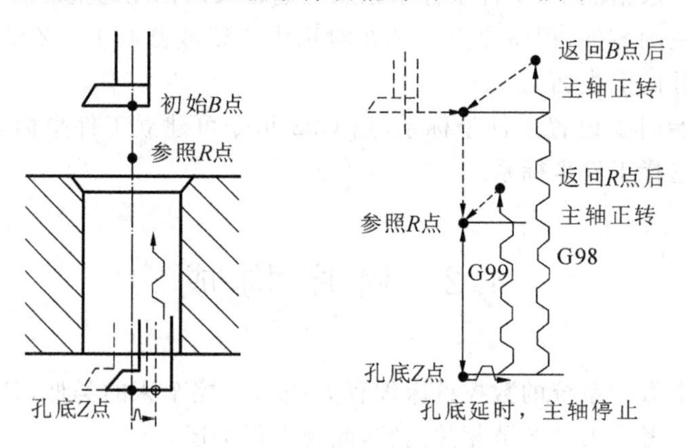

图 4-3-1　M92 指令的应用

手动测量时，用户通过对话式界面手动对刀具或工件进行测量，CNC 内部实际将其处理为手动测量循环，循环中在适当的地方插入 M92 程序段，用以引导用户完成整个测量任务，如循环执行到 M92 程序段，程序暂停，用户切换到“手动”模式，测量轴运行到测量位置，然后再切换到“自动”模式，按下“循环启动”键继续运行测量循环。

3）程序暂停（不能手动干预）（M93）

M93 指令等同于 M00 指令。与 M92 不同，M93 暂停程序时用户不能进行手动干预。

4）程序结束并返回（M30）

M30 和 M02 功能基本相同，只是 M30 指令还兼有控制返回到零件程序头（%）的作用。M02 指令的功能参见本书 2.3 节。

使用 M30 的程序结束后，若要重新执行该程序，只需再次按机床控制面板上的“循环启动”键。

5）子程序调用功能

如果程序含有固定的顺序或频繁重复的模式，这样的一个顺序或模式可以在存储器中存储为一个子程序以简化该程序。

子程序调用功能参见本书 2.3 节有关内容。

2. PLC 设定的辅助功能

1）主轴控制（M03、M04、M05）

M03、M04、M05 指令的功能与使用方法参见本书 2.3 节。

2）换刀（M06）

M06 用于在加工中心上调用一个欲安装在主轴上的刀具。当执行该指令时，刀具将被自动地安装在主轴上。如：

M06 T01　　　　　;01 号刀将被安装到主轴上

M06 为非模态后作用 M 指令。

对于斗笠式刀库机床，其换刀过程如下（如将主轴上的 15 号刀换成 01 号刀，即执行 M06 T01 指令）：

① 主轴快移到固定的换刀位置（该位置已由调试人员设置完成）；

② 主轴旋转定向；

③ 刀库旋转到该刀位置（即刀库表中的 0 组刀号位置 15）；

④ 气缸推动刀库，卡住主轴上刀具；

⑤ 主轴上气缸松开刀具，吹气清理主轴；

⑥ 主轴上移，并完全离开刀具；

⑦ 刀库旋转到将更换刀具的位置（即 01 号位置，此时刀库表中的 0 组刀号变为 01）；

⑧ 主轴向下移动，接住刀具；

⑨ 主轴上气缸夹紧刀具；

⑩ 刀库退回原位；

⑪ 主轴解除定向。

3）冷却液控制（M07、M08、M09）

冷却液控制 M07、M08、M09 指令的功能参见本书 2.3 节。

4）计件（M64）

M64 指令的功能参见本书 2.3 节的相关内容。

5）主轴定向（M19、M20）

M19　主轴定向。

M20　取消主轴定向。

4.3.2　S 指令

S 指令功能与使用方法参见本书 2.3 节有关内容。

4.3.3　F 指令

F 指令功能与使用方法参见本书 2.3 节有关内容。

4.3.4　T 指令

T 指令用于选刀，其后的数值表示选择的刀具号，T 指令与刀具的关系是由机床制造厂规定的。

在加工中心上执行 T 指令，刀库转动选择所需的刀具，然后等待，直到 M06 指令作用时自动完成换刀。

对于斗笠式刀库，要求 M06 指令和 T 指令写在同一程序段中。换刀时要注意刀库表中，0 组刀号(如显示 15)为主轴上所夹持刀具在刀库中的位置号，在换其他刀具时，要将该刀具还给刀库中该位置，此时刀库中该位置不得有刀具，否则将发生碰撞。刀库表中的刀具为系统自行管理，一般不得修改，开机时刀库中正对主轴的刀位，应与刀库表中 0 组刀号相同，且刀库上该位置不得有刀具。

因此，上刀时，建议先将刀具安装在主轴上，然后在 MDI 模式下，运行 M 指令和 T 指令(如：M06 T01)，通过主轴将刀具安装到刀库中。

4.4　插补功能

4.4.1　线性进给(G01)

格式

G01 X_ Y_ Z_ F_

参数含义

X、Y、Z　线性进给终点，采用指令 G90 时为终点在工件坐标系中的坐标；采用指令 G91 时为终点相对于起点的位移量。

F　合成进给速度。

注意

G01 指令刀具以联动的方式，按 F 指令规定的合成进给速度，从当前位置按线性路线(联动直线轴的合成轨迹为直线)移动到程序段指定的终点。

G01 是模态指令,可由 G00、G02、G03 或 G33 指令注销。

举例

如图 4-4-1 所示,使用 G01 编程:要求从 *A* 点线性进给到 *B* 点(此时的进给路线是 *A*→*B* 的直线)。

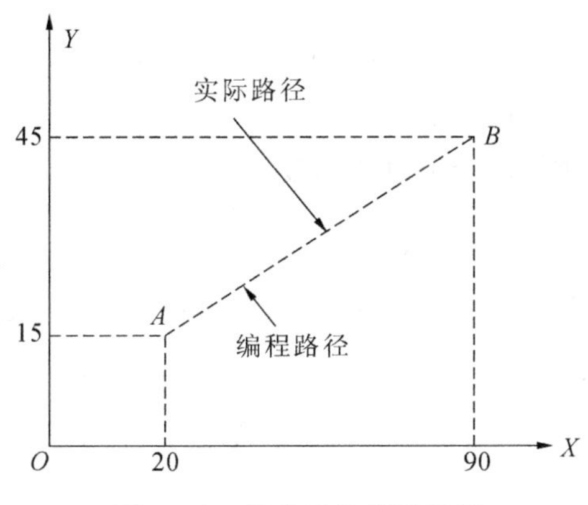

图 4-4-1 线性进给编程实例

绝对编程:

G90 G01 X90 Y45 F800

增量编程:

G91 G01 X70 Y30 F800

4.4.2 圆弧进给(G02、G03)

格式

$$G17\begin{Bmatrix}G02\\G03\end{Bmatrix}X\_\ Y\_\begin{Bmatrix}I\_\ J\_\\R\_\end{Bmatrix}F\_$$ *XY* 平面圆弧插补

$$G18\begin{Bmatrix}G02\\G03\end{Bmatrix}X\_\ Z\_\begin{Bmatrix}I\_\ K\_\\R\_\end{Bmatrix}F\_$$ *ZX* 平面圆弧插补

$$G19\begin{Bmatrix}G02\\G03\end{Bmatrix}Y\_\ Z\_\begin{Bmatrix}J\_\ K\_\\R\_\end{Bmatrix}F\_$$ *YZ* 平面圆弧插补

参数含义

G02 顺时针圆弧插补(如图 4-4-2 所示)。

G03 逆时针圆弧插补(如图 4-4-2 所示)。

G17 *XY* 平面的圆弧。

G18 *ZX* 平面的圆弧。

G19　YZ 平面的圆弧。

X、Y、Z　采用指令 G90 时为圆弧终点在工件坐标系中的坐标；采用指令 G91 时为圆弧终点相对于圆弧起点的位移量。

I,J,K　圆心相对于圆弧起点的有向距离(见图 4-4-3)，无论绝对或增量编程时都是以增量方式指定，整圆编程时不可以使用 R，只能用 I、J、K(其值分别用 i、j、k 表示)。

R　圆弧半径。当圆弧圆心角小于 180°即为劣弧时，R 为正值；当圆弧圆心角大于 180°即为优弧时，R 为负值。

F　被编程的两个轴的合成进给速度。

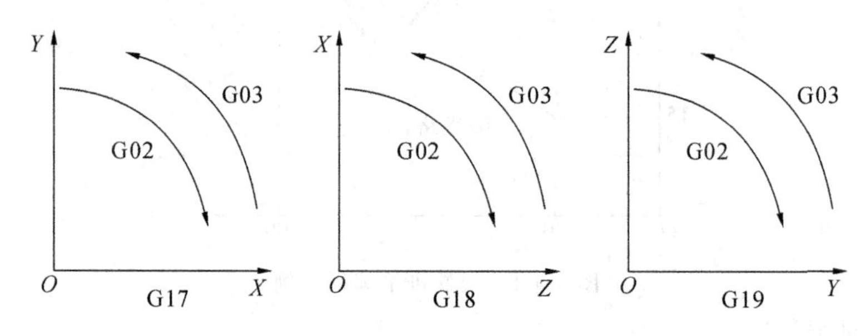

图 4-4-2　不同平面的 G02 与 G03 选择

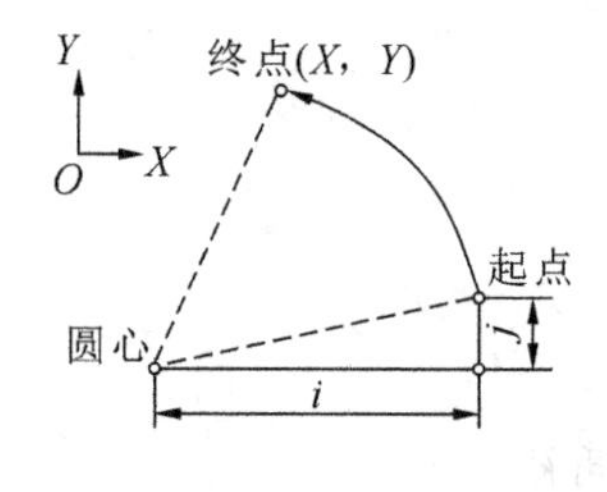

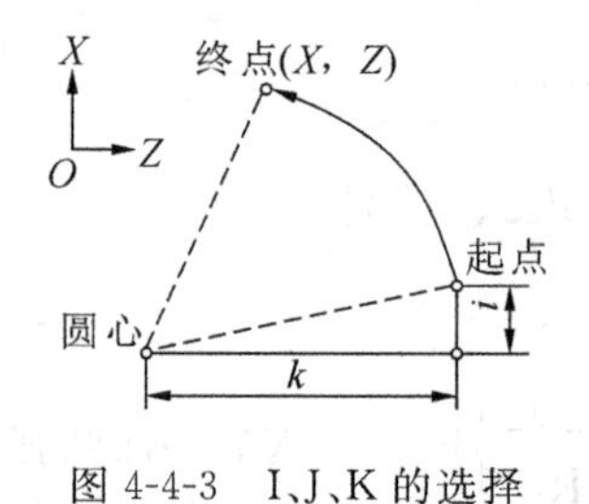

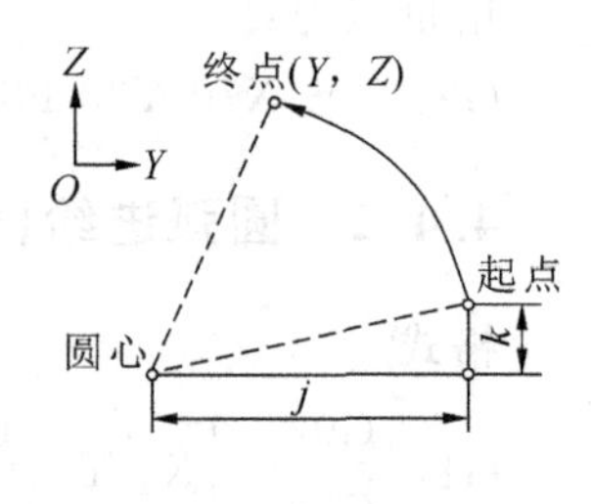

图 4-4-3　I、J、K 的选择

注意

(1) 不是整圆编程时，定义 R 方式与定义 I、J、K 方式只需选择一种。当两种方式都定义时，R 方式有效。

(2) 圆弧插补方向：在直角坐标系中，从 Z 轴由正到负的方向看 XY 平面决定该平面的顺时针或逆时针方向。同理，从 Y 轴由正到负的方向看 ZX 平面决定该平面的顺时针或逆时针方向，从 X 轴由正到负的方向看 YZ 平面决定该平面的顺时针或逆时针方向。

举例

(1) 使用 G02 对图 4-4-4 所示劣弧 a 和优弧 b 编程。

圆弧编程的 4 种方法组合(见图 4-4-4)如下。

① 圆弧 a。

G91 G02 X30 Y30 R30 F300

G91 G02 X30 Y30 I30 J0 F300

G90 G02 X0 Y30 R30 F300

G90 G02 X0 Y30 I30 J0 F300

② 圆弧 b。

G91 G02 X30 Y30 R30 F300

G91 G02 X30 Y30 I0 J30 F300

G90 G02 X0 Y30 R30 F300

G90 G02 X0 Y30 I0 J30 F300

(2) 使用 G02/G03 对图 4-4-5 所示的整圆编程。

① 从 A 点顺时针转一周时。

G90 G02 X30 Y0 I30 J0 F300

G91 G02 X0 Y0 I30 J0 F300

② 从 B 点逆时针转一周时。

G90 G03 X0 Y30 I0 J30 F300

G91 G03 X0 Y0 I0 J30 F300

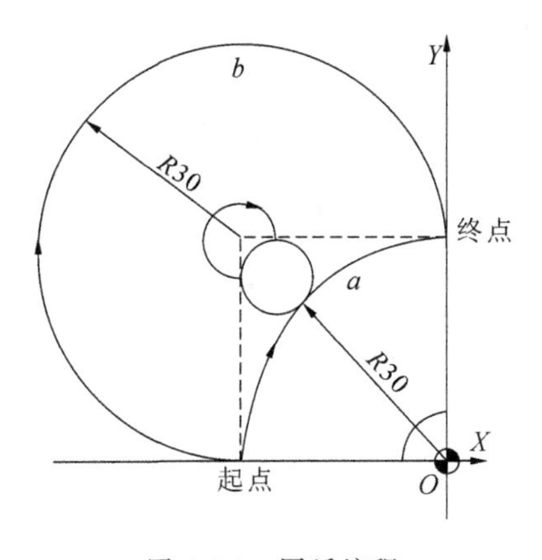

图 4-4-4 圆弧编程

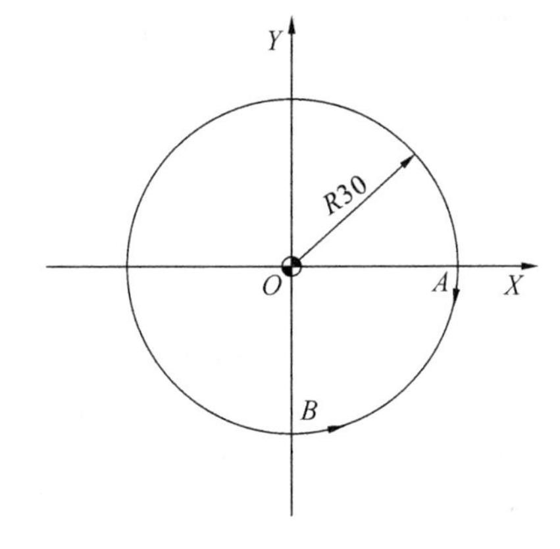

图 4-4-5 整圆编程

4.4.3 三维圆弧插补(G02.4、G03.4)

通过指定圆弧上的三个不重合的点(起点、中间点和终点),可以在三维空间上进行圆弧插补。

格式

G02.4 X_ Y_ Z_ I_ J_ K_ F_

G03.4 X_ Y_ Z_ I_ J_ K_ F_

参数含义

X、Y、Z　指定空间圆弧终点位置，G90方式下指定终点坐标，G91方式下指定从起点到终点的有向距离。

I、J、K　指定空间圆弧中间点坐标。

F　指定进给速度。

注意

（1）I、J、K指定：I、J、K指定中间点坐标，无论G90方式还是G91方式，均指定从起点到中间点的有向距离。

（2）圆弧方向：空间圆弧不分旋转方向，因此G02.4与G03.4相同。

（3）特殊点位：当圆弧起点、中间点及终点中任意两点重合或三点处于同一直线时，系统将产生报警。

（4）补偿功能：使用三维圆弧插补时，请取消刀具半径补偿等补偿功能。

（5）整圆编程：三维圆弧插补指令不能指定整圆（起点和终点一致），若要指定整圆，可将整圆分成几段，然后分段指定。

举例

加工如图4-4-6所示三段空间圆弧，其程序如下。

```
%1234
G90 X80 Y0 Z80
F2000
G64
G03.4 X80 Y-80 Z0 I88 J0 K0
X0 Y-80 Z80 I32 J-74 K32
X80 Y0 Z80 I0 J0 K88
M30
```

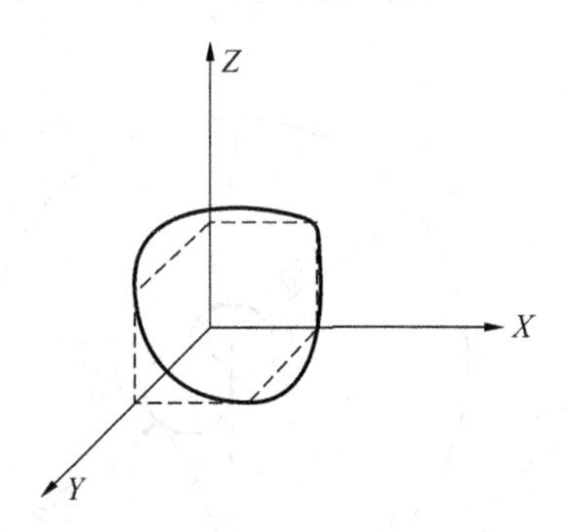

图4-4-6　三段空间圆弧

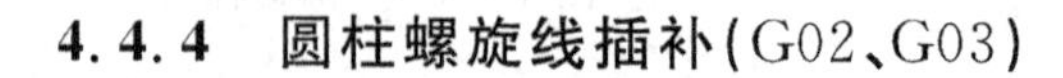

4.4.4　圆柱螺旋线插补(G02、G03)

格式

$$G17\left\{\begin{matrix}G02\\G03\end{matrix}\right\}X\_\ Y\_\ Z\_\left\{\begin{matrix}I\_J\_\\R\_\end{matrix}\right\}Z\_\ F\_$$

$$G18\left\{\begin{matrix}G02\\G03\end{matrix}\right\}X\_\ Z\_\ Y\_\left\{\begin{matrix}I\_K\_\\R\_\end{matrix}\right\}Y\_\ F\_$$

$$G19\left\{\begin{matrix}G02\\G03\end{matrix}\right\}Y\_\ Z\_\ X\_\left\{\begin{matrix}J\_K\_\\R\_\end{matrix}\right\}X\_\ F\_$$

参数含义

G17　指定在 XY 平面上进行圆弧插补值。

G18　指定在 ZX 平面上进行圆弧插补值。

G19　指定在 YZ 平面上进行圆弧插补值。

G02　顺时针圆弧插补。

G03　逆时针圆弧插补。

X　圆弧插补 X 轴的移动量或圆弧终点 X 轴坐标。

Y　圆弧插补 Y 轴的移动量或圆弧终点 Y 轴坐标。

Z　圆弧插补 Z 轴的移动量或圆弧终点 Z 轴坐标。

R　圆弧半径(带符号,"+"劣弧,"－"优弧)。

I　圆弧起始点 X 轴距离圆弧圆心的距离(带符号),圆锥线插补选择 YZ 平面时为旋转一周的高度增减量。

J　圆弧起始点 Y 轴距离圆弧圆心的距离(带符号)。

K　圆弧起始点 Z 轴距离圆弧圆心的距离(带符号)。

F　进给速度,模态有效。

L　螺旋线旋转圈数(不带小数点的正数)。

说明

L 只有在 G91 增量编程的时候有效。

举例

如图 4-4-7 所示,用 ϕ10 mm 的键槽刀加工直径为 50 mm 的孔,孔深 10 mm。

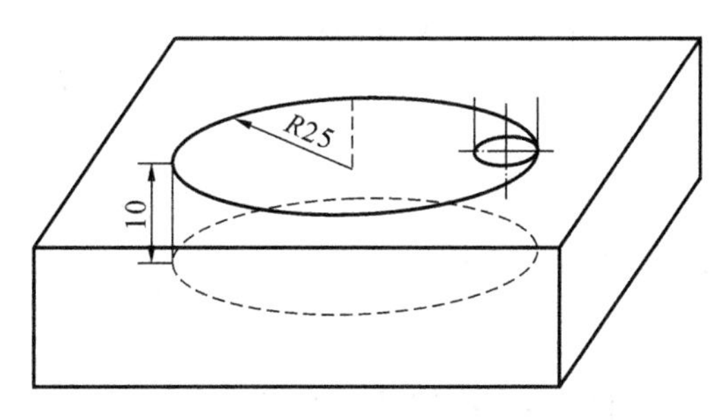

图 4-4-7　加工孔

%3317

N1 G54

N2 G00 X0 Y0 Z30 M03 S800

N3 X20

N4 G01 Z1 F400

N5 G91 G03 I－20 Z－10 L10 F100

N6 G03 I－20

N7 G90 G01 Z5 F600

N8 G00 Z30

N9 X0 Y0

N10 M30

4.4.5 虚轴指定及正弦线插补(G07)

格式

G07 X_ Y_ Z_ A_

参数含义

X、Y、Z、A　被指定轴后跟数字 0,则该轴为虚轴,后跟数字 1,则该轴为实轴。

说明

G07 为虚轴指定和取消指令,G07 为模态指令。

若一轴为虚轴,则此轴只参加计算,不运动。虚轴仅对自动操作有效,对手动操作无效。

用 G07 可进行正弦曲线插补,即在螺旋线插补前,将参加圆弧插补的某一轴指定为虚轴,则螺旋线插补变为正弦线插补。

举例

使用 G03 对图 4-4-8 所示的正弦线编程。

%3319

N01 G90 G00 X－50 Y0 Z0

N02 G07 X0 G91

N03 G03 X0 Y0 I0 J50 Z60 F800

N04 M30

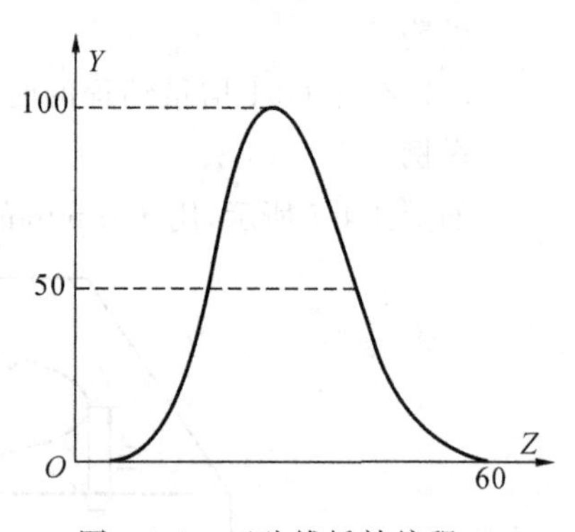

图 4-4-8　正弦线插补编程

4.4.6 NURBS 样条插补(NURBS)

通过指定 NURBS 曲线的 3 个参数(控制点、加权、节点)进行 NURBS 样条插补。

格式

NURBS P_ K_ IP_ W_ F_ E_

参数含义

P NURBS 曲线的阶数，只支持 3 次样条，P 为 4。

K 节点。

IP 控制点坐标。

W 加权。

F 进给速度。

E 第二进给速度。

（1）取消插补。

NURBS 属于 01 组模态，通过指定 G01 或 G00 等可以解除 NURBS 插补模态。

（2）曲线阶数。

P 指定 NURBS 曲线的阶数：

P=4 表示 3 次 NURBS 曲线；

P 为模态地址字，P 将一直保持有效直至被改变或指定了 01 组模态其他指令。

（3）节点。

在 NURBS 插补中，必须指定将第一控制点作为起点，将最终控制点作为终点。

此外，指定首段程序的节点时，请使用如下格式。

单样条：NURBS P4 K{0,0,0,0,1} X1 Y0 Z0

双样条：NURBSB P4 K{0,0,0,0,0.5} Q{10,0,0,38.28,0,28.28} W1 F60

（4）加权。

加权即为相同程序段内中所指定的控制点的权重。当省略时，默认值为 1.0。

（5）第二进给速度。

进给速度 F 指定 NURBS 曲线插补运行中的进给速度，但为了避免 NURBS 插补终点速度降至很低，使用第二进给速度 E 指定插补结束进给速度。

与 F 不同，E 为非模态指令，不指定 E 则默认 E=0。

注意

在进行 NURBS 曲线插补时，最后一段必须显式指定 E 为非 0 正数，否则插补结束时速度将会降为 0，也即是采用了默认第二进给速度 E。

(6) 补偿。

在 NURBS 曲线插补方式中不能使用刀具半径补偿。

说明

单样条 NURBS 一般用于三轴小线段插补。

双样条 NURBS 一般用于五轴小线段插补。

举例

使用单样条 NURBS 插补如图 4-4-9 所示整圆,$R=50$ mm。

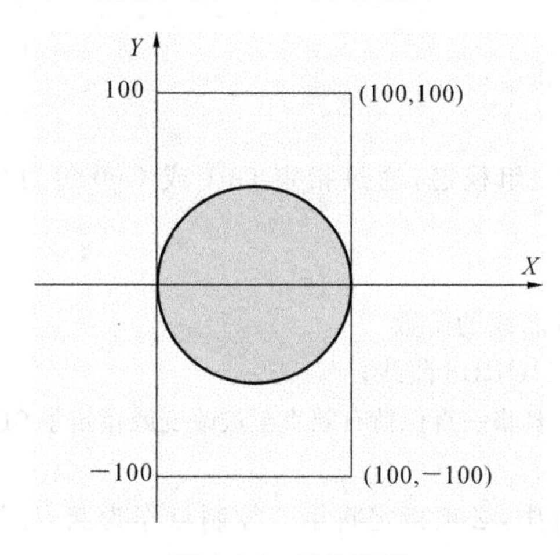

图 4-4-9 插补整圆

```
%0001
G54
G90 G17 F500 G64
NURBS P4 K{0.0,0.0,0.0,0.0,0.5} X0.0 Y0.0 Z0.0 W1.0
K0.5 X0.0000 Y100.0 W0.3333
K0.5 X100.0 Y 100.0 W0.3333
K1.0 X100.0 Y0.0 W1.0
K1.0 X100 Y-100.0 W0.3333
K1.0 X0.0 Y-100 W0.3333
K1.0 X0.0 Y0.0 W1.0
M30
```

4.4.7 HSPLINE 样条插补(HSPLINE)

Hermite 插补功能同样能够提高小线段加工效果,使加工表面光顺。与 NURBS 曲线不同的是,Hermite 曲线通过控制点,而 NURBS 曲线不通过控制点。系统通过指定 Hermite 曲线的控制点以及矢量进行样条插补。

格式

HSPLINE P_ X_ Y_ Z_ I_ J_ K_ F_

参数含义

X、Y、Z 控制点坐标。

I、J、K 控制点矢量。

F Hermite 曲线阶数。

(1) 取消插补。

HSPLINE 属于 01 组模态，通过指定 G01 或 G00 等可以解除 HSPLINE 插补模态。

(2) 曲线次数。

P 指定 HSPLINE 样条曲线的次数，目前这个值必须为 3。

(3) 补偿。

在 HSPLINE 曲线插补方式中不能使用刀具半径补偿。

举例

使用 3 次 Hermite 样条插补如图 4-4-10 所示空间曲线。

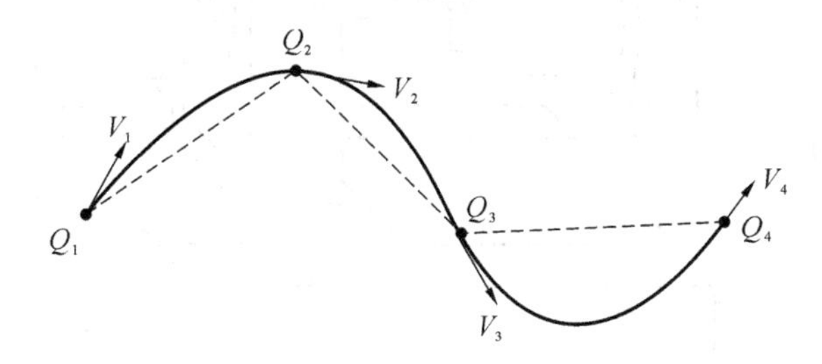

图 4-4-10 插补样条

```
%0001
G54 G0 X0 Y0 Z0
G90 G17 F1000 G64
G01 X11.9280 Y0.0520 Z-7.8010
HSPLINE P3 X0.005 Y-0.987 Z0.040 I1.000 J-0.026 K-0.002    ;Q1
X0.748 Y-0.727 Z0.027 I0.756 J0.655 K-0.016                ;Q2
X1.049 Y-1.097 Z0.023 I0.967 J0.256 K-0.011                ;Q3
X1.249 Y-0.727 Z0.053 I0.497 J0.866 K0.050                 ;Q4
M30
```

4.4.8 极坐标插补(G12、G13)

当机床只有一个旋转轴和直线轴时,对如图 4-4-11 所示的轮廓进行编程比较困难。在这种情况下应用极坐标插补功能,能够直接在平面内对轮廓进行编程,降低了编程难度。其中直线轴为横轴,旋转轴(假想轴)为纵轴。

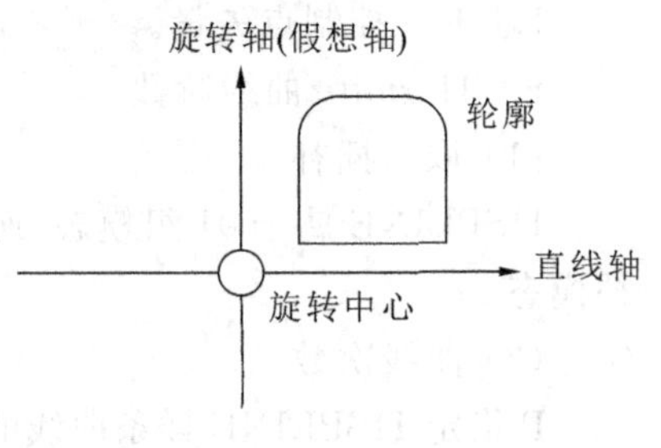

图 4-4-11 加工轮廓

极坐标插补主要用于对工件断面进行铣削加工,如图 4-4-12 所示。

格式

G12 IP_

G13

参数含义

G12 IP_ 定义极坐标插补平面原点,并启动极坐标插补。

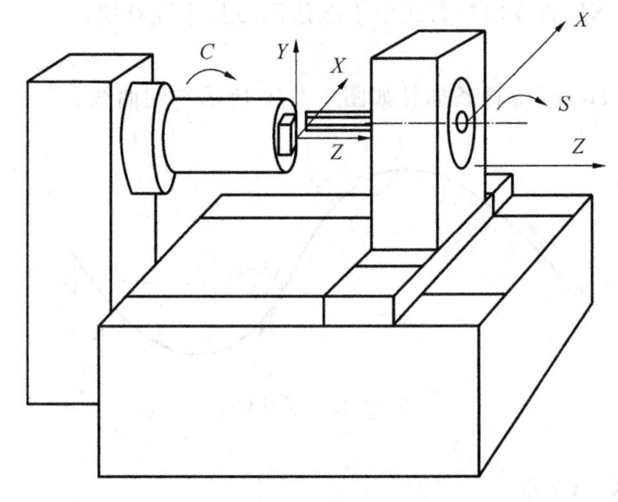

图 4-4-12 断面铣削

G13 取消极坐标插补。

(1) 极坐标插补平面旋转中心位置。

有三种方式定义极坐标插补中旋转中心的位置。

① 在启动极坐标插补 G12 中指定旋转中心在机床坐标系下的位置,如 G12 X10 C20;

② 在通道参数中指定旋转中心的位置,详见后文说明;

③ 旋转中心位置设置在工件坐标系原点。

以上三种方式均能指定旋转中心的位置,它们之间的优先级关系是:如果方式1中没有定义旋转中心的位置，则采用方式2中定义的旋转中心的位置，这时如果方式2中也未定义（如Parm040095、Parm040096、Parm040097其一为−1），将采用方式3中定义的旋转中心的位置，如果方式3中也未定义，则报错。

（2）极坐标插补平面。

极坐标插补是在极坐标插补平面上进行的，该平面是由进行极坐标插补的直线轴和与之正交的假想轴组成的，前者作为平面的横轴，后者作为平面的纵轴。

在极坐标平面上可以任意指定直线插补或者圆弧插补。

（3）参数指定极坐标插补。

参数指定极坐标插补如图4-4-13所示，参数说明如表4-4-1所示。

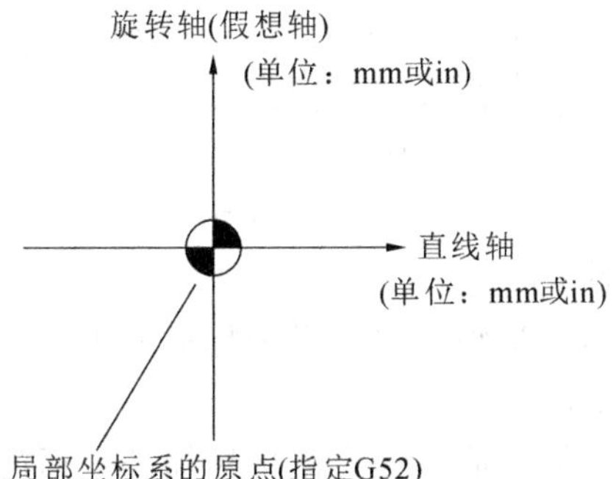

图4-4-13 参数指定极坐标插补

表4-4-1 参数说明

	参数索引号	默认值	参数说明
通道参数CH0	Parm040095	0（X轴）	极坐标插补直线轴轴号
	Parm040096	5（C轴）	极坐标插补旋转轴轴号
	Parm040097	1（Y轴）	极坐标插补假想轴轴号
	Parm040098	0.000	极坐标插补的旋转中心直线轴坐标
	Parm040099	0.000	极坐标插补假想轴偏心量

（4）假想轴偏心量。

当旋转轴的中心不在直线轴上时，如图4-4-14所示，可通过偏移旋转中心的方式补偿，偏移量通过通道参数Parm040099“极坐标插补假想轴偏心量”来设置。

（5）圆弧插补。

在极坐标插补平面内进行圆弧插补（G02、G03），根据极坐标插补平面第一

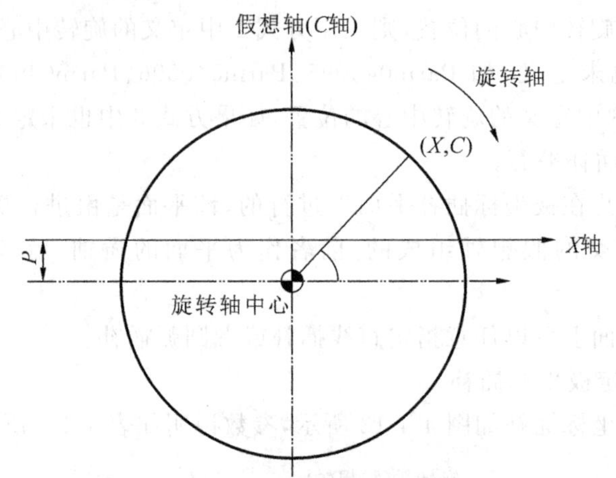

(X,C)　XC平面上的点(将旋转轴中心作为XC平面的零点)
X　XC平面中的X轴坐标值
C　XC平面中的假想轴坐标值
P　假想轴方向的误差值

图 4-4-14　假想轴偏心量

轴(直线轴)确定坐标系平面。

Parm040095＝0　将 X 轴设置为极坐标插补平面的直线轴，XY 平面指定 G02、G03，使用 I、J、R 编程。

Parm040095＝1　将 Y 轴设置为极坐标插补平面的直线轴，YZ 平面指定 G02、G03，使用 J、K、R 编程。

Parm040095＝2　将 Z 轴设置为极坐标插补平面的直线轴，ZX 平面指定 G02、G03，使用 I、K、R 编程。

(6) 补偿。

应该在进入极坐标插补方式前取消刀具半径补偿和刀具长度补偿，并在极坐标插补方式内指定刀具补偿。

举例

利用极坐标插补指令对如图 4-4-15 所示实例进行编程。

```
%0001
N100 G90 G00 X60.0 C0             ;定位到开始位置
STOC
N200 G12 X－20 C0                 ;极坐标插补开始
N201 G42 D01 G01 X20.0            ;开始指定轮廓，基于极坐标插补平面
N202 C10.0
N203 G03 X10.0 C20.0 R10.0
```

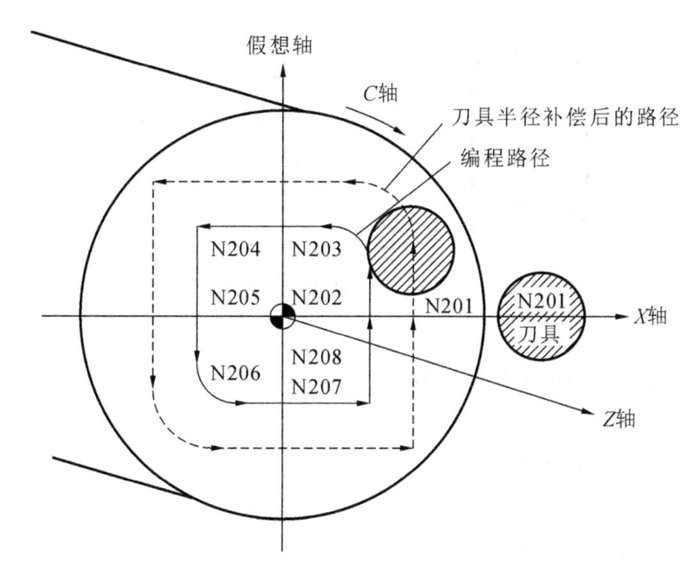

图 4-4-15 极坐标插补实例

```
N204 G01 X-20.0
N205 C-10.0
N206 G03 X-10.0 C-20.0 I10.0 J0
N207 G01 X20.0
N208 C0
N209 G40 X60.0
N210 G13                        ;极坐标插补取消
CTOS
M30
```

4.4.9 圆柱面插补(G07.1)

将角度指定的旋转轴的移动量在 CNC 内部换成沿外表面的直线轴的距离，这样可以与另一个轴配合进行直线插补或圆弧插补。在插补之后，这一距离再变为旋转轴的移动量。简单来说，就是将圆柱面展开，用户在该圆柱面上进行编程，如图 4-4-16 所示，主要用于槽铣削工艺。

格式

```
G07.1 RC_
G07.1 RC=0
```

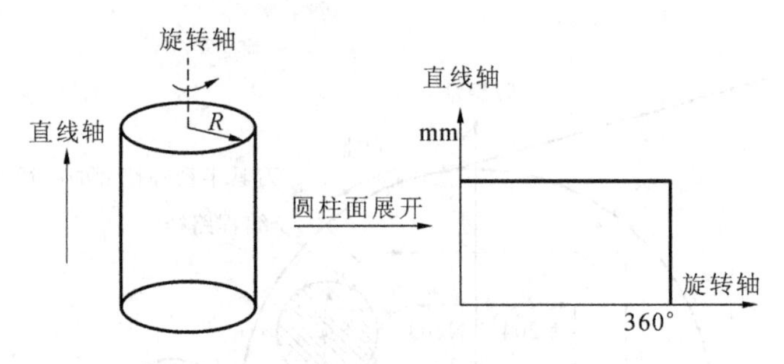

图 4-4-16 圆柱面插补

参数含义

G07.1 RC_ 圆柱面插补开始。

G07.1 RC=0 圆柱面插补结束。

RC 圆柱工件截面半径。

相关参数

相关参数及说明如表 4-4-2 所示。

表 4-4-2 相关参数说明

	参数索引号	默认值	参数说明
通道参数（CH0）	Parm040090	5（*C* 轴）	圆柱面插补旋转轴轴号
	Parm040091	2（*Z* 轴）	圆柱面插补直线轴轴号
	Parm040092	1（*Y* 轴）	圆柱面插补平行轴轴号

注意

圆柱面插补需要将通道参数 04X002 配成－1，如果必须有 *Y* 轴，需要在圆柱面插补前释放 *Y* 轴，执行完后再恢复 *Y* 轴。

(1) 补偿。

应该在进行圆柱面插补前取消刀具半径补偿和刀具长度补偿，并在圆柱面插补程序中指定刀具补偿。

(2) 圆弧插补。

在圆柱面插补平面内进行圆弧插补（G02、G03），根据圆柱面插补平行轴确定坐标系平面。

Parm040092=0 将 *X* 轴设置为圆柱面插补平面的横轴，*XY* 平面指定 G02、G03，使用 I、J、R 编程。

Parm040092=1 将 *Y* 轴设置为圆柱面插补平面的横轴，*YZ* 平面指定 G02、G03，使用 J、K、R 编程。

Parm040092＝2 将 Z 轴设置为圆柱面插补平面的横轴，ZX 平面指定 G02、G03，使用 I、K、R 编程。

举例

利用圆柱面插补指令加工如图 4-4-17 所示图形，编程如下。

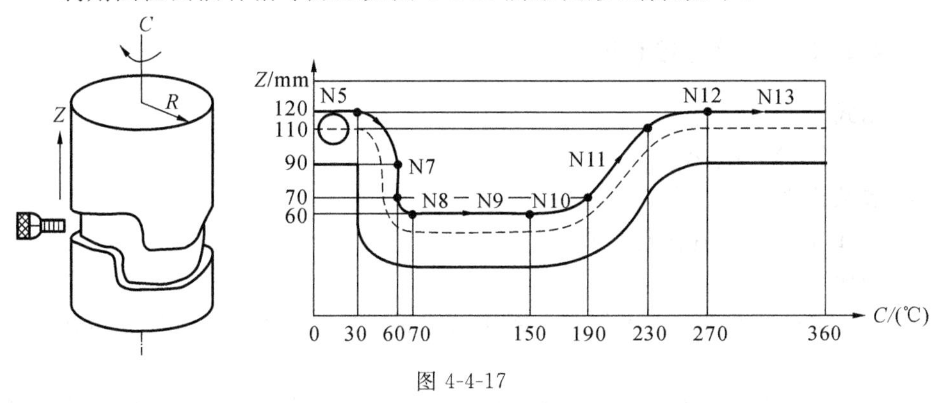

图 4-4-17

```
%0001
N1 G00 G00 Z100.0 C0
N2 G01 G19 Z0 C0
N3 G07.1 RC=57.29
N4 G01 G42 D1 Z120.0 F250
N5 C30.0
N6 G02 Z90.0 C60.0 R30.0
N7 G01 Z70.0
N8 G03 Z60.0 C70.0 R10.0
N9 G01 C150.0
N10 G03 Z70.0 C190.0 R75.0
N11 G01 Z110.0 C230.0
N12 G02 Z120.0 C270.0 R75.0
N13 G01 G360.0
N14 G40 Z100.0
N15 G07.1 RC=0
N16 M30
```

4.5 进给功能

4.5.1 快速进给(G00)

格式

G00 X_ Y_ Z_ A_

参数含义

X、Y、Z、A 快速定位终点。

说明

(1) G90 时为终点在工件坐标系中的坐标，G91 时为终点相对于起点的位移量。

(2) G00 指令中刀具相对于工件以各轴预先设定的速度从当前位置快速移动到程序段指定的定位目标点。

(3) G00 指令中的快移速度由机床参数“快移进给速度”对各轴分别设定，不能用 F 规定。

(4) G00 一般用于加工前快速定位或加工后快速退刀，快移速度可由面板上的快速修调旋钮修正。

(5) G00 为模态指令，可由 G01、G02、G03 或 G33 指令注销。

注意

在执行 G00 指令时，由于各轴以各自速度移动，不能保证各轴同时到达终点，因而联动直线轴的合成轨迹不一定是直线。操作者必须格外小心，以免刀具与工件发生碰撞。常见的做法是，将 *Z* 轴移动到安全高度，再执行 G00 指令。

举例

如图 4-5-1 所示，使用 G00 编程，要求刀具从 *A* 点快速定位到 *B* 点。

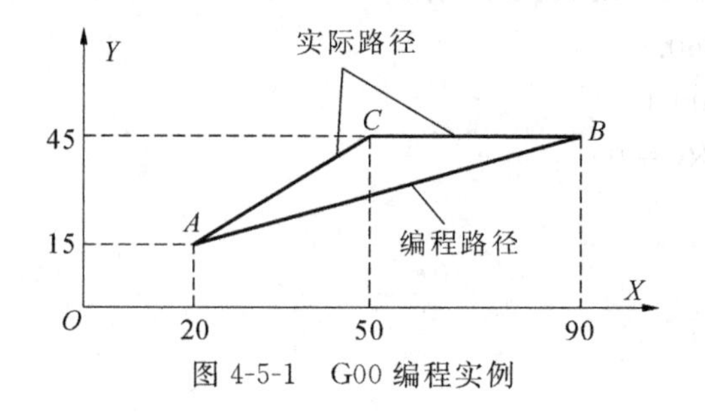

图 4-5-1 G00 编程实例

绝对编程：

G90 G00 X90 Y45

增量编程：

G91 G00 X70 Y30

当 X 轴和 Y 轴的快进速度相同时，从 A 点到 B 点的快速定位路径为 $A \rightarrow C \rightarrow B$，即以折线的方式到达 B 点，而不是以直线方式从 A 到 B。

4.5.2 第二进给速度(E)

区别于进给速度 F，第二进给速度 E 一般用于限制程序段结束时的进给速度，如在 NURBS 曲线插补中，F 指令指定插补中的进给速度，E 指令指定插补结束时的进给速度。

模态：进给速度 F 为模态指令，但第二进给速度 E 为非模态指令，在需要使用第二进给速度的场合，如果不指定 E 则默认 E=0。

限制：第二进给速度主要用于较为复杂的插补控制，目前仅在 NURBS 曲线插补(G06.3)中使用。

4.5.3 单方向定位(G60)

格式

G60 X_ Y_ Z_ A_

参数含义

X、Y、Z、A　单向定位终点，在 G90 时为终点在工件坐标系中的坐标；在 G91 时为终点相对于起点的位移量。

说明

G60 单方向定位过程：各轴先以 G00 速度快速定位到一中间点，然后以一固定速度移动到定位终点。

各轴的定位方向(从中间点到定位终点的方向)以及中间点与定位终点的距离由机床参数“单向定位偏移值”设定。当该参数值小于 0 时，定位方向为负，当该参数值大于 0 时，定位方向为正。

G60 指令仅在其被规定的程序段中有效。

4.5.4 进给速度单位的设定(G94、G95)

格式

G94 [F_]

G95 [F_]

参数含义

G94　每分钟进给。

G95　每转进给。

说明

(1) G94 为每分钟进给指令。对于线性轴,F 的单位依 G20、G21 的设定而为 in/min，mm/min;对于旋转轴,F 的单位为(°)/min。

(2) G95 为每转进给指令,每转进给量即主轴转一周时刀具的进给量。F 的单位依 G20、G21 的设定而为 mm/r、in/r。这个功能只在主轴装有编码器时才能使用。

(3) G94、G95 为模态指令,可相互注销,G94 为缺省指令。

4.5.5 准停校验(G09)

格式

G09

说明

(1) 若程序中有一个包括 G09 的程序段,在继续执行下个程序段前,系统将准确停止在本程序段的终点。该功能用于加工尖锐的棱角。

(2) G09 为非模态指令,仅在规定的程序段中有效。

4.5.6 切削模式(G61、G64)

格式

$$\begin{Bmatrix} G61 \\ G64 \end{Bmatrix}$$

参数含义

G61　精确停止检验。

G64　连续切削。

说明

(1) 在 G61 后的各程序段编程轴都要准确停止在程序段的终点,然后再继续执行下一程序段。

(2) 在 G64 之后的各程序段编程轴刚开始减速时(未到达所编程的终点)就开始执行下一程序段。但在定位指令 G00、G60 或有准停校验 G09 的程序段中,以及不含运动指令的程序段中,进给速度仍需减速到 0 才执行定位校验。

(3) G61 方式下的编程轮廓与实际轮廓相符。

(4) G61 与 G09 的区别在于 G61 为模态指令。

(5) G64 方式下的编程轮廓与实际轮廓不同。其不同程度取决于 F 值的大小及两路径间的夹角，F 越大，其区别越大。

(6) G61、G64 为模态指令，可相互注销，G61 为缺省指令。

举例

(1) 编制如图 4-5-2 所示轮廓的加工程序，要求编程轮廓与实际轮廓相符。

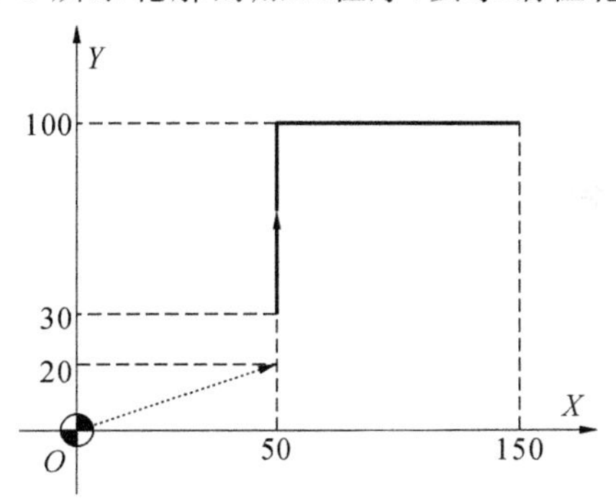

图 4-5-2 G61 编程实例

```
%0061
G54 X0 Y0 Z0
G91 G01 Z-10 F80
G41 X50 Y20 D01
G61
G01 Y80 F300
X100
M30
```

(2) 编制如图 4-5-3 所示轮廓的加工程序，要求程序段间不停顿。

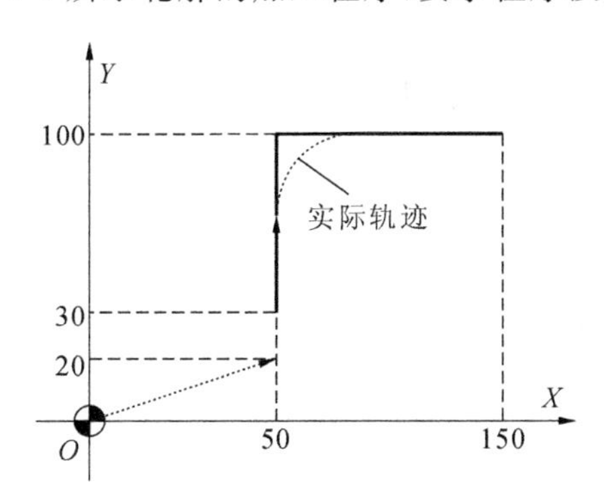

图 4-5-3 G64 编程实例

```
%0064
```

```
G54 X0 Y0 Z0
G91 G00 Z-10 F80
G41 X50 Y20 D01
G64
G01 Y80 F300
X100
M30
```

4.5.7 进给暂停(G04)

格式

G04 P_

参数含义

P 暂停时间,单位为 s。

说明

(1) G04 在前一程序段的进给速度降到零之后才开始暂停动作。

(2) 在执行含 G04 指令的程序段时,先执行暂停功能。

(3) G04 为非模态指令,仅在规定的程序段中有效。

(4) G04 可使刀具作短暂停留,以获得圆整而光滑的表面。如对不通孔作深度控制时,在刀具进给到规定深度后,用暂停指令使刀具作非进给光整切削,然后退刀,保证孔底平整。

注意

最小指定暂停时间为 1 个插补周期(Parm000001),如指定暂停时间不足 1 个插补周期,按照 1 个插补周期指定。

举例

编制图 4-5-4 所示零件的钻孔加工程序。

```
%0004
G54
G01 X0 Y0 Z2 M03 S700
G91 G01 Z-6 F80
G04 P5
G00 Z6 M05
M30
```

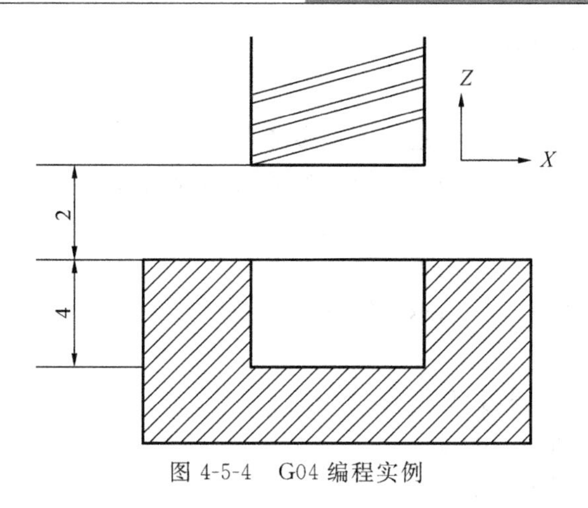

图 4-5-4 G04 编程实例

4.6 参 考 点

4.6.1 返回参考点(G28、G29、G30)

参考点是指机床上的固定点,机床共有 5 个参考点:第一参考点、第二参考点、第三参考点、第四参考点和第五参考点。用返回参考点指令很容易使刀具移动到这些参考点的位置。参考点可用作刀具交换的位置。

以轴 0 为例,在轴参数中用参考点位置参数(100017、100021 到 100024)可在机床坐标系中设定 5 个参考点。

返回参考点时,刀具经过中间点自动地快速移动到参考点的位置,同时,指定的中间点被 CNC 存储,刀具从参考点经过中间点沿着指定轴自动地移动到指定点。

返回参考点和从参考点返回过程如图 4-6-1 所示。

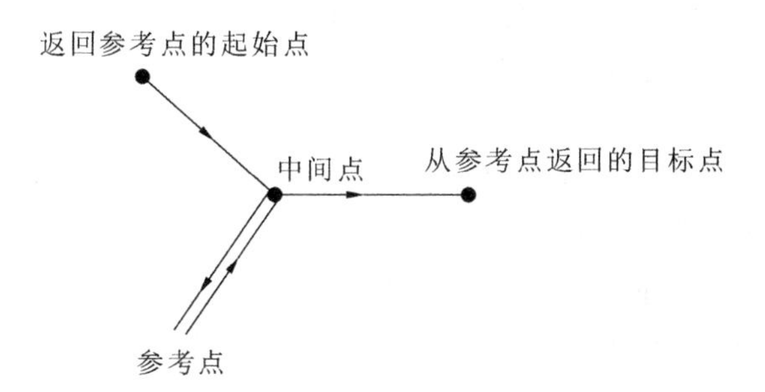

图 4-6-1 返回参考点和从参考点返回过程

1. 自动返回参考点

格式

G28 X_ Z_ ;返回第一参考点

G30 P2 X_ Z_ ;返回第二参考点(可省略 P2)

G30 P3 X_ Z_ ;返回第三参考点

G30 P4 X_ Z_ ;返回第四参考点

G30 P5 X_ Z_ ;返回第五参考点

参数含义

G28 返回第一参考点。

G30 P2 返回第二参考点。

G30 P3 返回第三参考点。

G30 P4 返回第四参考点。

G30 P5 返回第五参考点。

X、Z 绝对编程(G90)时指定中间点的绝对位置,增量编程(G91)时指定中间点距起始点的距离。不需要计算中间点和参考点之间的具体的移动量。

说明

X、Z 指令的坐标为工件坐标系下的值。自动返回参考点指令执行时,只有指定了中间点的轴才移动,未指定中间点的轴不移动。

2. 从参考点返回

格式

G29 X_ Z_

参数含义

X、Z 绝对编程时为定位终点在工件坐标系中的坐标;增量编程时为定位终点相对于 G28 中间点的位移量。

说明

(1) X、Z 指令的坐标为工件坐标系下的值。

(2) 中间点为之前指定的 G28、G30 的中间点。

注意

G29 应该在 G28、G30 执行后才可执行,否则没有存储中间点可能会执行异常。

3. 精确返回参考点使能

对于 G28、G30 返回参考点,通过参数可以设置其返回参考点方式为精确返回,在此模式下,G28、G30 返回参考点时均需要找零脉冲位置。默认 G28、G30 返回参考点采取普通返回方式,不需要找零脉冲,相关的参数为 0。当需要回参考点精度很高时,请采取精确返回参考点方式,设置相应的参数值为 1。

相关参数如表 4-6-1 所示(仅列出通道 0 参数)。

表 4-6-1 相关参数

参数索引号	参 数 说 明
040110	G28 搜索 Z 脉冲使能
040111	G28/G30 定位快移选择

举例

用 G28、G29 对图 4-6-2 所示的路径编程,要求由 A 点经过中间点 B 返回参考点,然后从参考点经由中间点 B 返回到 C 点。

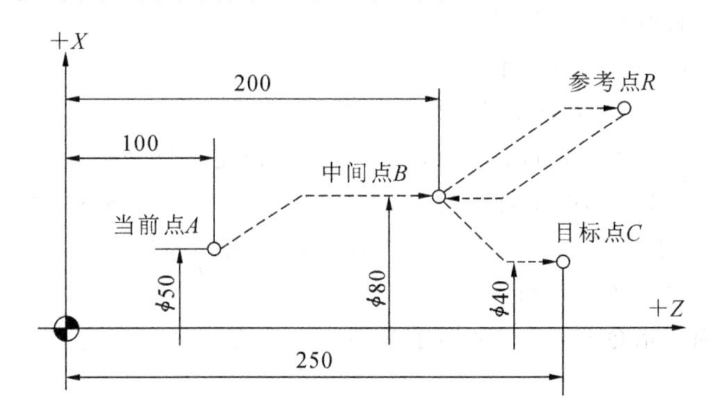

图 4-6-2 G28/G29 编程实例

```
%3317
N1 T0101                ;设立坐标系,选一号刀
N2 G00 X50 Z100         ;移到起始点 A 的位置
N3 G28 X80 Z200         ;从 A 点到达 B 点再快速移动到参考点 R
N4 G29 X40 Z250         ;从参考点 R 经中间点 B 到达目标点 C
N5 G00 X50Z100          ;回对刀点
N6 M30                  ;主轴停,主程序结束并复位
```

4.7 坐 标 系

4.7.1 机床坐标系编程(G53)

格式

G53

说明

G53 是机床坐标系编程指令,在含有 G53 的程序段中,绝对编程时的指令值是在机床坐标系中的坐标值。

G53 指令为非模态指令。

4.7.2 工件坐标系

为加工一个工件所使用的坐标系称为工件坐标系。工件坐标系事先设定在 CNC 中,在所设定的工件坐标系中编制程序并加工工件,移动所设定的工件坐标系的原点,可以改变工件坐标系。

1. 设定工件坐标系(G92)

有三种方法可以设定工件坐标系。

(1) 通过 G92 指令来设定工件坐标系。

(2) 使用工件坐标系选择 G 指令的方法来设定工件坐标系。

事先用 HMI 界面的工件坐标系设置功能来设定 6 个标准工件坐标系(G54～G59)和 60 个扩展工件坐标系(G54. X)(对于铣床和加工中心),并通过相应的程序指令来设定工件坐标系。

当使用绝对指令时,工件坐标系必须用上述方法之一来建立。

格式

G92 IP_

参数含义

IP　坐标系原点到刀具起点的有向距离。

G92 指令通过设定刀具起点(对刀点)与坐标系原点的相对位置建立工件坐标系。工件坐标系一旦建立,绝对编程时的指令值就是在此坐标系中的坐标值。

注意

(1) 执行此程序段只建立工件坐标系,刀具并不产生运动。

(2) G92 指令为非模态指令。

(3) 在铣床刀具长度补偿方式中,用 G92 设定工件坐标系(设定成为应用补偿前所指定的位置的坐标系)。但是,本 G 指令无法与刀具长度补偿矢量发生变化的程序段同时执行 G 代码。例如 G92 指令在如下程序段中就无法运行:

① 指令了 G43/G44 的程序段;

② 使用 G43/G44 指令且指定了 H 指令的程序段;

③ 使用 G43/G44 指令且指定了 G49 的程序段;

④ 使用 G43/G44 指令,并通过 G28、G53 等暂时取消补偿矢量,且该矢量恢复的程序段。

此外，通过 G92 指令设定工件坐标系时，在其之前的程序段停止，不可改变通过 MDI 等方式选择的刀具长度补偿量。

举例

使用 G92 编程，建立如图 4-7-1 所示的工件坐标系。

G92 X30.0 Y30.0 Z20.0

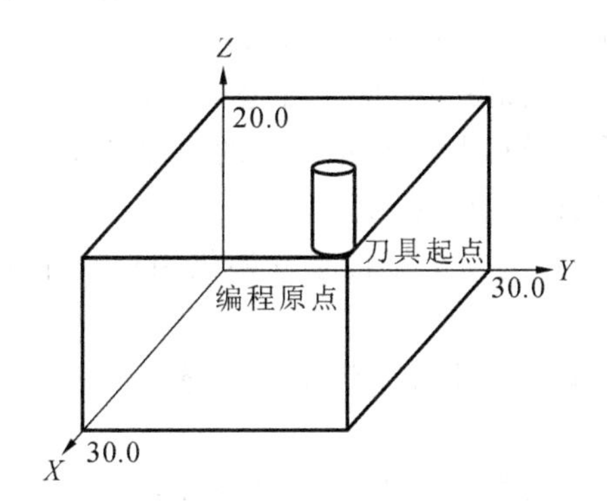

图 4-7-1 G92 编程实例

2. 工件坐标系选择(G54～G59)

操作者可以选用下面已设定的工件坐标系：

(1) 用 G92 指令设定的工件坐标系，建立好工件坐标系后，指定的绝对指令就成为该坐标系中的位置；

(2) 选择 G54～G59 这几个标准工件坐标系；

(3) 对铣床和加工中心来说，选择 G54.X 这 60 个扩展工件坐标系；

(4) 对车床来说，在绝对刀偏方式下，可以通过 T 指令来选择工件坐标系。

举例

%1234

G54

G90 G00 X100 Y100 Z50　　;定位到 G54 坐标系下 $X=100$、$Y=100$、$Z=50$ 的位置

M30

3. 改变工件坐标系(G10)

通过改变一个外部工件原点偏置量或工件原点偏置量，可以改变以下指令设定的工件坐标系。

1) G54～G59 设定的工件坐标系

① 利用 HMI 界面坐标系设置的工件坐标系；

② 用工件坐标系选择 G 指令直接设定的工件坐标系。

使用可编程数据输入 G10 指令更改坐标系原点值。

2) 铣床扩展坐标系 G54. X 设定的工件坐标系

① 利用 HMI 界面坐标系设置的工件坐标系；

② 用工件坐标系选择 G 指令直接设定的工件坐标系。

使用可编程数据输入 G10 指令更改坐标系原点值。

3) 车床绝对刀偏指令设定的工件坐标系

① 利用 HMI 界面坐标系设置的工件坐标系；

② 用工件坐标系选择 G 指令直接设定的工件坐标系。

4. 扩展工件坐标系选择(G54. X)

除了 G54～G59 指定的 6 个工件坐标系供用户选择外，铣床系统还提供扩展工件坐标系供用户选择。

系统提供 60 个扩展工件坐标系供用户选择。

格式

G54. X ;选择 X 号扩展工件坐标系

参数含义

X 扩展工件坐标系索引号，范围是 1～60，共 60 个。

注意

G54. X 这 60 个坐标系中 G54. 10、G54. 20、G54. 30、G54. 40、G54. 50 和 G54. 60 这 6 个扩展坐标系不能使用。

举例

```
%1234
G54.18
G90 G00 X100 Y100 Z50      ;定位到第 18 个扩展坐标系下 X=100、Y=100、Z=50 的位置
M30
```

4.7.3 局部坐标系设定(G52)

在工件坐标系上编程时，为方便起见，可以在工件坐标系中再创建一个子工件坐标系。这样的子坐标系称为局部坐标系。

格式

```
G52 IP_       ;设定局部坐标系
⋮
G52 IP0       ;取消局部坐标系
```

参数含义

IP　指定局部坐标系的原点。

说明

使用 G52 IP_指令，可在所有的工件坐标系内设定局部坐标系。各自的局部坐标系的原点，成为各自的工件坐标系中的 IP_的位置。

一旦设定了局部坐标系，之后指定的轴的移动指令即为局部坐标系下的坐标；如果要取消局部坐标系或在工件坐标系中指定坐标值，将局部坐标系原点和工件坐标系原点重合。

举例

```
%1234
G55                ;选择 G55,假设 G55 在机床坐标系中的坐标为(10,20)
G1 X10 Y10 F1000   ;移至机床坐标系(20,30)
G52 X30 Y30        ;在所有工件坐标系的基础上建立局部坐标系,局部坐标
                    系原点为(30,30)
G1 X0 Y0           ;移至局部坐标系原点(当前机床坐标系零点位置为(40,
                    50))
G52 X0 Y0          ;取消局部坐标系设定,系统恢复到 G55 坐标系
G1 X10 Y10         ;移至机床坐标系(20,30)
M30
```

4.7.4　坐标平面选择(G17、G18、G19)

格式

G17

G18

G19

参数含义

G17　选择 *XY* 平面。

G18　选择 *ZX* 平面。

G19　选择 *YZ* 平面。

说明

(1) 该组指令选择进行圆弧插补和刀具半径补偿的平面。

(2) G17、G18、G19 为模态指令，可相互注销，G17 为缺省指令。

注意

移动指令与平面选择无关。例如执行指令 G17 G01 Z10 时，*Z* 轴照样会移动。

4.8 坐标值与尺寸单位

4.8.1 绝对指令和增量指令(G90、G91)

格式

G90

G91

参数含义

G90 绝对编程,每个编程坐标轴上的编程值是相对于编程原点的。

G91 相对编程,每个编程坐标轴上的编程值是相对前一位置而言的,该值等于沿轴移动的距离。

说明

(1) G90、G91 为模态指令,可相互注销,G90 为缺省指令。

(2) G90、G91 可用于同一程序段,但要注意其使用顺序不同所造成的差异。

举例

如图 4-8-1 所示,使用 G90、G91 编程,要求刀具由原点按顺序移动到 1、2、3 点。

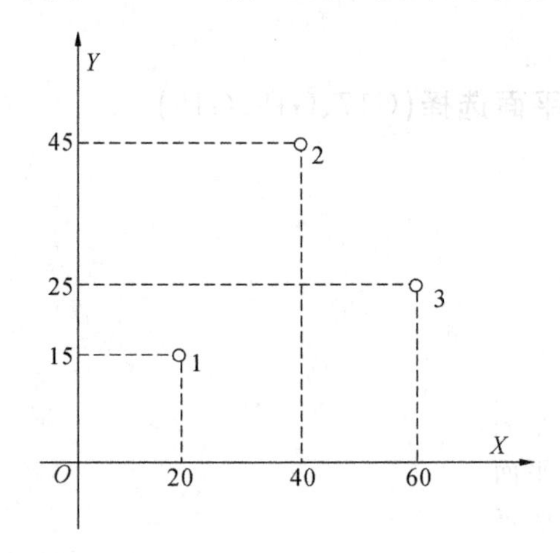

图 4-8-1 G90、G91 编程

(1) G90 编程。

%0001

N01 G54 X0 Y0 Z10

N02 G01 X20 Y15 M03 S800

N03 X40 Y45

N04 X60 Y25

(2) G91 编程。

%0001

N01 G54 X0 Y0 Z10

N02 G91 G01 X20 Y15 M03 S800

N03 X20 Y30

N04 X20 Y-20

选择合适的编程方式可使编程简化。当图样尺寸由一个固定基准给定时，采用绝对方式编程较为方便；而当图样尺寸是以轮廓顶点之间的间距给出时，采用相对方式编程较为方便。

4.8.2 尺寸单位选择(G20、G21)

格式

G20

G21

G22

参数含义

G20 英制输入模式。

G21 公制输入模式。

G22 脉冲当量输入模式。

说明

(1) 3 种模式下线性轴、旋转轴的尺寸单位如表 4-8-1 所示。

表 4-8-1 尺寸输入模式及其单位

模式	线性轴	旋转轴
英制(G20)	英寸	度
公制(G21)	毫米	度
脉冲当量(G22)	移动轴脉冲当量	旋转轴脉冲当量

(2) G20、G21、G22 为模态指令，可相互注销，G21 为缺省指令。

(3) 编制加工零件 G 指令程序时，在某些场合下采用在半径和角度的极坐标上输入终点坐标值的编程方法更加方便和快捷。

(4) 从指定极坐标所在平面的第一轴的正方向看，沿逆时针方向的角度为正，沿顺时针方向的角度为负。

4.8.3 极坐标编程(G15、G16)

格式

$$\begin{Bmatrix}G17\\G18\\G19\end{Bmatrix}\begin{Bmatrix}G90\\G91\end{Bmatrix}\begin{Bmatrix}G15\\G16\end{Bmatrix}$$

参数含义

G17　指定极坐标所在平面，XY 平面：X 轴指定极半径，Y 轴指定极角度。

G18　指定极坐标所在平面，ZX 平面：Z 轴指定极半径，X 轴指定极角度。

G19　指定极坐标所在平面，YZ 平面：Y 轴指定极半径，Z 轴指定极角度。

G90　指定极坐标系原点，指定工件坐标系原点为极坐标系原点，从该点测量半径。

G91　指定极坐标系原点，指定当前位置作为极坐标系原点，从该点测量半径。

G15　极坐标编程取消。

G16　极坐标编程开始。

说明

设置极坐标系原点有两种方法：

(1) 设定当前工件坐标系原点作为极坐标系原点。

① 以绝对值指定半径值；

② 工件坐标系的原点为极坐标的原点；

③ 在使用局部坐标系(G52)时，局部坐标系的原点为极坐标的原点。

(2) 设定当前位置作为极坐标系原点。

注意

(1) 伴有如下指令的轴指令，不会被视为极坐标指令。

① 暂停指令 G04；

② 可编程数据输入指令 G10；

③ 局部坐标系指令 G52；

④ 工件坐标系变更指令 G92；

⑤ 机械坐标系选择指令 G53；

⑥ 坐标旋转指令 G68；

⑦ 比例缩放指令 G51。

(2) 在极坐标方式下，不能指定任意角度的角度/拐角 R。

(3) 在极坐标方式下，不能使用固定循环 G 指令。

举例

(1) 半径值和角度为绝对指令时。

```
%1000
G54
G00 X0 Y0 Z0
G17 G90 G16
G01 X100.0 Y30.0 F1500
Y150.0
Y270.0
G15
M30
```

(2) 半径值为绝对指令而角度为增量指令时。

```
%1000
G54
G00 X0 Y0 Z0
G17 G90 G16
G01 X100.0 Y30.0 F1500
G91 Y120.0
Y120.0
G15
M30
```

4.9 刀具补偿功能

4.9.1 刀具半径补偿(M)(G40、G41、G42)

格式

$$\begin{Bmatrix}G17\\G18\\G19\end{Bmatrix}\begin{Bmatrix}G40\\G41\\G42\end{Bmatrix}\begin{Bmatrix}G00\\G01\end{Bmatrix}X\_\ Y\_\ Z\_\ D\_$$

参数含义

G40 取消刀具半径补偿。

G41 左刀补(在刀具前进方向左侧补偿),见图 4-9-1(a)。

G42　右刀补(在刀具前进方向右侧补偿),见图 4-9-1(b)。

G17　刀具半径补偿平面为 *XY* 平面。

G18　刀具半径补偿平面为 *ZX* 平面。

G19　刀具半径补偿平面为 *YZ* 平面。

X、Y、Z　即建立刀补或取消刀补的终点(注:投影到补偿平面上的刀具路径受到补偿)。

D　方式一:刀补表中刀补号码(D01～D99),它代表了刀补表中对应的半径补偿值。

方式二:#100～#199 全局变量定义的半径补偿量。

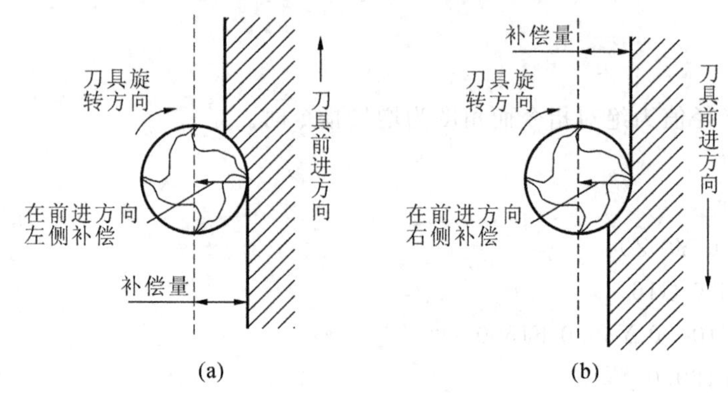

图 4-9-1　刀具补偿方向

(a)左刀补;(b)右刀补

说明

G40、G41、G42 都是模态指令,可相互注销。

注意

刀具半径补偿平面的切换必须在补偿取消方式下进行;刀具半径补偿的建立与取消只能用 G00 或 G01 指令,不得是 G02 或 G03 指令。

举例

考虑刀具半径补偿,编制零件的加工程序,要求建立如图 4-9-2 所示的工件坐标系,按箭头所指示的路径进行加工,设加工开始时刀具距离工件上表面 50 mm,切削深度为 3 mm。

```
%3322
G54
G00 X-10 Y-10 Z50 M03 S900
Z3
G01 Z-3 F40
```

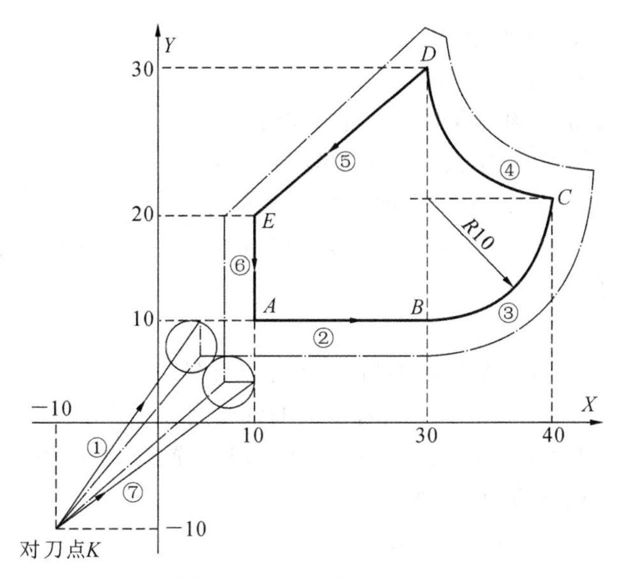

图 4-9-2 零件的加工程序

G42 G00 X4 Y10 D01

X30 F80

G03 X40 Y20 I0 J10

G02 X30 Y30 I0 J10

G01 X10 Y20

Y5

G40 X−10 Y−10

G00 Z50

M30

注:图中带箭头的实线为编程轮廓,不带箭头的双点画线为刀具中心的实际路线。

4.9.2 刀具长度补偿(M)(G43、G44、G49)

格式

$$\begin{Bmatrix} G17 \\ G18 \\ G19 \end{Bmatrix} \begin{Bmatrix} G43 \\ G44 \\ G49 \end{Bmatrix} \begin{Bmatrix} G00 \\ G01 \end{Bmatrix} X\_\ Y\_\ Z\_\ H\_$$

参数含义

G17 刀具长度补偿轴为 *Z* 轴。

G18 刀具长度补偿轴为 *Y* 轴。

G19　刀具长度补偿轴为 X 轴。

G49　取消刀具长度补偿。

G43　正向偏置(补偿轴终点加上偏置值)。

G44　负向偏置(补偿轴终点减去偏置值)。

X、Y、Z　G00/G01 的参数,即刀补建立或取消的终点。

H　G43/G44 的参数,即刀具长度补偿偏置号(H01～H99),它代表了刀补表中对应的长度补偿值。

注意

(1) G43、G44、G49 都是模态指令,可相互注销。

(2) 垂直于 G17/G18/G19 所选平面的轴受到长度补偿。

(3) 偏置号改变时,新的偏置值并不加到旧偏置值上,例如:设 H01 的偏置值为 20,H02 的偏置值为 30,则

```
G90 G43 Z100 H01          ;Z 达到 120
G90 G43 Z100 H02          ;Z 达到 130
```

举例

采用刀具长度补偿,将如图 4-9-3 所示的刀具长度补偿设定到刀具表中。

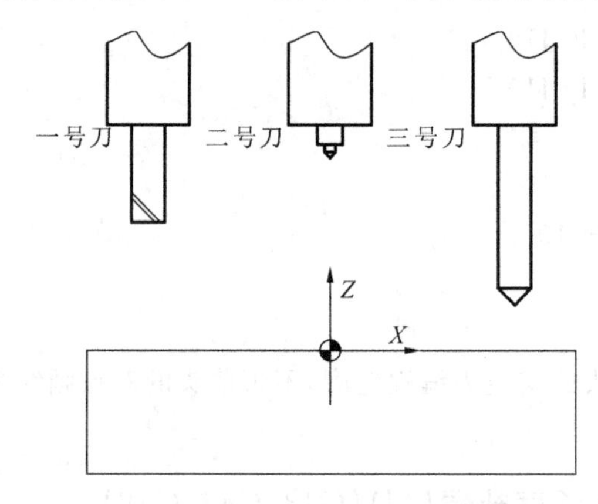

图 4-9-3　刀具长度补偿

说明:一号刀是铣刀,二号刀是中心钻,三号刀是钻头。

首先把一号刀安装在主轴上,以上平面为工件原点,对一号刀进行对刀操作,此时得到的一号刀 Z 轴机床坐标值(即工件坐标系),设定到 G54～G59 中,此时一号刀刀具长度补偿为 0。

把二号刀安装在主轴上,在 MDI 方式下输入 G54,单段或自动方式下执行“循环启动”,对二号刀进行对刀操作(上平面为工件原点),此时得到 Z 轴的工件坐标值,将此值设到刀具表中,如图示二号刀的长度值－32.82。

把三号刀安装在主轴上，对三号刀进行对刀操作（上平面为工件原点），此时得到 *Z* 轴的工件坐标值，将此值设到刀具表中，如图示三号刀的长度值 45.61。

4.10 简化编程功能

4.10.1 镜像功能(M)(G24、G25)

格式

G24 X_ Y_ Z_ A_

M98 P_

G25 X_ Y_ Z_ A_

参数含义

G24 建立镜像。

G25 取消镜像。

X、Y、Z、A 镜像位置。

说明

当工件相对于某一轴具有对称形状时，可以利用镜像功能和子程序，只对工件的一部分进行编程，而加工出工件的对称部分，这就是镜像功能。

当某一轴的镜像有效时，该轴执行与编程方向相反的运动。

G24、G25 为模态指令，可相互注销，G25 为缺省指令。

举例

使用镜像功能编制如图 4-10-1 所示轮廓的加工程序：设刀具起点距工件上表面 100 mm，切削深度为 3 mm。

```
%3331              主程序
G54
G00 X0 Y0 Z100 M03 S800
Z10
M98 P100                 ;加工①
G24 X0                   ;Y 轴镜像，镜像位置为 X=0
M98 P100                 ;加工②
G24 Y0                   ;X、Y 轴镜像，镜像位置为(0,0)
M98 P100                 ;加工③
G25 X0                   ;X 轴镜像继续有效，取消 Y 轴镜像
```

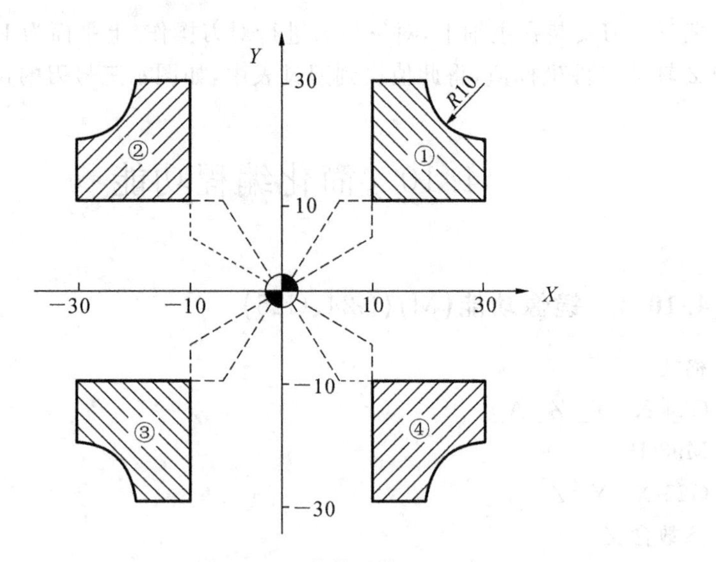

图 4-10-1　镜像功能

```
M98 P100                  ;加工④
G25 X0 Y0                 ;取消镜像
M98 P100                  ;加工④
G25 X0 Y0                 ;取消镜像
M30
%100                      ;子程序(①的加工程序):
N10 G41 G00 X10 Y4 D01
N11 G01 G90 Z-3 F100
N12 G91 Y26
N13 X10
N14 G03 X10 Y-10 I10 J0
N15 G01 Y-10
N16 X-25
N17 G90 G00 Z10
N18 G40 X0 Y0
N19 M99
```

4.10.2　缩放功能(M)(G50、G51)

格式

G51 X_ Y_ Z_ P_

M98 P_

G50

参数含义

G51 建立缩放。

G50 取消缩放。

X、Y、Z 缩放中心的坐标值。

P 缩放倍数。

说明

(1) G51既可指定平面缩放,也可指定空间缩放。

(2) 在G51后,运动指令的坐标值以(X,Y,Z)为缩放中心,按P规定的缩放比例进行计算。

(3) 在有刀具补偿的情况下,先进行缩放,然后才进行刀具半径补偿、刀具长度补偿。

(4) G51、G50为模态指令,可相互注销,G50为缺省指令。

举例

使用缩放功能编制如图4-10-2所示轮廓的加工程序。已知三角形ABC的顶点为A(10,30),B(90,30),C(50,110),三角形$A'B'C'$是缩放后的图形,其中缩放中心为D(50,50),缩放系数为0.5倍,设刀具起点距工件上表面50 mm。

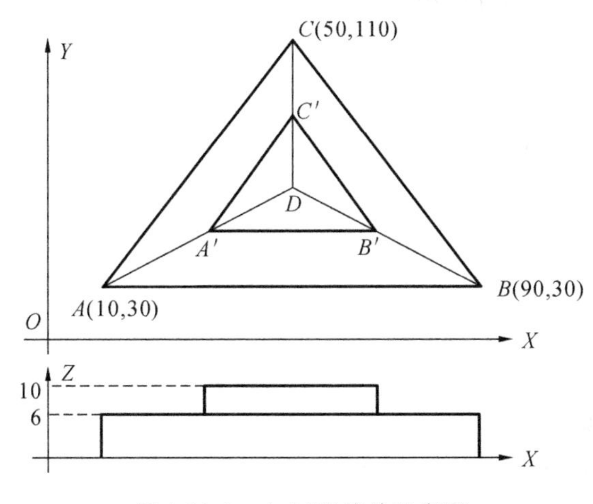

图4-10-2 △ABC缩放示意图

%3332 ;主程序

G54

G00 X0 Y0 Z60 M03 S600

```
G00 Z14 F300
X110 Y0
G01 Z-10 F100
M98 P100                    ;加工△ABC
G01 Z-6 F100
G51 X50 Y50 P0.5            ;缩放中心为(50, 50),缩放系数为 0.5
M98 P100                    ;加工△A'B'C'
G50                         ;取消缩放
G00 Z60
X0 Y0
M30
%100                        ;子程序(△ABC 的加工程序)
G41 G00 Y30 D01
G01 X10
X50 Y110
X100 Y10
G40 G00 X110 Y0
M99
```

4.10.3 旋转(M)(G68、G69)

格式

G17 G68 X_ Y_ P_
G18 G68 X_ Z_ P_
G19 G68 Y_ Z_ P_
M98 P_
G69

参数含义

G68 建立旋转。

G69 取消旋转。

P 旋转角度,单位是(°),$-360° \leqslant P \leqslant 360°$。

X、Y、Z 旋转中心的坐标值。

说明

(1) 在有刀具补偿的情况下,先旋转后刀补(刀具半径补偿、长度补偿);在有缩放功能的情况下,先缩放后旋转。

(2) G68、G69 为模态指令，可相互注销，G69 为缺省指令。

举例

使用旋转功能编制如图 4-10-3 所示轮廓的加工程序，设刀具起点距工件上表面 50 mm，切削深度为 5 mm。

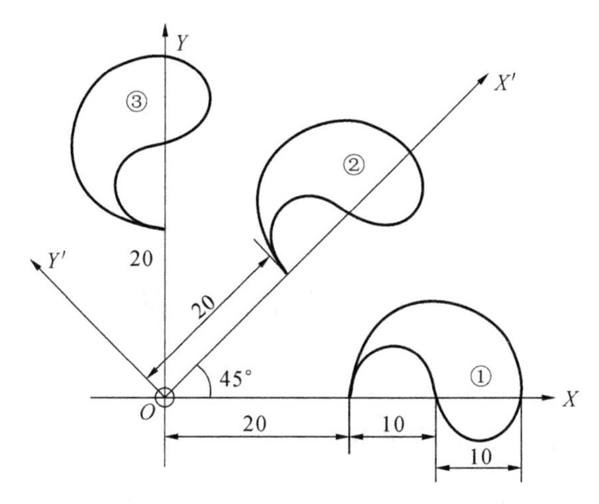

图 4-10-3 旋转变换功能实例

```
%3333                    ;主程序
G54
G00 X0 Y0 Z50 M03 S800
G01 Z5
M98 P200                 ;加工①
G01 Z5
G68 X0 Y0 P45            ;旋转 45°
M98 P200                 ;加工②
G01 Z5
G68 X0 Y0 P90            ;旋转 90°
M98 P200                 ;加工③
G01 Z5
G69                      ;取消旋转
G00 Z50
M30
%200                     ;子程序（①的加工程序）
G01 Z-5 F100
```

```
G41 G01 X20 Y-5 D02 F200
Y0
G02 X40 I10
X30 I-5
G03 X20 I-5
G01 Y-6
G40 X0
Y0
M99
```

4.11 固定循环

4.11.1 铣床钻孔固定循环

数控加工中，某些加工动作循环已经典型化。例如，钻孔、镗孔的动作是孔位平面定位、快速引进、工作进给、快速退回等，这样一系列典型的加工动作已经预先编好程序，存储在内存中，可用固定循环的一个 G 指令程序段调用，从而简化编程工作。

孔加工固定循环指令有 G73、G74、G76、G80～G89，通常由下述 6 个动作构成(见图 4-11-1)：

(1) X、Y 轴定位；

(2) 定位到 R 点(定位方式取决于上次执行的指令是 G00 还是 G01)；

(3) 孔加工；

(4) 在孔底的动作；

(5) 退回到 R 点(参考点)；

(6) 快速返回到初始点。

固定循环的数据表达形式可以用绝对坐标(G90)和相对坐标(G91)表示，如图 4-11-2 所示，其中图(a)是采用绝对坐标表示，图(b)是采用相对坐标表示。

固定循环的程序格式包括数据形式、返回点平面、孔加工方式、孔位置数据、孔加工数据和循环次数。数据形式(G90 或 G91)在程序开始时就已指定，因此，在固定循环程序格式中可不注出。

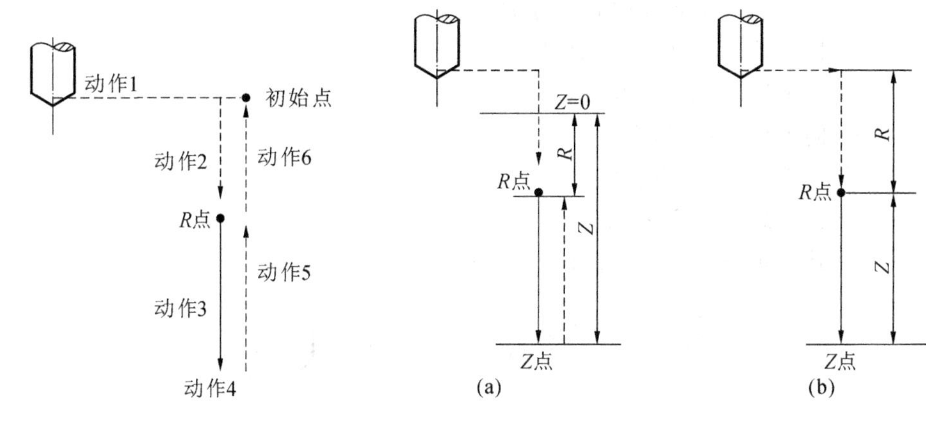

图 4-11-1 固定循环动作

实线—切削进给;虚线—快速进给

图 4-11-2 固定循环的数据形式

1. 高速深孔加工循环(G73)

格式

G98(G99) G73 X_ Y_ Z_ R_ Q_ P_ K_ F_ L_

参数含义

X、Y 绝对编程(G90)时是孔中心在 *XY* 平面内的坐标位置;增量编程(G91)时是孔中心在 *XY* 平面内相对于起点的增量值。

Z 绝对编程(G90)时是孔底 *Z* 点的坐标值;增量编程(G91)时是孔底 *Z* 点相对于参照 *R* 点的增量值。

R 绝对编程(G90)时是参照 *R* 点的坐标值;增量编程(G91)时是参照 *R* 点相对于初始 *B* 点的增量值。

Q 每次向下的钻孔深度(增量值,取负)。

P 刀具在孔底的暂停时间,以 ms 为单位。

K 每次向上的退刀量(增量值,取正)。

F 钻孔进给速度。

L 循环次数(需要重复钻孔时)。

G98 固定循环结束时返回到由 *R* 参数设定的参考点平面。

G99 固定循环结束时返回到指令固定循环的起始平面。

功能

该固定循环用于 *Z* 轴的间歇进给,使深孔加工时容易断屑、排屑、加入冷却液,且退刀量不大,可以进行深孔的高速加工。

工作步骤

如图 4-11-3 所示,高速深孔加工循环的工作步骤如下。

(1) 刀位点快移到孔中心上方 B 点。

(2) 快移接近工件表面,到 R 点。

(3) 向下以 F 速度钻孔,深度为 q。

(4) 向上快速抬刀,距离为 k。

(5) 步骤(3)、(4)重复多次。

(6) 钻孔到达孔底 Z 点。

(7) 孔底延时 p 秒(主轴维持旋转状态)。

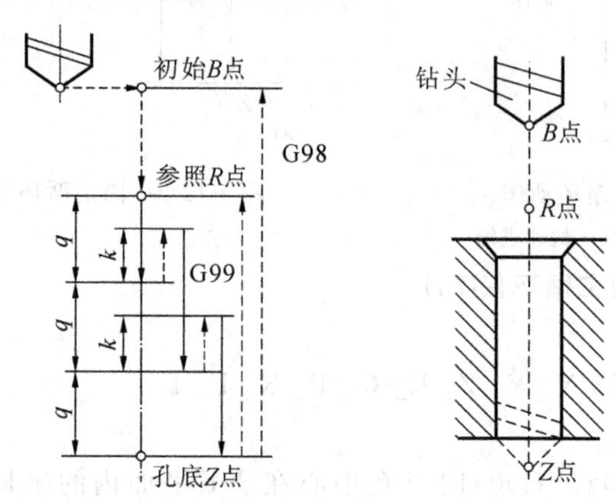

图 4-11-3 高速深孔加工循环

(8) 向上快速退到 R 点(G99)或 B 点(G98)。

注意

(1) 如果 Z、K、Q 移动量为零时,该指令不执行。

(2) $|Q|>|K|$。

举例

用 ϕ10 钻头,加工如图 4-11-4 所示的孔。

%3337

N10 G92 X0 Y0 Z80

N15 M03 S700

N20 G00 Y25

N30 G98 G73 G91 X20 G90 R40 P2000 Q−10 K2 Z−3 L2 F80

N40 G00 X0 Y0 Z80

N45 M30

2. 反攻螺纹循环(G74)

格式

G98 (G99) G74 X_ Y_ Z_ R_ P_ F_ L_

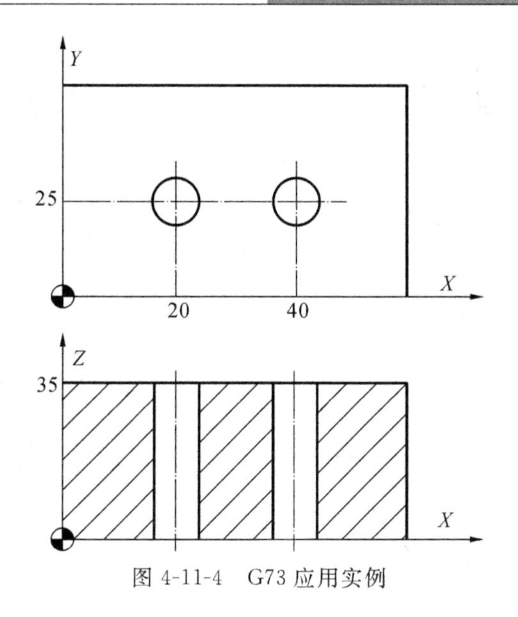

图 4-11-4 G73 应用实例

参数含义

X、Y 绝对编程(G90)时,指定孔的绝对位置;增量编程(G91)时,指定刀具从当前位置到孔位的距离。

Z 绝对编程(G90)时,指定孔底的绝对位置;增量编程(G91)时,指定孔底到 *R* 点的距离。

R 绝对编程(G90)时,指定 *R* 点的绝对位置;增量编程(G91)时,指定 *R* 点到初始平面的距离。

P 指定攻螺纹到孔底时的暂停时间,以 ms 为单位。

F 指定螺纹导程。

L 重复次数(一般用于多孔加工,故 *X* 或 *Y* 应为增量值,*L*=1 时可省略)。

G98 固定循环结束时返回到由 *R* 参数设定的参考点平面。

G99 固定循环结束时返回到指令固定循环的起始平面。

功能

反攻螺纹时,用左旋丝锥主轴反转攻螺纹。攻螺纹时速度倍率不起作用。使用进给保持时,在全部动作结束前也不停止。

工作步骤

如图 4-11-5 所示,反攻螺纹循环工作步骤如下。

(1) 在主轴反转状态下,刀位点快移到螺孔中心上方 *B* 点。

(2) 快移接近工件表面,到 *R* 点。

(3) 向下攻螺纹,主轴转速与进给速度匹配,保证转进给为螺距 *F*。

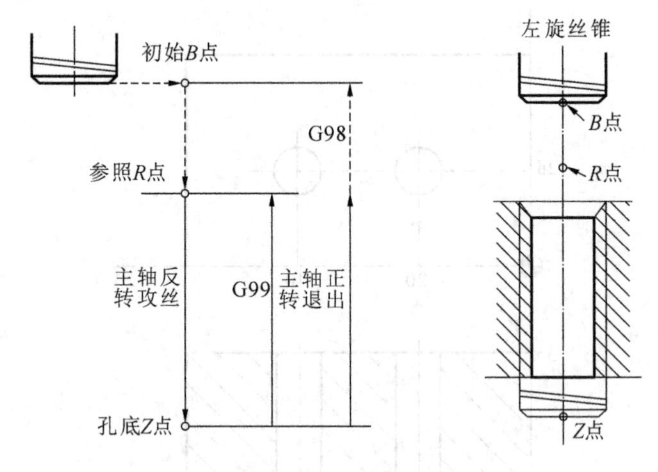

图 4-11-5 反攻螺纹循环

(4) 攻螺纹到达孔底 Z 点。

(5) 主轴停转同时进给停止。

(6) 主轴正转退出,主轴转速与进给速度匹配,保证转进给为螺距 F。

(7) 退到 R 点(G99)或退到 R 点后,快移到 B 点(G98)。

注意

(1) 如果 Z 轴的移动量为零,该指令不执行。

(2) 攻螺纹时主轴必须旋转。

举例

如图 4-11-6 所示,用 M10×1 反丝锥攻螺纹。

```
%3339
N10 G54 X0 Y0 Z80
N15 M04 S100
N20 G98 G74 X50 Y40 R40 P4 Z-5 F1
N30 G00 X0 Y0 Z80
N40 M30
```

3. 精镗循环(G76)

具有主轴定向功能才能使用 G76 指令。

格式

G98(G99)G76 X_ Y_ Z_ R_ P_ I_ J_ F_ L_

参数含义

X、Y 孔位数据,绝对编程(G90)时为孔位绝对位置,增量编程(G91)时为刀具从当前位置到孔位的距离。不支持 U、W 编程。

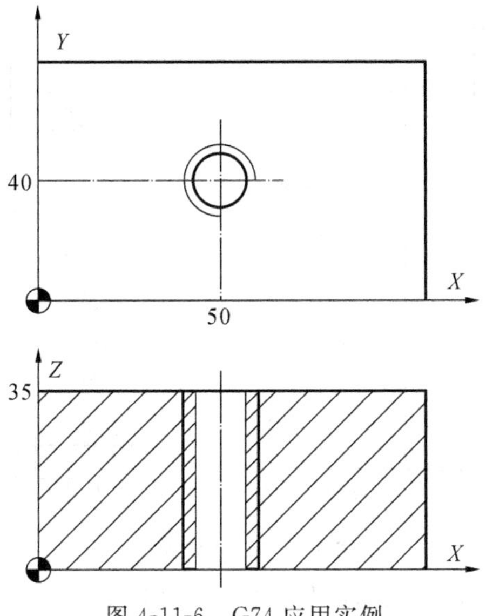

图 4-11-6 G74 应用实例

Z 指定孔底位置。绝对编程(G90)时为孔底的 Z 向绝对位置,增量编程(G91)时为孔底到 R 点的距离。

R 指定 R 点的位置。绝对编程(G90)时为 R 点的 Z 向绝对位置,增量编程(G91)时为 R 点到初始平面的距离。

I X 轴方向偏移量,只能为正值。

J Y 轴方向偏移量,只能为正值。

P 孔底暂停时间(单位:ms)。

F 切削进给速度。

L 重复次数($L=1$ 时可省略)。

说明

精镗时,主轴在孔底定向停止后,向刀尖反方向移动,然后快速退刀。刀尖反向位移量用地址 I、J 指定。I、J 值是模态的,位移方向由装刀时确定。

工作步骤

精镗循环加工如图 4-11-7 所示,具体工作步骤如下。

(1) 刀位点快移到孔中心上方 B 点。

(2) 快移接近工件表面,到 R 点。

(3) 向下以 F 速度镗孔,到达孔底 Z 点。

(4) 孔底延时 p 秒(主轴维持旋转状态)。

(5) 主轴定向,停止旋转。

(6) 镗刀向刀尖反方向快速移动 i 或 j。

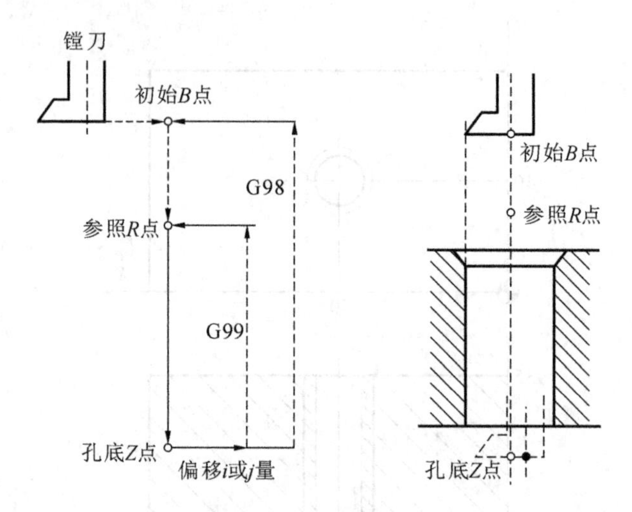

图 4-11-7　精镗循环

(7) 向上快速退到 R 点高度(G99)或 B 点高度(G98)。

(8) 向刀尖正方向快移 i 或 j 量,刀位点回到孔中心上方 R 点或 B 点。

(9) 主轴恢复正转。

注意

如果 Z 移动量为零,该指令不执行。

举例

如图 4-11-8 所示,用单刃镗刀镗孔。

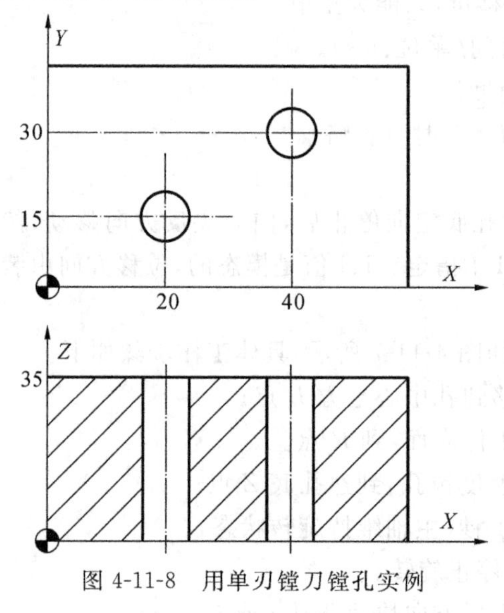

图 4-11-8　用单刃镗刀镗孔实例

```
%3341
N10 G54
N12 M03 S600
N15 G00 X0 Y0 Z80
N20 G98 G76 X20 Y15 R40 P2000 I5 Z−4 F100
N25 X40 Y30
N30 G00 G90 X0 Y0 Z80
N40 M30
```

4. 钻孔循环(中心钻)(G81)

格式

G98(G99)G81 X_ Y_ Z_ R_ F_ L_

参数含义

X、Y 孔位数据,绝对编程(G90)时为孔位绝对位置,增量编程(G91)时为刀具从当前位置到孔位的距离。

Z 指定孔底位置。绝对编程(G90)时为孔底的 Z 向绝对位置,增量编程(G91)时为孔底到 R 点的距离。

R 指定 R 点的位置。绝对编程(G90)时为 R 点的 Z 向绝对位置,增量编程(G91)时为 R 点到初始平面的距离。

F 切削进给速度。

L 重复次数($L=1$ 时可省略,一般用于多孔加工,故 X 或 Y 应为增量值)。

工作步骤

钻孔循环加工如图 4-11-9 所示,具体工作步骤如下。

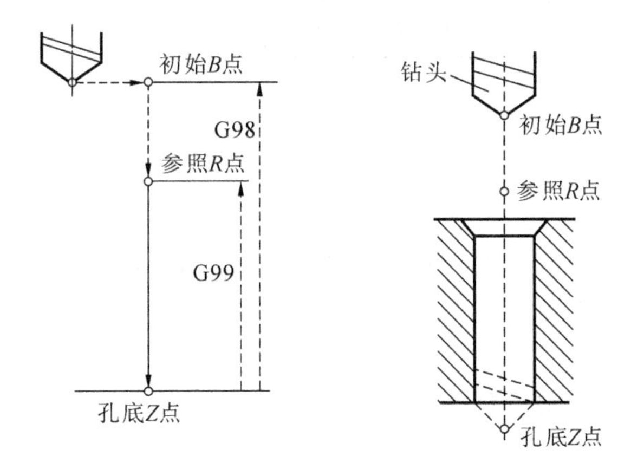

图 4-11-9 钻孔循环

(1) 刀位点快移到孔中心上方 B 点。

(2) 快移接近工件表面,到 R 点。

(3) 向下以 F 速度钻孔,到达孔底 Z 点。

(4) 主轴维持旋转状态,向上快速退到 R 点(G99)或 B 点(G98)。

注意

(1) 如果 Z 轴的移动位置为零,该指令不执行。

(2) 钻孔轴必须为 Z 轴。

(3) G81 指令数据作为模态数据存储,相同的数据可省略。

(4) 使用指令 G81 前,请使用相应的 M 指令使主轴旋转。

举例

如图 4-11-10 所示,用 $\phi2.5$ 中心钻,确定图示孔位。

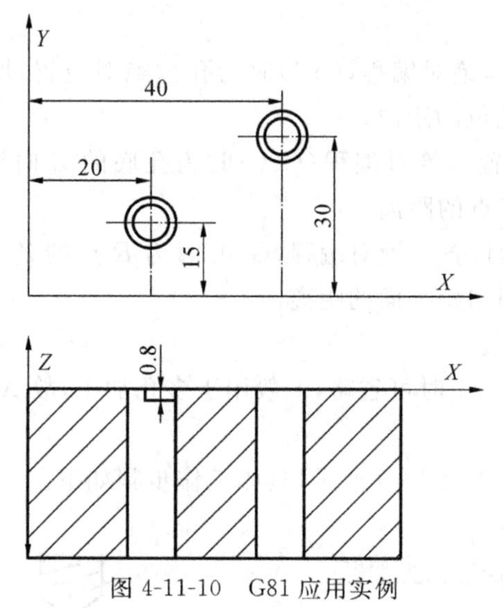

图 4-11-10　G81 应用实例

```
%3343
N05 G54 X0 Y0 Z60
N10 M03 S1500
N15 G99 G81 G91 X20 Y15 G90 R3 Z-0.8 L2 F260
N20 G00 X0 Y0 Z60
N25 M30
```

5. 带停顿的钻孔循环(G82)

格式

G98(G99) G82 X_ Y_ Z_ R_ P_ F_ L_

参数含义

X、Y 绝对编程(G90)时,指定孔的绝对位置;增量编程(G91)时,指定刀具从当前位置到孔位的距离。

Z 绝对编程(G90)时,指定孔底的绝对位置;增量编程(G91)时,指定孔底到 *R* 点的距离。

R 绝对编程(G90)时,指定 *R* 点的绝对位置;增量编程(G91)时,指定 *R* 点到初始平面的距离。

P 指定在孔底的暂停时间(单位:ms)。

F 指定切削进给速度。

L 循环次数(一般用于多孔加工的简化编程,$L=1$ 时可省略)。

功能

此指令主要用于加工沉孔、盲孔,以提高孔深精度。该指令除了要在孔底暂停外,其他动作与 G81 相同。

工作步骤

带停顿的钻孔循环如图 4-11-11 所示,具体工作步骤如下。

(1) 刀位点快移到孔中心上方 *B* 点。

(2) 快移接近工件表面,到 *R* 点。

(3) 向下以 *F* 速度钻孔,到达孔底 *Z* 点。

(4) 主轴维持原旋转状态,延时 *p* 秒。

(5) 向上快速退到 *R* 点(G99)或 *B* 点(G98)。

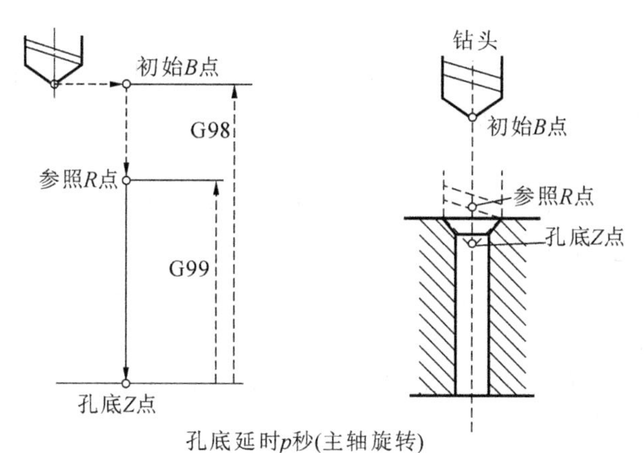

图 4-11-11 带停顿的钻孔循环

注意

如果 *Z* 轴的移动量为零,该指令不执行。

举例

用锪钻加工如图 4-11-12 所示的沉孔。

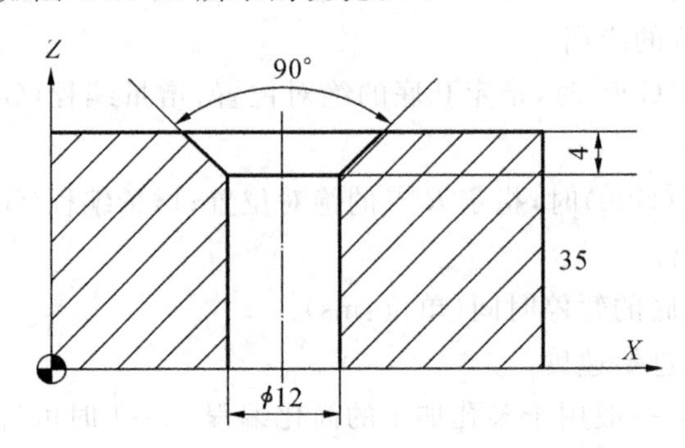

图 4-11-12　G82 应用实例

```
%3345
N10 G92 X0 Y0 Z80
N15 M03 S600
N20 G98 G82 G90 X25 Y30 R40 P2000 Z25 F200
N30 G00 X0 Y0 Z80
N40 M30
```

6. 深孔加工循环(G83)

格式

G98(G99) G83 X_ Y_ Z_ R_ Q_ P_ K_ F_ L_

功能

该固定循环用于 Z 轴的间歇进给，每向下钻一次孔后，快速退到参照点 R，退刀量较大，便于排屑，方便加冷却液。

参数含义

X、Y　绝对编程(G90)时，指定孔的绝对位置；增量编程(G91)时，指定刀具从当前位置到孔位的距离。

Z　绝对编程(G90)时，指定孔底的绝对位置；增量编程(G91)时，指定孔底到 R 点的距离。

R　绝对编程(G90)时，指定 R 点的绝对位置；增量编程(G91)时，指定 R 点到初始平面的距离。

Q　每次向下的钻孔深度(增量值，取负)。

K　距已加工孔深上方的距离(增量值，取正)。注意：K 不能大于 Q。

F　指定切削进给速度。

L　重复次数(一般用于多孔加工的简化编程，$L=1$ 时可省略)。

P　在指定孔底的暂停时间(单位:ms)。

工作步骤

深孔加工循环如图 4-11-13 所示,具体工作步骤如下。

(1) 刀位点快移到孔中心上方 B 点。

(2) 快移接近工件表面,到 R 点。

(3) 向下以 F 速度钻孔,深度为 q。

(4) 向上快速抬刀到 R 点。

(5) 向下快移到已加工孔深的上方 k 距离处。

(6) 向下以 F 速度钻孔,深度为 $q+k$。

(7) 重复步骤(4)、(5)、(6)。到达孔底 Z 点。

(8) 孔底延时 p 秒(主轴维持原旋转状态)。

(9) 向上快速退到 R 点(G99)或 B 点(G98)。

注意

如果 Z、Q、K 的移动量为零,该指令不执行。

举例

用 $\phi10$ 钻头,加工图 4-11-14 所示的孔。

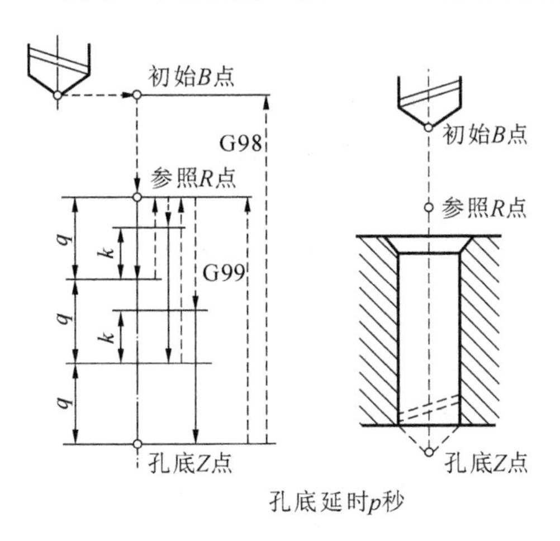

图 4-11-13　深孔加工循环

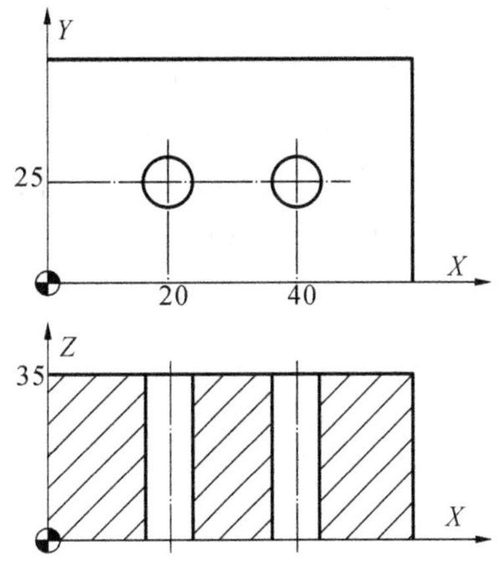

图 4-11-14　G83 应用实例

```
%3347
N10 G55 G00 X0 Y0 Z80
N15 Y25
N20 G98 G83 G91 X20 G90 R40 P2 Q-10 K5 G91 Z-43 F100 L2
N30 G90 G00 X0 Y0 Z80
```

N40 M30

7. 攻螺纹循环(G84)

格式

G98 (G99) G84 X_ Y_ Z_ R_ P_ F_ L_

功能

攻正螺纹时,用右旋丝锥主轴正转攻螺纹。攻螺纹时速度倍率不起作用。使用进给保持时,在全部动作结束前也不停止。

参数含义

X、Y　绝对编程(G90)时,指定孔的绝对位置;增量编程(G91)时,指定刀具从当前位置到孔位的距离。

Z　绝对编程(G90)时,指定孔底的绝对位置;增量编程(G91)时,指定孔底到 *R* 点的距离。

R　绝对编程(G90)时,指定 *R* 点的绝对位置;增量编程(G91)时,指定 *R* 点到初始平面的距离。

F　指定螺纹导程。

L　重复次数(一般用于多孔加工,故 *X* 或 *Y* 应为增量值,*L*=1 时可省略)。

P　指定在孔底的暂停时间(单位:ms)。

工作步骤

攻螺纹循环如图 4-11-15 所示,具体工作步骤如下。

(1) 在主轴正转状态下,刀位点快移到螺孔中心上方 *B* 点。

(2) 快移接近工件表面,到 *R* 点。

(3) 向下攻螺纹,主轴转速与进给速度匹配,保证转进给为螺距 *F*。

(4) 攻螺纹到达孔底 *Z* 点。

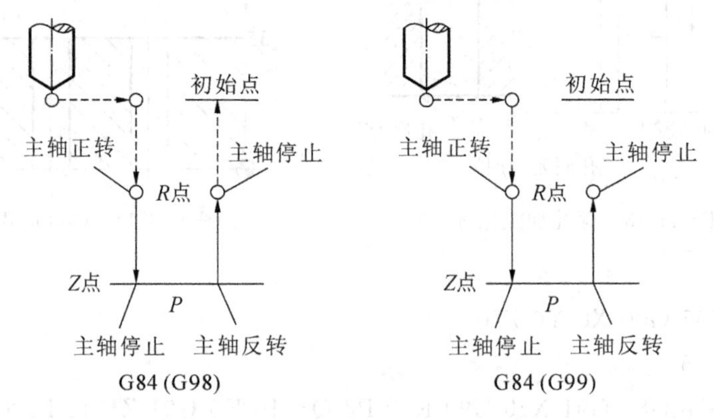

图 4-11-15　攻螺纹循环

(5) 主轴停转同时进给停止。

(6) 主轴反转退出，主轴转速与进给速度匹配，保证转进给为螺距 F。

(7) 退到 R 点(G99)，或退到 R 点后快移到 B 点(G98)。

注意

(1) 攻螺纹轴必须为 Z 轴。

(2) Z 点必须低于 R 平面，否则程序报警。

(3) G84 指令数据被作为模态数据存储，相同的数据可省略。

(4) Z 轴的移动量为零时，本循环不执行。

(5) 在正向攻螺纹过程中，忽略进给速度倍率和进给保持。

(6) 在攻螺纹指令 G84 使用前，应将主轴伺服电动机的控制方式由速度方式切换为位置方式，使用 STOC 指令切换。攻螺纹完成后，可以使用 CTOS 指令将主轴伺服电动机的控制方式由位置方式切换为速度方式，将伺服主轴当作普通主轴使用。

(7) 使用攻螺纹指令 G84 前，请使用相应的 M 指令使主轴正转。

(8) 调用 G84 刚性攻螺纹后必须由编程者恢复原进给速度，否则进给速度会为刚性攻螺纹速度即转速×螺距。

举例

如图 4-11-16 所示，用 M10×1 正丝锥攻螺纹。

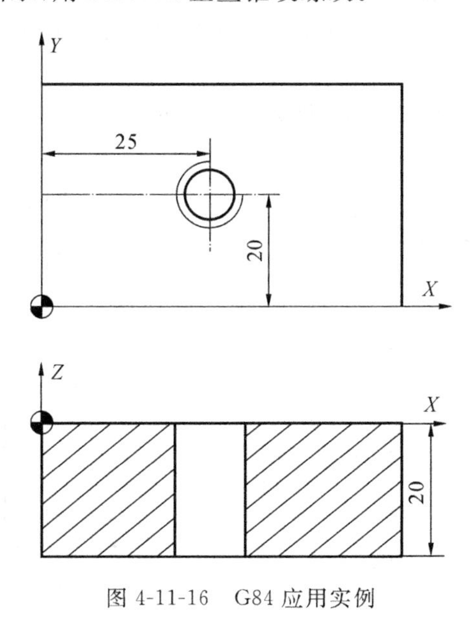

图 4-11-16　G84 应用实例

%3349

N10 G54 X0 Y0 Z80

N15 M03 S100

N20 G99 G74 X25 Y20 R5 P3 G91 Z－28 F1

N30 G90 G00 X0 Y0 Z80

N40 M30

8. 镗孔循环(G85)

格式

G98(G99) G85 X_ Y_ Z_ R_ P_ F_ L_

功能

该指令主要用于精度要求不太高的镗孔加工。

参数含义

X、Y　绝对编程(G90)时，指定孔的绝对位置；增量编程(G91)时，指定刀具从当前位置到孔位的距离。

Z　绝对编程(G90)时，指定孔底的绝对位置；增量编程(G91)时，指定孔底到 R 点的距离。

R　绝对编程(G90)时，指定 R 点的绝对位置；增量编程(G91)时，指定 R 点到初始平面的距离。

F　指定切削进给速度。

L　重复次数(一般用于多孔加工的简化编程，$L=1$ 时可省略)。

工作步骤

镗孔循环如图 4-11-17 所示，具体步骤如下。

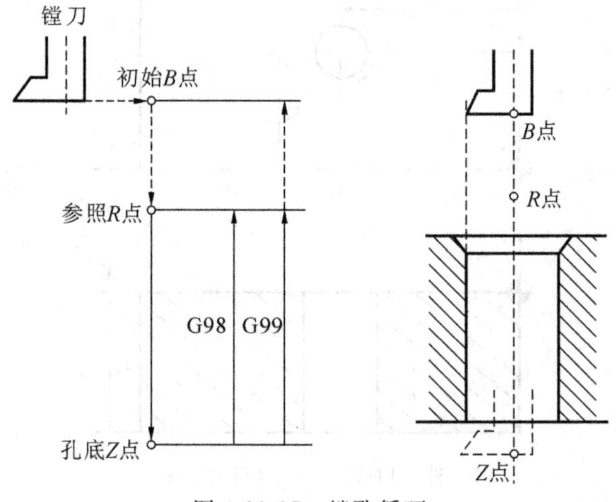

图 4-11-17　镗孔循环

(1) 刀位点快移到孔中心上方 B 点。

(2) 快移接近工件表面,到 R 点。

(3) 向下以 F 速度镗孔。

(4) 到达孔底 Z 点。

(5) 孔底延时 p 秒(主轴维持旋转状态)。

(6) 向上以 F 速度退到 R 点(主轴维持旋转状态)。

(7) 如果是 G98 状态,则还要向上快速退到 B 点。

举例

如图 4-11-18 所示,用单刃镗刀镗孔。

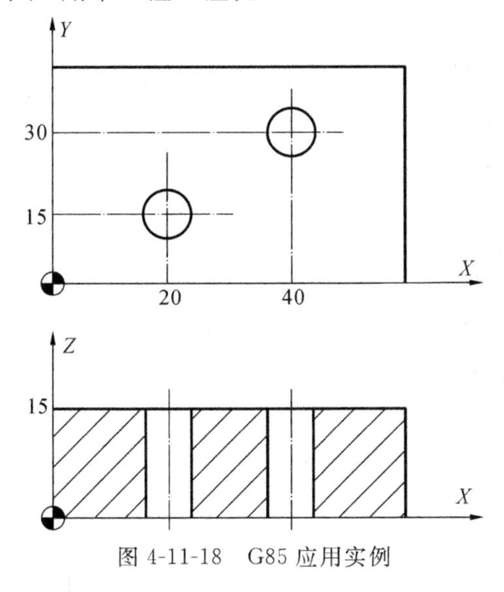

图 4-11-18　G85 应用实例

```
%3351
N10 G92 X0 Y0 Z80
N15 M03 S600
N20 G98 G85 G91 X20 Y15 G90 R20 Z-3 L2 F100
N30 G90 G00 X0 Y0 Z80
N40 M30
```

9. 镗孔循环(G86)

格式

G98(G99) G86 X_ Y_ Z_ R_ F_ L_

功能

此指令与 G81 相同,但在孔底时主轴停止,然后快速退回,主要用于精度要求不太高的镗孔加工。

参数含义

X、Y　绝对编程(G90)时，指定孔的绝对位置；增量编程(G91)时，指定刀具从当前位置到孔位的距离。

Z　绝对编程(G90)时，指定孔底的绝对位置；增量编程(G91)时，指定孔底到 R 点的距离。

R　绝对编程(G90)时，指定 R 点的绝对位置；增量编程(G91)时，指定 R 点到初始平面的距离。

F　指定切削进给速度。

L　循环次数(一般用于多孔加工的简化编程，$L=1$ 时可省略)。

工作步骤

镗孔循环如图 4-11-19 所示，具体工作步骤如下。

(1) 刀位点快移到孔中心上方 B 点。

(2) 快移接近工件表面，到 R 点。

(3) 向下以 F 速度镗孔。

(4) 到达孔底 Z 点。

(5) 主轴停止旋转。

(6) 向上快速退到 R 点(G99)或 B 点(G98)。

(7) 主轴恢复正转。

注意

如果 Z 轴的移动位置为零，该指令不执行。

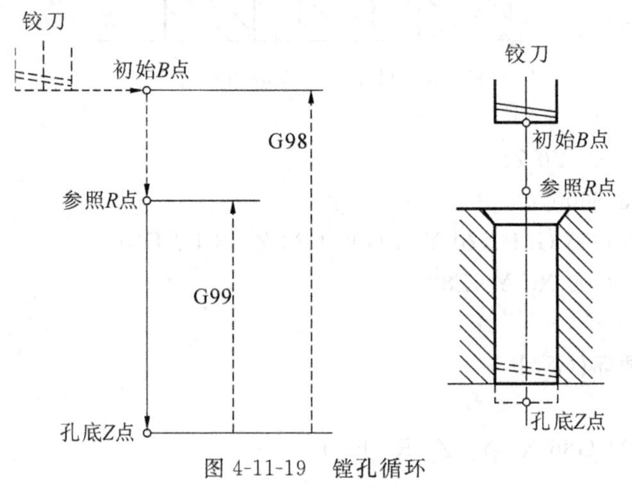

图 4-11-19　镗孔循环

举例

如图 4-11-20 所示，用铰刀铰孔。

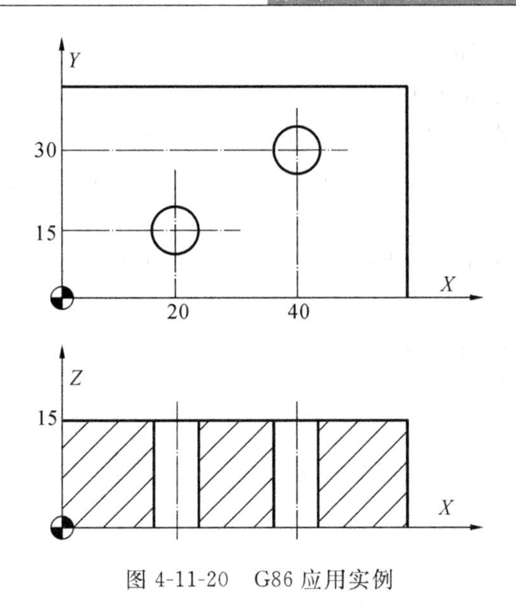

图 4-11-20　G86 应用实例

```
%3353
N10 G92 X0 Y0 Z80
N15 G98 G86 G90 X20 Y15 R20 Z-2 F200
N20 X40 Y30
N30 G90 G00 X0 Y0 Z80
N40 M30
```

10. 反镗循环(G87)

格式

G98 G87 X_ Y_ Z_ R_ P_ I_ J_ F_ L_

功能

该指令一般用于镗削下小上大的孔，其孔底 *Z* 点一般在参照 *R* 点的上方，与其他指令不同。

参数含义

X、Y　孔位数据。绝对编程(G90)时为孔位绝对位置；增量编程(G91)时为刀具从当前位置到孔位的距离。

Z　指定孔底位置。绝对编程(G90)时为孔底的 *Z* 向绝对位置；增量编程(G91)时为孔底到 *R* 点的距离。

R　指定 *R* 点的位置。绝对编程(G90)时为 *R* 点的 *Z* 向绝对位置；增量编程(G91)时为 *R* 点到初始平面的距离。

I　*X* 轴方向偏移量。

J　Y 轴方向偏移量。

P　孔底暂停时间(单位:ms)。

F　指定切削进给速度。

L　重复次数(一般用于多孔加工,故 X 或 Y 应为增量值,$L=1$ 时可省略)。

工作步骤

反镗循环如图 4-11-21 所示,具体工作步骤如下。

(1) 刀位点快移到孔中心上方 B 点。

(2) 主轴定向,停止旋转。

(3) 镗刀向刀尖反方向快速移动 i 或 j。

(4) 快速移到 R 点。

(5) 镗刀向刀尖正方向快移 i 或 j,刀位点回到孔中心 X、Y 坐标处。

(6) 主轴正转。

(7) 向上以 F 速度镗孔,到达孔底 Z 点。

(8) 孔底延时 p 秒(主轴维持旋转状态)。

(9) 主轴定向,停止旋转。

(10) 刀尖反方向快速移动 i 或 j。

(11) 向上快速退到 R 点高度(G99)或 B 点高度(G98)。

(12) 向刀尖正方向快移 i 或 j,刀位点回到孔中心上方 B 点处。

(13) 主轴恢复正转。

注意

(1) 如果 Z 轴的移动量为零,该指令不执行。

(2) 此指令不得使用 G99,如使用则提示“固定循环格式错”。

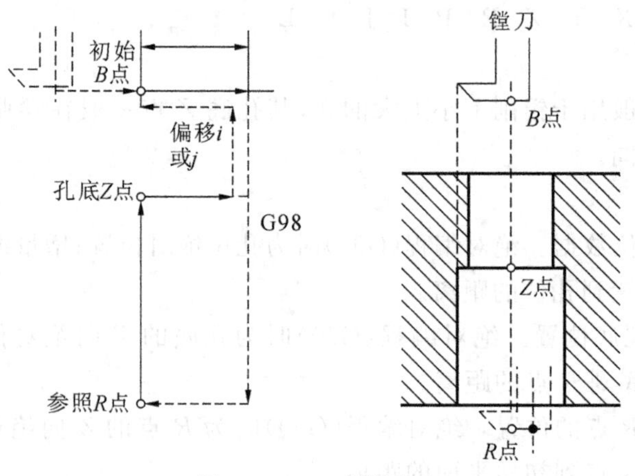

图 4-11-21　反镗循环

举例

用单刃镗刀镗孔，如图 4-11-22 所示。

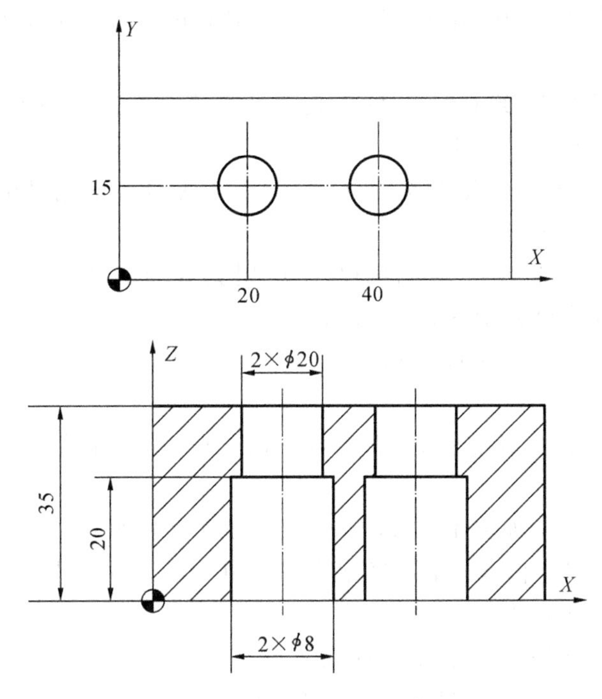

图 4-11-22 G87 应用实例

```
%3355
N10 G92 X0 Y0 Z80
N15 M03 S600
N20 G00 Y15 F200
N25 G98
G87 G91
X20 I5 R-83 P2000 Z23 L2
N30 G90 G00 X0 Y0 Z80 M05
N40 M30
```

11. 镗孔循环（手镗）(G88)

格式

G98(G99) G88 X_ Y_ Z_ R_ P_ F_ L_

功能

该指令在镗孔前记忆了初始 *B* 点或参照 *R* 点的位置，当镗刀自动加工到孔底后机床停止运行，手动将工作方式转换为“手动”模式，通过手动操作使刀具抬刀到 B 点或 R 点高度上方，并避开工件。然后工作方式恢复为自动，再循环启动程序，刀位点回到 B 点或 R 点。用此指令一般铣床就可完成精镗孔，不需主轴准停功能。

参数含义

X、Y　孔位数据，绝对编程(G90)时为孔位绝对位置，增量编程(G91)时为刀具从当前位置到孔位的距离。

Z　指定孔底位置。绝对编程(G90)时为孔底的 Z 向绝对位置，增量编程(G91)时为孔底到 R 点的距离。

R　指定 R 点的位置。绝对编程(G90)时为 R 点的 Z 向绝对位置，增量编程(G91)时为 R 点到初始平面的距离。

P　孔底暂停时间(单位:ms)。

F　镗孔进给速度。

L　循环次数(一般用于多孔加工，故 X 或 Y 应为增量值)。

工作步骤

镗孔循环(手镗)如图 4-11-23 所示，具体工作步骤如下。

(1) 在“自动”工作方式下，刀位点快移到孔中心上方 B 点。

(2) 快速移到 R 点。

(3) 向下以 F 速度镗孔，到达孔底 Z 点。

(4) 孔底延时 p 秒(主轴维持旋转状态)。

(5) 主轴停止旋转。

(6) 手动将工作方式置为“手动”。

(7) 手动抬刀，注意避免损坏刀具，直到高于 R 点(G99)或 B 点(G98)高度(否则下面步骤无效)。

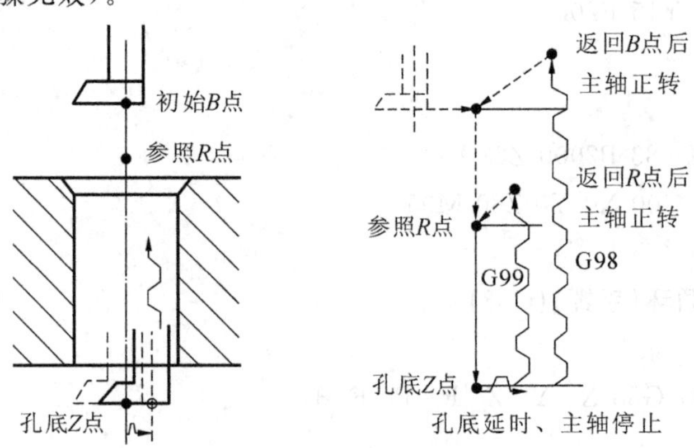

图 4-11-23　镗孔循环(手镗)

(8) 手动将主轴旋转起来。

(9) 手动将工作方式置为"自动"。

(10) 按机床控制面板上"循环启动"键。

(11) 刀位点快速到 R 点(G99)或 B 点(G98)位置。

注意

(1) 如果 Z 轴的移动量为零,该指令不执行。

(2) 手动抬刀高度,必须高于 R 点(G99)或 B 点(G98)。

举例

如图 4-11-24 所示,用单刃镗刀镗孔。

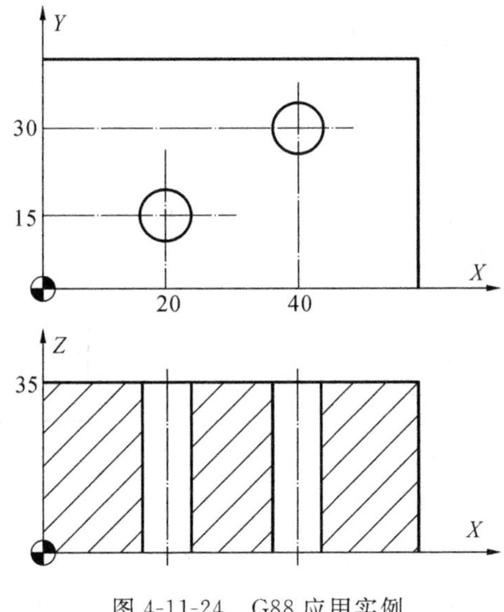

图 4-11-24 G88 应用实例

```
%3357
N10 G54
N12 M03 S600
N15 G00 X0 Y0 Z80
N20 G98 G88 G91 X20 Y15 R-42 P2000 Z-40 L2 F100
N30 G00 G90 X0 Y0 Z80
N40 M30
```

12. 镗孔循环(G89)

格式

(G98/G99)G89 X_ Y_ Z_ R_ P_ F_ L_

功能

该循环几乎与 G86 相同，不同的是该循环在孔底执行暂停。在指定 G89 之前用辅助功能 M 指令旋转主轴。当 G89 指令和 M 指令在同一程序段中指定时，在完成第一个定位动作的同时执行 M 指令，然后系统处理下一个镗孔动作。当指定重复次数 L 时只在镗第一个孔时执行 M 指令，对后续的孔不再执行 M 指令。

注意

如果 Z 轴的移动量为零，G89 指令不执行。

工作步骤

镗孔循环加工如图 4-11-25 所示，具体工作步骤如下。

(1) 刀位点快移到孔中心上方 B 点。

(2) 快移接近工件表面，到 R 点。

(3) 向下以 F 速度镗孔。

(4) 到达孔底 Z 点。

(5) 主轴停止旋转。

(6) 向上快速退到 R 点(G99)或 B 点(G98)。

(7) 主轴恢复正转。

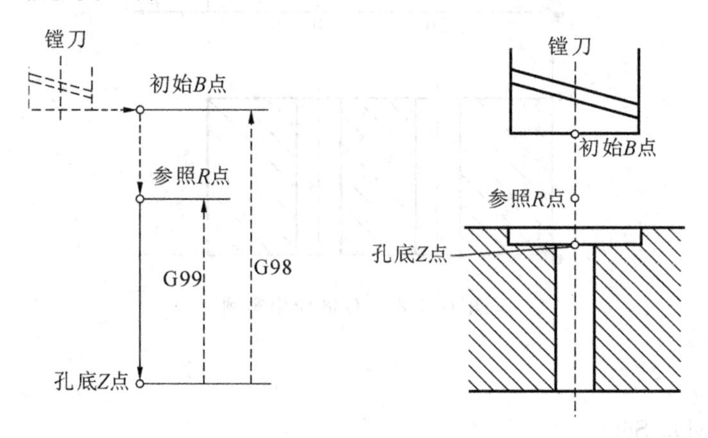

图 4-11-25　镗孔循环

13. 取消固定循环(G80)

格式

G80

该指令能取消固定循环，同时 R 点和 Z 点也被取消。

注意

(1) 在固定循环指令前应使用 M03 或 M04 指令使主轴回转。

(2) 在固定循环程序段中，X、Y、Z、R 数据应至少指定一个才能进行孔加工。

（3）在使用控制主轴回转的固定循环（G74、G84、G86）中，连续加工一些孔间距比较小，或者初始平面到 R 点平面的距离比较短的孔时，会出现在进行孔的切削前，主轴还没有达到正常转速的情况，遇到这种情况时，应在各孔的加工动作之间插入 G04 指令，以赢得时间。

（4）当用 G00～G03 指令注销固定循环时，若 G00～G03 指令和固定循环出现在同一程序段，按后出现的指令运行。

（5）在固定循环程序段中，如果指定了 M，则在最初定位时送出 M 信号，等待 M 信号完成，才能进行孔加工循环。

举例

编制如图 4-11-26 所示的螺纹加工程序：设刀具起点距工作表面 30 mm 处，螺孔深度为 10 mm，以上表面为工件零点。

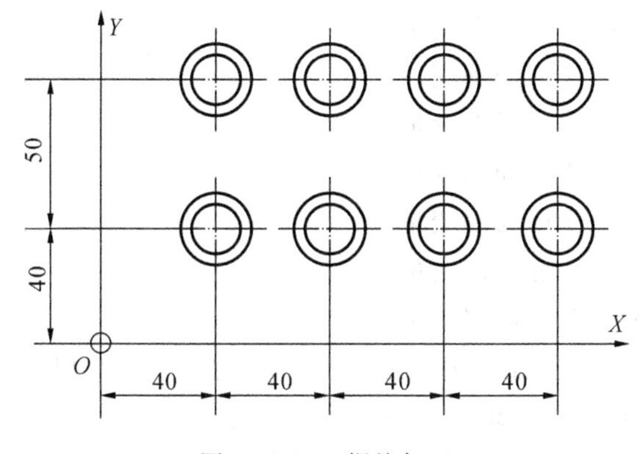

图 4-11-26　螺纹加工

```
%1000
G54
G00 X0 Y0 Z30                        ;用 G83 钻孔
M03 S800
G99 G83 X40 Y40 G90 R3 Q−3 K2 P0.5 Z 14 F80 G91 X40 L3
Y50
X−40 L3
G90 G80 X0 Y0 Z30 M03 S100           ;用 G84 攻螺纹
G99 G84 X40 Y40 G90 R3 Z 14 F1.5 G91 X40 L3
Y50
X−40 L3
G90 G00 X0 Y0 Z30
M30
```

4.12 用户宏程序

4.12.1 变量

1.宏变量

＃0～＃49　当前局部变量；

＃50～＃199　全局变量(＃100～＃199 全局变量可以在子程序中定义半径补偿量)；

＃200～＃249　0 层局部变量；

＃250～＃299　1 层局部变量；

＃300～＃349　2 层局部变量；

＃350～＃399　3 层局部变量；

＃400～＃449　4 层局部变量；

＃450～＃499　5 层局部变量；

＃500～＃549　6 层局部变量；

＃550～＃599　7 层局部变量。

注:用户编程仅限使用＃0～＃599 局部变量。＃599 以后变量用户不得使用；＃599 以后变量仅供系统程序编辑人员参考。

＃1000～＃1194 变量及其含义如表 4-12-1 所示。

表 4-12-1　＃1000～＃1194 变量及其含义

＃1000“机床当前位置 X”	＃1001“机床当前位置 Y”	＃1002“机床当前位置 Z”
＃1003“机床当前位置 A”	＃1004“机床当前位置 B”	＃1005“机床当前位置 C”
＃1006“机床当前位置 U”	＃1007“机床当前位置 V”	＃1008“机床当前位置 W”
＃1009 保留	＃1010“编程机床位置 X”	＃1011“编程机床位置 Y”
＃1012“编程机床位置 Z”	＃1013“编程机床位置 A”	＃1014“编程机床位置 B”
＃1015“编程机床位置 C”	＃1016“编程机床位置 U”	＃1017“编程机床位置 V”
＃1018“编程机床位置 W”	＃1019 保留	＃1020“编程工件位置 X”
＃1021“编程工件位置 Y”	＃1022“编程工件位置 Z”	＃1023“编程工件位置 A”
＃1024“编程工件位置 B”	＃1025“编程工件位置 C”	＃1026“编程工件位置 U”
＃1027“编程工件位置 V”	＃1028“编程工件位置 W”	＃1029 保留

续表

#1030"当前工件零点 X"	#1031"当前工件零点 Y"	#1032"当前工件零点 Z"
#1033"当前工件零点 A"	#1034"当前工件零点 B"	#1035"当前工件零点 C"
#1036"当前工件零点 U"	#1037"当前工件零点 V"	#1038"当前工件零点 W"
#1039 保留	#1040"G54 零点 X"	#1041"G54 零点 Y"
#1042"G54 零点 Z"	#1043"G54 零点 A"	#1044"G54 零点 B"
#1045"G54 零点 C"	#1046"G54 零点 U"	#1047"G54 零点 V"
#1048"G54 零点 W"	#1049 保留	#1050"G55 零点 X"
#1051"G55 零点 Y"	#1052"G55 零点 Z"	#1053"G55 零点 A"
#1054"G55 零点 B"	#1055"G55 零点 C"	#1056"G55 零点 U"
#1057"G55 零点 V"	#1058"G55 零点 W"	#1059 保留
#1060"G56 零点 X"	#1061"G56 零点 Y"	#1062"G56 零点 Z"
#1063"G56 零点 A"	#1064"G56 零点 B"	#1065"G56 零点 C"
#1066"G56 零点 U"	#1067"G56 零点 V"	#1068"G56 零点 W"
#1069 保留	#1070"G57 零点 X"	#1071"G57 零点 Y"
#1072"G57 零点 Z"	#1073"G57 零点 A"	#1074"G57 零点 B"
#1075"G57 零点 C"	#1076"G57 零点 U"	#1077"G57 零点 V"
#1078"G57 零点 W"	#1079 保留	#1080"G58 零点 X"
#1081"G58 零点 Y"	#1082"G58 零点 Z"	#1083"G58 零点 A"
#1084"G58 零点 B"	#1085"G58 零点 C"	#1086"G58 零点 U"
#1087"G58 零点 V"	#1088"G58 零点 W"	#1089 保留
#1090"G59 零点 X"	#1091"G59 零点 Y"	#1092"G59 零点 Z"
#1093"G59 零点 A"	#1094"G59 零点 B"	#1095"G59 零点 C"
#1096"G59 零点 U"	#1097"G59 零点 V"	#1098"G59 零点 W"
#1099 保留	#1100"中断点位置 X"	#1101"中断点位置 Y"
#1102"中断点位置 Z"	#1103"中断点位置 A"	#1104"中断点位置 B"
#1105"中断点位置 C"	#1106"中断点位置 U"	#1107"中断点位置 V"
#1108"中断点位置 W"	#1109"坐标系建立轴"	#1110 "G28 中间点位置 X"
#1111"G28 中间点位置 Y"	#1112"G28 中间点位置 Z"	#1113 "G28 中间点位置 A"

续表

#1114“G28 中间点位置 B”	#1115“G28 中间点位置 C”	#1116 “G28 中间点位置 U”
#1117“G28 中间点位置 V”	#1118“G28 中间点位置 W”	#1119“G28 屏蔽字”
#1120 “镜像点位置 X”	#1121“镜像点位置 Y”	#1122“镜像点位置 Z”
#1123 “镜像点位置 A”	#1124“镜像点位置 B”	#1125“镜像点位置 C”
#1126 “镜像点位置 U”	#1127“镜像点位置 V”	#1128“镜像点位置 W”
#1129“镜像屏蔽字”	#1130 “旋转中心(轴 1)”	#1131“旋转中心(轴 2)”
#1132“旋转角度”	#1133“旋转轴屏蔽字”	#1134 保留
#1135“缩放中心(轴 1)”	#1136“缩放中心(轴 2)”	#1137“缩放中心(轴 3)”
#1138“缩放比例”	#1139“缩放轴屏蔽字”	#1140“坐标变换代码 1”
#1141“坐标变换代码 2”	#1142“坐标变换代码 3”	#1143 保留
#1144“刀具长度补偿号”	#1145“刀具半径补偿号”	#1146“当前平面轴 1”
#1147“当前平面轴 2”	#1148“虚拟轴屏蔽字”	#1149“进给速度指定”
#1150“G 代码模态值 0”	#1151“G 代码模态值 1”	#1152“G 代码模态值 2”
#1153“G 代码模态值 3”	#1154“G 代码模态值 4”	#1155“G 代码模态值 5”
#1156“G 代码模态值 6”	#1157“G 代码模态值 7”	#1158“G 代码模态值 8”
#1159“G 代码模态值 9”	#1160“G 代码模态值 10”	#1161“G 代码模态值 11”
#1162“G 代码模态值 12”	#1163“G 代码模态值 13”	#1164“G 代码模态值 14”
#1165“G 代码模态值 15”	#1166“G 代码模态值 16”	#1167“G 代码模态值 17”
#1168“G 代码模态值 18”	#1169“G 代码模态值 19”	#1170“剩余 CACHE”
#1171“备用 CACHE”	#1172“剩余缓冲区”	#1173“备用缓冲区”
#1174 保留	#1175 保留	#1176 保留
#1177 保留	#1178 保留	#1179 保留
#1180 保留	#1181 保留	#1182 保留
#1183 保留	#1184 保留	#1185 保留
#1186 保留	#1187 保留	#1188 保留
#1189 保留	#1190“用户自定义输入”	#1191“用户自定义输出”
#1192“自定义输出屏蔽”	#1193 保留	#1194 保留

2. 常量

PI 圆周率 π;

TRUE 条件成立(真);

FALSE 条件不成立(假)。

4.12.2 运算指令

1. 算术运算符

算术运算符包括:+,-,*,/。

2. 条件运算符

条件运算符包括:EQ(=),NE(≠),GT(>),GE(≥),LT(<),LE(≤)。

3. 逻辑运算符

逻辑运算符包括:AND,OR,NOT。

4. 函数

函数包括:SIN(正弦)、COS(余弦)、TAN(正切)、ATAN(反正切-π/2~-π/2)、ABS(绝对值)、INT(取整)、SIGN(取符号)、SQRT(开方)、EXP(指数)。

5. 表达式

用运算符连接起来的常数、宏变量构成表达式。

例如:175/SQRT[2] * COS[55 * PI/180]

#3 * 6 GT 14

4.12.3 宏语句

格式

宏变量=常数或表达式

把常数或表达式的值送给一个宏变量称为赋值。

例如:#2=175/SQRT[2] * COS[55 * PI/180]

#3=124.0

1. 条件判别语句(IF、ELSE、ENDIF)

格式 1

IF 条件表达式

⋮

ELSE

⋮

ENDIF

格式 2

IF 条件表达式

⋮

ENDIF

2. 循环语句(WHILE、ENDW)

格式

WHILE 条件表达式

⋮

ENDW

3. 无限循环

当把 WHILE 中的条件表达式永远写成真时即可实现无限循环，例如：

格式

WHILE[TRUE]；或者 WHILE[1]

⋮

ENDW

4. 嵌套

对于 IF 语句或者 WHILE 语句，系统允许嵌套语句，但有一定的限制规则，具体如下：

(1) IF 语句最多支持 8 层嵌套调用，大于 8 层系统将报错；

(2) WHILE 语句最多支持 8 层嵌套调用，大于 8 层系统将报错。

系统支持 IF 语句与 WHILE 语句混合使用，但是必须满足 IF…ENDIF 与 WHILE…ENDW 的匹配关系。例如对下面这种调用方式，系统将报错。

IF[条件表达式 1]

WHILE[条件表达式 2]

ENDIF

ENDW

条件判别语句的使用参见宏程序编程举例。

循环语句的使用参见宏程序编程举例。

4.12.4 宏程序调用

由于各数控公司定义的固定循环含义不尽一致，采用宏程序实现固定循环，用户可按自己的要求定制固定循环，十分方便。华中数控随售出的数控装置赠送固定循环宏程序的源代码为 O000。

G 指令在调用宏(子程序或固定循环，下同)时，系统会将当前程序段各字段

(A～Z共26字段,如果没有定义则为零)的内容复制到宏执行时的局部变量#0～#25,同时复制调用宏时当前通道九个轴的绝对位置(机床绝对坐标)到宏执行时的局部变量#30～#38。

调用一般子程序时,不保存系统模态值,即子程序可修改系统模态并保持有效;而调用固定循环时,保存系统模态值,即固定循环子程序不修改系统模态。

表4-12-2列出了宏当前局部变量#0～#38所对应的宏调用时传递的字段参数名。

表4-12-2 宏当前局部变量及其调用时传递的字段参数名

宏当前局部变量	宏调用时所传递的字段名或系统变量
#0	A
#1	B
#2	C
#3	D
#4	E
#5	F
#6	G
#7	H
#8	I
#9	J
#10	K
#11	L
#12	M
#13	N
#14	O
#15	P
#16	Q
#17	R
#18	S
#19	T
#20	U
#21	V

续表

宏当前局部变量	宏调用时所传递的字段名或系统变量
#22	W
#23	X
#24	Y
#25	Z
#26	固定循环指令初始平面Z模态值
#27	不用
#28	不用
#29	不用
#30	调用子程序时轴0的绝对坐标
#31	调用子程序时轴1的绝对坐标
#32	调用子程序时轴2的绝对坐标
#33	调用子程序时轴3的绝对坐标
#34	调用子程序时轴4的绝对坐标
#35	调用子程序时轴5的绝对坐标
#36	调用子程序时轴6的绝对坐标
#37	调用子程序时轴7的绝对坐标
#38	调用子程序时轴8的绝对坐标

对于每个局部变量，都可用系统宏AR[]来判别该变量是否被定义，被定义为增量方式还是绝对方式。

格式

AR[#变量号]

返回值

说明

0：表示该变量没有被定义；

90：表示该变量被定义为绝对值(G90)；

91：表示该变量被定义为相对值(G91)。

HNC-21M子程序嵌套调用的深度最多可以有8层，每一层子程序都有自己独立的局部变量(变量个数为50)。当前局部变量为#0～#49，第一层局部变量为＃200～＃249，第二层局部变量为＃250～＃299，第三层局部变量为＃300～＃349，依此类推。

在子程序中如何确定上层的局部变量，要依上层的层数而定，例如：

```
O0099
G92 X0 Y0 Z0
N100 ＃10＝98
M98 P100
M30
O100
N200 ＃10＝100                    ；此时 N100 所在段的局部变量＃10 为
                                   第一层＃210
M98 P110
M99

O110
N300 ＃10＝200                    ；此时 N200 所在段的局部变量为第二
                                   层＃260，N100 所在段的局部变量
                                   ＃10为第一层＃210
M99
```

举例

如图 4-12-1 所示，用球头铣刀加工 $R5$ 倒圆曲面。

```
%0001
G54
G00 X－30 Y－30 Z25 M3 S800                      ；刀位点为球心
＃0＝5                                           ；倒圆半径
＃1＝4                                           ；球刀半径
＃2＝180                                         ；步距角 γ 的初值，
                                                  单位为度(°)
WHILE ＃2 GT 90
G01 Z[25＋[＃0＋＃1]*SIN[＃2*PI/180]]            ；计算 Z 轴高度
＃101＝ABS[[＃0＋＃1]*COS[＃2*PI/180]]－＃0      ；计算半径偏移量
G01 G41 X－20 D101
Y14
G02 X－14 Y20 R6
```

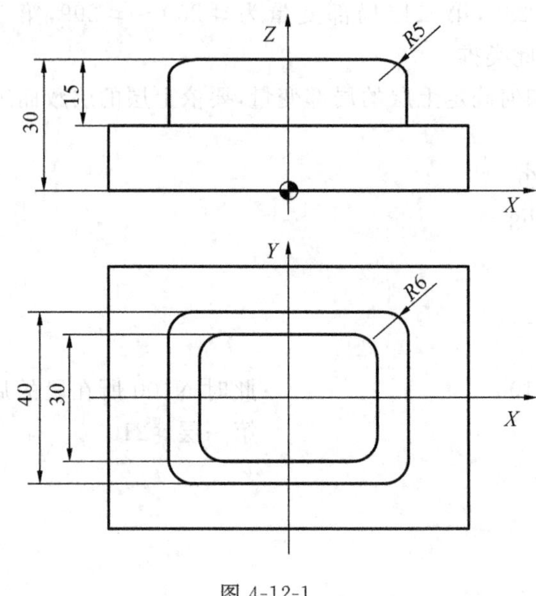

图 4-12-1

```
G01 X14
G02 X20 Y14 R6
G01 Y－14
G02 X14 Y－20 R6
G01 X－14
G02 X－20 Y－14 R6
G01 X－30
G40 Y－30
＃2＝＃2－5
ENDW
M30
```

4.13 主轴功能

4.13.1 *C/S* 轴切换功能(CTOS、STOC)

在复杂应用场合,例如刚性攻螺纹功能等时,主轴除了当作通常主轴使用外,还需要当作旋转轴使用。这就需要用到 *C/S* 轴切换功能。

格式

STOC

CTOS

参数含义

STOC　将第一主轴(*S*1)切换到 *C* 轴。

CTOS　将 *C* 轴切换到第一主轴(*S*1)。

说明

(1) STOC/CTOS 这对宏指令可以相应使用 G108/G109 这对 G 代码指令代替,但建议在编程时使用宏指令。

(2) 在同一个 G 代码程序中,最好不要频繁使用 STOC/CTOS 这对宏指令。

(3) 当主轴切换为 *C* 轴后,*C* 轴单位是(°)/min。

(4) STOC 和 CTOS 间不允许使用任意行功能进行跳转,也不允许使用任意行从别处跳转到 STOC 和 CTOS 间。

(5) 任意行不支持 STOC 的 *C* 轴。

注意

M30 不能恢复 *C*/*S* 轴的状态。

4.14　可编程数据输入

4.14.1　可编程数据输入(G10、G11)

用户可以在程序中动态修改系统数据,通过 G10/G11 指定。更改的系统数据及时生效。

格式

G10 L_ P_ IP_	;可编程数据输入开启
⋮	;不允许有其他的 G 或 M 指令
G11	;可编程数据输入取消

说明

G10 为模态指令,从指定 G10 进入可编程数据输入方式后开始生效,调用 G11 后取消。在 G10 指令与 G11 指令之间不允许有其他的 G 或 M 指令,否则系统会报警。

1. G54～G59 工件坐标系原点

格式

G10 L2 Pp IP_

参数含义

Pp　指定相对工件坐标系 1～6 的工件原点偏置值：

- 1 对应 G54 工件坐标系；
- 2 对应 G55 工件坐标系；
- 3 对应 G56 工件坐标系；
- 4 对应 G57 工件坐标系；
- 5 对应 G58 工件坐标系；
- 6 对应 G59 工件坐标系。

IP　若为绝对指令，是指每个轴的工件原点偏置值；若为增量指令，是指累加到每个轴原设置的工件原点偏置值。

举例

```
%0002
G54                              ;G54 初始值
G01 X100 Y100 Z100
G10 L2 P1 X100 Y100 Z50          ;更改 G54 工件坐标系零点为(100,100,50)
G11
G01 X20 Y20 Z20                  ;机床坐标系指令值为(120,120,70)
M30
```

2. G54. X 扩展工件坐标系原点

格式

G10 L20 Pp IP_

参数含义

Pp　设定工件原点偏置值的工件坐标系的指定代码 n(1～60)，对应 G54. X 坐标系中 X 值。

IP　若为绝对指令，是指每个轴的工件原点偏置值；若为增量指令，是指累加到每个轴原设置的工件原点偏置值。

注意

在车削系统中，在直径编程方式下，G10 指令定义中的 X 值为半径值。

3. 系统参数输出

将系统参数输出到 Rr 指定的当前通道变量中，Rr 变量地址范围为＃0～＃49。

格式

G10 L53 Pp Rr

参数含义

Pp 参数 ID 索引号。

Rr 变量地址(0～49)。

4. 从 G 代码中读参数

格式

G10 L53 P_ R_

参数含义

P 参数中的编号。

R 宏变量(只允许 1～49,也就是#1～#49 可用)。

5. 取消用户自定义输入

格式

G11

举例

使用机床用户参数中的 P40～P48 共 9 个参数(参数编号 010340～010348)。

```
G54
G01 X0 Y0 Z0
G10 L53 P010340 R1
G10 L53 P010341 R2
G10 L53 P010342 R3
G10 L53 P010343 R4
G10 L53 P010344 R5
G10 L53 P010345 R6
G10 L53 P010346 R7
G10 L53 P010347 R8
G10 L53 P010348 R9
G11
G01 X[#1/1000] Y[#2/1000] Z[#3/1000]
G01 X[#4/1000] Y[#5/1000] Z[#6/1000]
G01 X[#7/1000] Y[#8/1000] Z[#9/1000]
M30
```

6. 车削刀具补偿值输入

格式

G10 L14 Pp X_Z_R_Q_Y_

参数含义

Pp　刀具偏置号。

X　刀具补偿数据 X。

Z　刀具补偿数据 Z。

R　刀尖半径补偿值 R。

Q　假想刀尖方向。

Y　刀具补偿数据 Y。

4.15　轴控制功能

4.15.1　旋转轴的循环功能

使用旋转轴循环功能，可以防止旋转轴坐标值的溢出。

对于旋转轴的循环功能，可以通过设置相应的参数来使之有效。

以 C 轴为例，需将坐标轴参数中轴 4 的“轴类型”参数(104001)设为 3，设备接口参数中相应设备中的“反馈位置循环使能”参数(505014)设为 1。

说明

增量编程时，移动量就是指令值。

绝对编程时，可以通过设置坐标轴参数中相应轴的“旋转轴短路径选择使能”参数(104082)为 1，把旋转轴旋转方向设定为起点到终点的移动量少的方向。

举例

旋转轴的循环功能举例如表 4-15-1 所示。

表 4-15-1　旋转轴的循环功能举例

程序	顺序号	实际移动量	完成移动后的绝对坐标值
G90 C0			
N1 G90 C−150.0	N1	−150	210
N2 G90 C540.0	N2	−30	180
N3 G90 C−620.0	N3	−80	100
N4 G91 C380.0	N4	380	120
N5 G91 C−840.0	N5	−840	0

注意

在有些机床带旋转轴的情况下(如工作台),由于机械结构的原因,旋转轴在运动过程中只能朝一个方向旋转。这时旋转轴就尽量不使用绝对指令,而采用增量指令编程,否则,有可能出现由于编程考虑不周,导致旋转轴朝相反方向运动的情况出现。

4.15.2 带距离编码的光栅尺回零

使用带距离编码参考点标志的线性测量系统,可以不必为返回参考点而在机床安装减速开关,并返回一个固定的机床参考点,在实际使用中可以带来许多方便。

1. 原理

带距离编码参考点标志的线性测量系统的原理是采用包括一个标准线性的栅格标志和一个与此栅格标志平行运行的另一个带距离编码参考点标志的通道,每组两个参考点标志的距离是相同的,但两组之间两个相邻参考点标志的距离是可变的,每一段的距离加上一个固定的值,因此数控轴可以根据距离来确定其所处的绝对位置,如图4-15-1所示(以LS486C为例)。

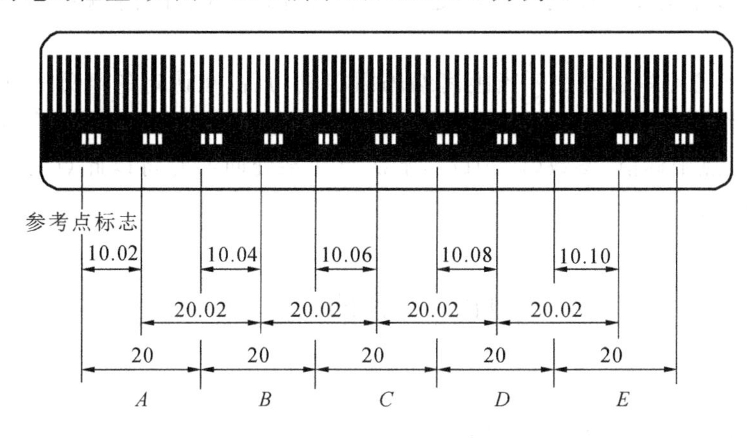

图4-15-1 带距离编码的光栅尺

例如从 A 点移动到 C 点,中间经过 B 点,系统检测到10.02就知道轴现在在哪一个参考点位置,同样从 B 点移动到 D 点,中间经过 C 点,系统从检测到的 C 点到 D 点的距离是10.04就知道轴现在在哪一个参考点位置,所以只要轴任意移动超过两个参考点距离(20 mm),就能得到机床的绝对位置。

2. 参数设置

以 X 轴为例来说明带距离编码光栅尺的参数设置。

(1) 回参考点模式设置。设置坐标轴参数轴0中的"回参考点模式"参数

(100010),当距离码回零反馈量与回零方向一致时设置为4,否则设置为5。

(2) 距离编码参考点间距设置。设置坐标轴参数轴0中的"距离编码参考点间距"参数(100018),此参数表示带距离码参考点的增量式测量系统相邻参考点标记间隔距离,如图4-15-2所示,距离编码参考点间距设置为20。

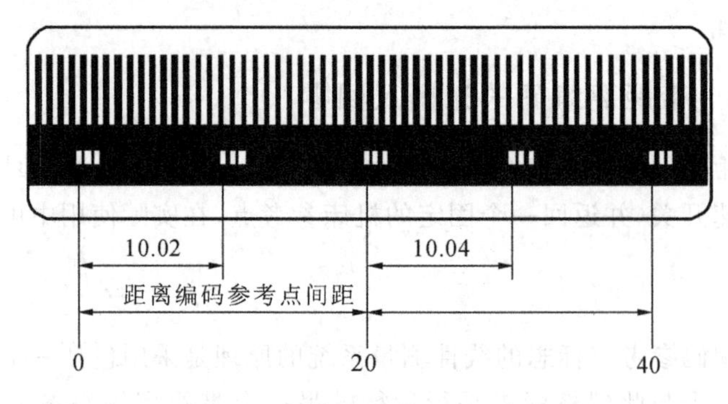

图 4-15-2

(3) 距离码偏差设置。设置坐标轴参数轴0中的"间距编码偏差"参数(100019),此参数表示带距离编码参考点的增量式测量系统参考点标记变化间隔,如图4-15-2中的10.02与10.04之间的增量值为0.02,距离编码偏差设置为0.02。

(4) 参考点零位设定。当距离编码回零成功后,在认定的某处完成一次回零,如将此点设为机床原点,则当前回零完成后的坐标值设置到坐标轴参数轴0中的"参考点坐标值"参数(100017),下次再在某处回零时将以此点为机床原点确定坐标系。

4.16 其他功能

4.16.1 停止预读(G08)

程序执行时遇到本指令后,系统停止后续行的解释,直到前面已解释的指令执行完毕,系统才继续接着解释运行。在进行实时坐标读取、状态判断时经常使用该指令。

格式

G08 单独程序行指定本代码

举例

%0003

```
G54
G01 X10 Y10 Z10
G08                    ;停止预读
G01 X100 Y100 Z100
G01 X30
M30
```

4.16.2 回转轴角度分辨率重定义(G115)

格式

G115 IP_

参数含义

IP 设置旋转轴分辨率的倒数值,设置为0时恢复系统缺省的角度分辨率,该设置值不能小于0。

说明

修改回转轴的分辨率,系统缺省的角度分辨倍数为1/100000。在刚性攻螺纹时需要在一条指令中产生较大的角度增量,此时需要将角度分辨率适当降低,以避免当量长度超过限制。

注意

(1) 必须单行使用;

(2) 一条指令只能修改一个回转轴的指令;

(3) 指定的轴必须是回转轴;

(4) 指定的新倍率必须能被标准倍率整除。

举例

```
%1234
STOC
G54
G90 C0
G115 C1000             ;将C轴分辨率改为(1/1000)°。
G01 C3000
G115 C0                ;将C轴分辨率恢复为系统缺省的角度分辨
                        率(1/100000)°
CTOS
```

附录B　华中数控系统铣床数控系统准备功能一览表

G指令	组号	功　　能
G00	01	快速进给
【G01】		线性进给
G02		顺时针圆弧插补
G03		逆时针圆弧插补
G04	00	进给暂停
G05.1	27	高速高精模式
G07	16	虚轴指定
G07.1	00	圆柱面插补
G08		关闭前瞻功能
G09		准信检验
G12	18	极坐标插补方式开启
【G13】		极坐标插补方式取消
【G15】	16	极坐标编程取消
G16		极坐标编程开启
【G17】	02	选择 *XY* 平面
G18		选择 *ZX* 平面
G19		选择 *YZ* 平面
G20	08	英寸输入
G21		毫米输入
G22		脉冲当量
G24	03	建立镜像
G25		取消镜像
G28	00	返回第一参考点
G29		由参考点返回

续表

G代码	组	功　能
G40	09	取消刀具半径补偿
G41		左刀补
G42		右刀补
G43	10	正向偏置
G44		负向偏置
G49		取消刀具长度补偿
G50	04	建立缩放
G51		取消缩放
G52	00	局部坐标系设定
G53		机床坐标系编程
G54.X	11	扩展工件坐标系选择
G54		工件坐标系1选择
G55		工件坐标系2选择
G56		工件坐标系3选择
G57		工件坐标系4选择
G58		工件坐标系5选择
G59		工件坐标系6选择
G60	00	单方向定位
G61	12	精确停止校验方式
G64		连续切削
G68	05	建立旋转
G69		取消旋转

续表

G代码	组	功能
G73	06	深孔钻削循环
G74		反攻螺纹循环
G76		精镗循环
G80		取消固定循环
G81		钻孔循环(中心钻)
G82		带停顿的钻孔循环
G83		深孔加工循环
G84		攻螺纹循环
G85		镗孔循环
G86		镗孔循环
G87		反镗循环
G88		镗孔循环(手镗)
G89		镗孔循环
G90	13	绝对编程
G91		增量编程
G92	00	设定工件坐标系
G94	14	每分钟进给
G95		每转进给
G98	15	固定循环返回起始点
G99		固定循环返回参考点

参 考 文 献

[1] 陈吉红,杨克冲. 数控机床实验指南[M]. 武汉:华中科技大学出版社,2003.

[2] 陈吉红. 数控机床现代加工工艺[M]. 武汉:华中科技大学出版社,2009.

[3] 杨克冲,陈吉红,郑小年. 数控机床电气控制[M]. 2版. 武汉:华中科技大学出版社,2013.

[4] 郑小年,杨克冲. 数控机床故障诊断与维修[M]. 2版. 武汉:华中科技大学出版社,2013.

[5] 叶伯生,戴永清. 数控加工编程与操作[M]. 3版. 武汉:华中科技大学出版社,2014.

[6] 李斌,李曦. 数控技术[M]. 武汉:华中科技大学出版社,2013.

[7] 彭芳瑜. 数控加工工艺与编程[M]. 武汉:华中科技大学出版社,2013.

[8] 张伟民. 数控机床原理及应用[M]. 武汉:华中科技大学出版社,2015.

[9] 叶伯生,周向东,朱国文. 华中数控系统编程与操作手册[M]. 北京:机械工业出版社,2012.

[10] 戴永清. 零件数控铣床加工[M]. 武汉:华中科技大学出版社,2014.